ドラマ制作者はこうやって昭和と平成を切り拓いてきた

証言で紐解くテレビドラマ変革史

こうたきてつや

映人社

はじめに

この『ドラマ制作者はこうやって　昭和と平成を切り拓いてきた』を書き始めたのは二〇一四年の秋ぐらいからだった。ちょうどその年の一〇月五日に大山勝美さん、一一月五日に川口幹夫さんと、テレビドラマの地平を切り拓いてこられた先達が相次いで亡くなられた。今思えば。そのショックがテレビドラマ変革に関わった人たちの調査、取材、執筆への大きなモチベーションになっていたように思う。

大山勝美さんは、ＴＢＳドラマが始まった頃に前衛的な作品を数々手がけ、一九七〇年代以降はＰＤ（プロデューサー&ディレクター）として「ドラマのＴＢＳ」を牽引してきた。また、川口幹夫さんは同じく七〇年代にＮＨＫのドラマ部長として、土曜ドラマの「山田太一シリーズ」などの脚本家シリーズや、「ドラマ人間模様」を誕生させている（後にＮＨＫ会長）。

お二人とも、テレビドラマ史を語る上で欠かせない制作者で、個人的にもいろいろとお世話になった。また、この証言史の構想を練るにあたっても、まずお二人のお話をと思っていただけに、もっと早くお二人のドラマ史を聞いておけば！と悔やむばかりであった。

それからすでに八年。その間にも、二〇一七年に近藤晋さん（Ｐ）、早坂暁さん（脚本家）、二〇年に堀川とんこうさん（ＰＤ）、二一年に橋田壽賀子さん（脚本家）、澤田隆治さん（ＰＤ）、二三年に嶋田親一さん（ＰＤ）と、テレビドラマ史を語る上で欠かせない人たちが次々に他界されている。そしてその都度、あゝ、あのことも聴いておけばよかった！と悔やんでいる。

実際、つい先日も（二〇二二年五月二四日）、「堀川とんこうさんを偲ぶ会」で、参列者から久世光彦さんとの関係で、えっ！と驚くような話をうかがって、久世さんとは真逆に思えるＰＤ・堀川とんこうさんへの思いを新たにさせられた。

近年、テレビを取り巻く環境は激変している。テレビドラマにしても配信系の台頭で、編成・制作ばかりでなく視聴の形態までもが様変わりし始めている。だから、この『ドラマ制作者はこうやって　昭和と平成を切り拓いてきた』は古色蒼然とした記録に映るかもしれない。

しかし、大人向けの地上波ドラマが激減している昨今の状況を見ていると、ふと思う。テレビドラマの全盛期、七〇～八〇年代に早坂暁さんらが放った奥の深い艶やかな人間ドラマは、これからはＮｅｔｆｌｉｘなど配信系ドラマが発信していくのではないかと。

そういった意味で、この証言史に記録されたドラマ制作者の志の数々は、ドラマの未来に向けて十分に示唆に富む。たとえば先の川口幹夫さんの告別式で、共にＮＨＫドラマを再生させた遠藤利男さん（ＰＤ）が弔辞で、川口さんが提唱された企画・制作の五つのシン「真実、新しさ、深さ、親しみ、信頼」を、放送人への遺言として披露された。常に、大所高所から自由な発想で番組を先導された川口さんならではの教訓で、メディアを超えた編成・制作の真実でもある。

いつの時代にも、どんなメディアにも、現状に甘んじる風潮は根強くある。そして、その数字を求める守りの発想や企画管理の行き過ぎが停滞をもたらすことは、一九九〇年代以降、平成時代に入っても変わりはない。

では、昭和、平成のドラマ制作者はどのようにそういった停滞を打破し、どのような挑戦によってテレビドラマの地平を切り拓いてきたのか。本著ではそれを、NHK、民放キー局から地方局、有料BS局にわたって紐解いていきたいと思う。

《本著の数字表記について》

本著では、タテ書きの本文は原則的に漢用数字を用い、〈註〉は〈証言者プロフィール〉〈横書き〉、〈初出原稿〉〈ヨコ書き〉に合わせて算用数字を用います。ちなみに本文であっても、番組のクレジットの数字表記（五回、五話etc）や引用著書の出版年（奥付）などが算用数字であるときは、原文の数字表記に倣います。

目次

NHKドラマの刷新史（一九六〇〜一九七〇年代）

「土曜ドラマ」脚本家シリーズと「ドラマ人間模様」の誕生

東京オリンピック後の失われた一〇年

ＮＨＫの「土曜ドラマ」は、一九七五年から現在まで続く伝統あるドラマ枠である。これから、その創設に携わった制作者たちの挑戦の軌跡を辿ってみようと思う。というのも、この「土曜ドラマ」とそれに続く「ドラマ人間模様」（一九七七年開始）が、六〇年代後半から七〇年代前半にかけてのＮＨＫドラマの停滞を打ち破り、数々の名作を残してくれたからだ。

土曜ドラマの山田太一シリーズ「男たちの旅路」、向田邦子シリーズ「阿修羅のごとく」。ドラマ人間模様の「冬の桃」（作＝早坂暁）、「事件」（中島丈博→早坂暁）、「あ・うん」（向田邦子）、「夢千代日記」（早坂暁）等々、ここから生まれた社会派ドラマや文芸ドラマがどれほど心に残るものであったことか。

では、この二つのドラマ枠が誕生する以前のＮＨＫドラマはどうだったのか。ここに、その状況をわかりやすく見せてくれるカタログがある。ＮＨＫ制作局ドラマ番組部が編集・発行した『ＮＨＫ　テレビドラマカタログ』（２０１１年）である。その巻末の「主なドラマ番組年表」を見ると、一九六〇年代後半から七〇年代前半にかけてのところがぽっかりと空白になっている。

もう少し詳しくいうとこの年表は、大河ドラマ、連続テレビ小説、スペシャルドラマ、夜の連続ドラマ、社会派ドラマ、ヒューマンドラマ、ホームドラマ、時代劇等々とジャンル分けされ、そこに年度毎の作品名が並んでいる。そのうちの社会派ドラマ枠「テレビ劇場」（六四年終了）、「ＮＨＫ劇場」（六九年終了）、ヒューマンドラマ枠「テレビ指定席」（六六年終了）、「新日本百景」（六四年終了）などが次々になくなって、七〇年代前半にはこの両ジャンルが空白になっているのだ。

いずれも単発のドラマ枠で、後に取り上げる「テレビ指定席」などは制作者の意欲を問う場でもあった。つまりこの頃に、ＮＨＫのドラマは新たな挑戦をやめて、連続テレビ小説と大河ドラマの人気に安住するようになったのである。ここでは、この時代をＮＨＫドラマの停滞期、〝失われた一〇年〟と呼ぶことにするが、「土曜ドラマ」の創設者の一人、遠藤利男はその経緯をこう顧みる。

遠藤利男「やっぱり、東京オリンピックが一つの潮目ですよね。テレビの視聴者の数がどんどん増え、カラー化によってまたまたどんどん増えていくなかで、首脳陣がそれにいち早く対応しようと……そういう大衆化が押し寄せて、挑戦性とか実験性とか、それまで《制作条件が》不自由なるが故にそういうことをやらざるを得ない、ということがあってやっていたものをどんどん消して、大衆に口当たりのいいものに変えていく。それは経営者だけでなく、大衆の意思でもあるわけですよね」

日本のテレビは、一九五九年の皇太子（現上皇）結婚式中継と六四年の東京オリンピック中継で、その普及を一気に達成した。遠藤の下で「土曜ドラマ」をプロデュースした近藤晋も、そういった大衆化の影響を皇太子結婚式中継に遡って指摘する。

近藤晋「僕は皇太子がテレビを茶の間に連れてきたという言い方をよくするんですが、あの中継がお二人の顔ばかりでなく暴漢などまできちんと撮って、素晴らしいドキュメントとして伝えた。それでテレビというものが初めて意識され、その次にオリンピックがきてテレビを家庭に定着させた。ところがその後は安泰、テレビ表現への挑戦や実験などがなくなり、安楽椅子に座ってるという状況になった」

テレビ普及の決め手は、ナショナルイベントの中継にあった。しかしその大衆化は、日常的なテレビ娯楽の開発によってもたらされたものでもある。現に、この間には、昼のメロドラマ「日日の背信」（フジテレビ、六〇年）、朝の連続テレビ小説「娘と私」（NHK、六一年）、大河ドラマ「花の生涯」（同局、六三年）、大家族ホームドラマ「七人の孫」（TBS、六四年）など、実に多くのドラマ娯楽が開発されている。

そしてそういった大衆化のなかで、NHKの連続テレビ小説が、「おはなはん」（六六年）から「鳩子の海」（七四年）にかけて、期間平均四五％を超える高い視聴率を記録する。また民放でも、「ザ・ガードマン」（六五年開始）、「肝っ玉かあさん」（六八年）、「水戸黄門」（六九年）、「ありがとう」（七〇年）、「時間ですよ」（同年）などの人気シリーズが誕生し、いわゆる〝ドラマのTBS〟の時代が始まる。

遠藤利男はちょうどこの頃、六九年にディレクターからプロデューサーへと転身している。その直前のことである。遠藤は時代の大衆化の波に抗うかのように、ある興味深い作品を企画・演出している。NHK劇場「写楽はどこへ行った」（作＝大岡信、六八年）である。

謎の浮世絵師・東洲斎写楽（佐藤慶）の役者絵、その異形の大首絵に込められた美学とは何か。やがて写楽は、版元・蔦屋重三郎（山形勲）の商業主義に応じられなくなり、世間の人気を気にする戯作者・十返舎一九（露口茂）とこんなやり取りをする。

一九　私なんぞはね。世間に気に入るように、材料も欲張り、甘みもたっぷり効かせて書かなくちゃ気が済まねえ。臆病者なんだよ（自嘲の笑い）

写楽　そんなに、世間に気に入られる必要があるだろうか。そんなに、世間を気にしながら筆をとるものですか……私にとって興味があるのは、役者の厚化粧の顔だけだ。

遠藤「浮世絵というのはメディア芸術なんですね。芸術論をドラマでやるとどうなるかという実験でもあったんですが、僕としては、メディア芸術のアーティストというものが、メディアというもののなかでどういうふうに生きて死んでいくかっていうことを表現したかった……『写楽』のなかで、大衆を登場させているけれども、大衆というものが一体何を受け入れて、何を喜んでいるかっていうことのなかで、アーティストは変貌したり翻弄されたりするんですよね」

東京オリンピックの後、連続ホームドラマなどの人気が高まるなかで、NHKドラマが失っていった挑戦と実験精神。遠藤はその組織の内にいて、それを痛いほど感じていたのではないだろうか。

大河ドラマに見る初志（挑戦）の喪失

一九六〇年代は、先にあげたような連続ドラマが次々と開発された時代だが、そこに社会問題を題材とする連続ドラマが始まっていたことを見逃してはならない。

テレビドラマ草創期の五〇年代は、そういった社会劇は単発ドラマ、明るく楽しめるものは連続ドラマという仕分けがされていた。それが六〇年代入ると、「七人の刑事」（TBS、六一年開始）、「判決」（NET＝現テレビ朝日、六二年）、「若者たち」（フジテレビ、六六年）、「白い巨塔」（NET、六七年）など、連続ドラマのシリアスな社会批評力が高く評価されるようになる。

ところが、NHKの連続ドラマでそれにあたるものといえば、七〇年代に入っての「天下御免」（作＝早坂暁、演出＝岡崎栄、七一年）くらいしか思い浮かばない。

はじめに、この時代に社会派ドラマ枠やヒューマンドラマ枠が次々に消えていったと言った。そういった単発ドラマ枠の消滅に、連続ドラマの社会批評力の低下を重ねれば、この時代のNHKは連続テレビ小説と大河ドラマに安住していたと言われても仕方がない。しかも、そのうちの大河ドラマも七〇年代になると、一部の作品を除いてマンネリ化が顕著になっていた。

近藤晋「『遠藤利男さんが制作した『国盗り物語』《脚本＝大野靖子、七三年》、これは普通の武将ものだったんですけど、演出にも目配りがあって非常に良かったんですよ。ところがその後は、出来の良し悪しということではなくて、方向がありきたりの、どういう武将が主人公で、その武将がどういう恋をするか、という説明だけで成立している大河ドラマになっていくわけですね」

近藤晋は七〇年代後半以降に、「黄金の日日」（作＝市川森一、七八年）、「獅子の時代」（山田太一、八〇年）、「山河燃ゆ」（市川森一、八四年）といった大河ドラマを制作している。いずれも、商人や下級武士、日系米人の視点から歴史をとらえようとするもので、そこに大河の方向性への不満が如実に表れている。そして、それは大河ドラマの初志が失われていくことへの、その喪失が続いていることへのじれったさでもあった。

近藤「大河ドラマが創られた時代はそうじゃなかったんですよ。合川明《制作》さんが『花の生涯』をつくったときは大きな志があって、映画、芝居、あらゆる分野から役者を集めてきて、そこでチームを組んで創った。これは映画界では絶対できないし、舞台でもできない。テレビの特質でやれるんだ、というところからスタートしてるんですね」

大河ドラマの第一作「花の生涯」（脚本＝北条誠、演出＝井上博、六三年）は、尾上松緑、佐田啓二、淡島千景など、各界のスターを網羅して大老・井伊直弼を主人公とする幕末動乱劇を描いた。

日本の映画メジャー五社、東宝、松竹、東映、大映、新東宝が一九五三年に締結した五社協定が、五六年にテレビへの劇場用映画の提供と専属俳優の出演制限を申し合わせるなど（五八年に日活も参加）、テレビへの敵視や蔑視がまだ強かった時代である。こうしたキャスティング自体が想像を絶する挑戦であった。

そして、第三作「太閤記」（原作＝吉川英治、脚本＝茂木草介、主演＝緒形拳、六五年）である。

これは歴史ドラマの概念を定着させた作品だが、冒頭で新幹線がぬっと現れるといった吉田直哉の斬新な演出が人々を驚かせた。しかしそれは、「一番現代的な風景が、一番歴史的なものに結びつく」（『ブラウン管の一万日』ＮＨＫ教育、八三年）とする吉田直哉にとってはごく自然な演出だった。

近藤「吉田直哉さんがヘリコプターを飛ばし、そこから騎馬隊がだぁーと東海道を駆けていくシーンを撮ることに、みんなびっくりしたわけです。僕はだから、『本当のテレビドラマはあのワンカットから始まったんだ！』とずうっと言ってたんです。でも、そういう斬新な作品がちょこっとあっても、大きな流れとしては大河みたいなものは動かないんですね」

吉田直哉は、テレビ放送が始まった一九五三年入局組で、ＮＨＫではテレビ元年世代と呼ばれる演出家である。同期には岡崎栄、和田勉、同学年には深町幸男、といったドラマ史にその名を残した演出家がずらっと並んでいる。そしてそのうちの二人が、近藤の手がけた「テレビ指定席」（六六年終了）でドラマの初演出をしている。吉田の「魚住少尉命中」（作＝横光晃、六三年）、深町の「ドブネズミ色の街」（原作＝小暮正夫、同年）である。

一九六〇年代後半から七〇年代前半にかけて、「テレビ指定席」などの単発ドラマ枠が次々に打ち切られたということは、若手の実験や挑戦の場が閉ざされたということでもある。そしてそういった編成・制作の空気は、大衆娯楽の大河ドラマでさえも色褪せさせていた。

では、六四年東京オリンピックの後、ＮＨＫという組織での制作体制はどうなっていたのか。

企画管理の強化とドラマ創造の停滞

今もそうだが、テレビは大きなスポーツイベントとなると、全社挙げてといった体制になる。大きな社会ニュースがあっても、中継を優先するといった編成はめずらしいことではない。ましてオリンピックともなれば、早くから全てをそこに注ぎ込む。結果、他の番組制作は地方へと疎開させられる（遠藤利男談）。

当時、名古屋放送局（ＪＯＣＫ）にいた遠藤利男はそういった総動員体制（ドラマは地方に委ねていたこと）の間隙を突いて、「汽車は夜9時に着く」（作＝城山三郎、一九六二年）といった意欲作を次々に演出していた。

しかし東京オリンピックが終わると、ＮＨＫの東京一極集中が始まり、それに伴って番組制作体制の整備にも乗り出す。そして六五年に、芸能局文芸部を、企画部、演出部、制作部に三分割してドラマを作るようになる。

遠藤利男「企画部は企画をする。作家を連れてきて『何を』を決める。それで、この企画の演出者は誰がいい、岡崎栄がいい、和田勉がいいとかを演出部が決め、その演出者を迎え入れてやるプロダクションが制作部になる。つまり、企画部が重要なオリエンテーションをやって、主導して進んでいくという体制になった。そういう体制を整えたということはコントロールするということ。何が出てくるのかわからないのは困るということだと思うんですよね。それと、彼らなりのクオリティーのレベルを上げたいっていうか、でこぼこをなくしていくということだと思いますね」

いかにも、ドラマ創りというものがわかっていない管理発想である。企画者は出来上がりに、演出者は作家や脚本に、制作者は全てを決められた後に何をやるんだと、それぞれが不満をもち相互不信に陥る。近藤晋も、「これは正直言って、あまり稼働しなかった」と一蹴する。実際、六八年には、この企画部、演出部、制作部は芸能番組班一つに再統合される。

といっても、それで企画・制作の管理が柔軟になったわけではない。現に、遠藤の演出作も、近藤のプロデュース作もめっきり減っていく。

遠藤「《大衆化の波のなかで》段々、段々、コントロールが強まり、変な企画は通さないぞ!という姿勢が明瞭になってきてね。その頃、まだ僕らは管理職、プロデューサー職じゃなくて、ディレクターとして提案していたんですが……名古屋から東京へ帰って、テレビオペラ『暗い鐘〜ヒロシマのオルフェ』《作＝大江健三郎、六七年》を創った後は、いくら提案しても企画が通らないという状態になってしまったんですね」

上層部とすれば当然のことだったのだろう。なにしろ、一九五四年に大阪放送局(JOBK)文芸部に配属されて以来、シュールなラジオ詩劇「放送詩集」(詩＝大岡信ほか、BK、五九年)や、自身の組合活動を苦渋をもって描いた「汽車は夜9時に着く」(CK)など、前衛的で挑戦的な作品ばかりを創ってきた演出家である。その作品歴は「一体何をやってるんだ!」の連続であった。

遠藤「その頃一緒に、そういう状況に文句を言ったのが佐々木昭一郎ですね。彼もラジオでは賞をもらったんだけど、テレビに来てからは全然企画を通してもらえない。それから、後に『天下御免』をやったプロデューサー・小川淳一、僕と同期生で僕が《大阪から》名古屋に飛ばされた後、『放送詩集』をやってくれたんですが。その三人が集まって、NHKドラマを変えなきゃいけない、としょっちゅう言っていたわけですね」

七〇年代前半までを「ＮＨＫの失われた一〇年」と言ったが、革新的なドラマや映像作品が皆無だったわけではない。どれも、変革を求める者の作品で、小川淳一制作の「天下御免」（脚本＝早坂暁、演出＝岡崎栄、七一年）は、現代社会を哄笑する稀有な連続時代劇である。また、佐々木昭一郎（構成・演出）の「マザー」（七〇年）、「さすらい」（七一年）、「夢の島少女」（七四年）などは、テレビならではの映像詩を切り拓くものであった。

遠藤は、変革の同志の才能を高く評価していた。どんなときも企画支援を惜しまず、難航していた佐々木の初監督作品「マザー」を実現させたりもしている。この作品での二人の創作葛藤は、「ドラマ創りのドラマ」といえるほどおもしろいが、それは「国際化への道筋と消耗戦からの撤退」の章で触れることにしたい。

一方、近藤晋は五九年の入局時からプロデューサーを志し、その職能を広く認めさせることに腐心してきた。そして、「テレビ指定席」では新しい作家を数多く発掘し、銀河ドラマ「朱鷺の墓」（作＝五木寛之、演出＝和田勉、七〇年）では、演出を断ってＮＨＫ初のＣＰになっている。いってみれば、信念を貫き通すプロデューサーで、その企画も常に新しさを求めて前を向いている。だから、「定型にこだわり過ぎて、定型をはずれる人がいなかった。ですからどこまでいっても、定型のなかでそれが良いか悪いかという判断しかしない」と、「失われた十年」の制作者たちに厳しい一言を送る。

やがて、この依って立つ基盤は違っても、ＮＨＫドラマの変革を求め続けた二人が、川口幹夫という得難い上司（ドラマ部長）①の下で、長年にわたる停滞を打ち破っていくのである。

①川口幹夫。１９２６年-２０１４年。東大文学部の卒業論文では歌舞伎を論ずる。50年、ＮＨＫ入局。ドラマ志望だったが、音楽部に配属され、「紅白歌合戦」（第3回から14回担当）など、数多くの人気音楽番組を育てる。70年に芸能局（連ドラ）部長。以降、ドラマ番組班部長（73年）、番組制作局長（77年）として、ＮＨＫドラマの改革を推進する。91～97年、ＮＨＫ会長を務める。

「線」としての編成・制作ワーク

ＮＨＫが、「土曜ドラマ」（一九七五年）と「ドラマ人間模様」（七七年）を創設し、東京オリンピック後の停滞を払拭した頃のことである。当時、フジテレビ傘下の「新制作」プロダクション社長（七一～七六年）として、「6羽のかもめ」（原案＝倉本聰、七四～七五年）をプロデュースした嶋田親一が、NHKの番組制作局長だった川口幹夫と対談し、こんな羨望を口にしている。②

「民放では、非常に個性のあるプロデューサーなりスポンサーの特別の理解によって大当たりする、という個の、〈点〉のケースはありますけれども、全体の番組という〈線〉という形になるとなかなか難しい。NHKの番組は川口参謀長の指揮よろしきを得て、全体に厚みが加わってきたという感じがしますね」

これはNHKのドラマ編成への賞賛だが、嶋田は続けて「《川口さんの》意図が、全局的にキチッといき渡っている……チームワークがぴしゃっといっている」と、編成・制作者間のあうんの呼吸に驚いている。

このNHKドラマ変革の関係者取材を終えた後、嶋田にこの対談にあたっての心境を聞く機会があった。当時、フジテレビは傘下のプロダクションを統合して本社に組み入れた（七六年）ばかりで、ドラマの編成・制作体制はまるで整っていなかった。「僕と岡田太郎と五社英雄とかが③、経営資料室にもっていかれ、好きなことやれ」などと言われる状況で、社内では一人一人がフリーランスみたいだったと言う。④

ひきかえ七〇年代半ばのNHKは、川口幹夫ドラマ部長、遠藤利男主管、近藤晋プロデューサーらが三位一体となってドラマの停滞を打破し、「土曜ドラマ」と「ドラマ人間模様」を豊かに稔らせていた。では、嶋田の言う「線としての編成・制作ワーク」、企画の独創性、編成の挑戦、制作者の一体感とは、どのようなものであったのか。

②嶋田親一「NHKテレビ番組―じゅうおう談」『テレビ映像研究』5月号、1978年、PP．42～61。嶋田が制作した「6羽のかもめ」はテレビ業界をシニカルに批評した連続ドラマ。
③岡田太郎は、昼のメロドラマ「日日の背信」（1960年）でテレビドラマの情感演出を、五社英雄は「三匹の侍」（63年）で時代劇を革新した先駆者。
④嶋田親一インタビュー・2015年1月6日。

黙って、見てりゃいいんだ！

遠藤利男「一生、演出家だと思っていたのが、六九年にプロデューサーをやれって言われて一時は迷ったんですよ。その時たまたま、川口さんがドラマ部にきたんです。で、副主管というのかな。ちょっとだけやってみろ！と言われて《それで》僕らが一生懸命やろうとして提案しても通らないっていうのがたくさんあったので、私はそれを通そう！と思って引き受けたんです」

遠藤利男は、一九五四年にNHKに入局し、大阪放送局五年、東京放送局二年、名古屋放送局五年と、若い時代のほとんどを地方で過ごしている。本人いわく、飛ばされ続けた一〇年だが、それはその実験精神が上司に疎まれたからだ。たとえば、ラジオ詩劇「放送詩集」（大阪放送局、五九年）では、〝すでにある詩を静かに読む〟形式を否定し、若手のシュールレアリズム詩人、大岡信、清岡卓行らが書き下ろした詩を、音楽や効果音、ニュースなどでドラマタイズしている。

また、名古屋時代の「汽車は夜9時に着く」（作、城山三郎、六二年）では、自身の組合活動や六〇年安保闘争で味わった絶望、「組合とは何か？連帯とは何か？」をそのままぶつけている。紡績工場の城下町。一人の女子工員の自殺をめぐって、人事課長や組合委員長、精神科医などの罪が問われる。レジナルド・ローズの「十二人の怒れる男」を思わせる作品だが、茨木のり子の詩で時代を伝えようするところに遠藤らしさが表れている。

「私はそれを通そう！」は、そういった実験精神とそれ故の不遇あっての決意である。しかしそれは、川口幹夫がドラマ部長だったから実行出来たことでもあった。

遠藤「僕が名古屋から帰ってきたときには、遠藤にはドラマをやらせないということで音楽番組をやらされたんですね。そこで僕はかなり滅茶苦茶なことをやっていましたが、そのときプロデューサーだった川口さんは黙ってそれを見ていた……そのときから、自由にやりたいっていう奴がいるときは、黙って見てりゃいいんだというのが、私の信条になりましたね」

川口幹夫は、テレビ放送が始まった一九五三年に入局したテレビ元年世代である。初めはドラマ志望だったが、音楽部に配属され、「紅白歌合戦」（五三年、第三回〜）など数々の人気番組を育てた。そして七〇年にドラマ部長となり、遠藤らを率いてNHKドラマの刷新をはかる。

遠藤「川口さんは、自由という言葉を人格化したような人ですね。古くていいものに対しても自由だし、新しいものに対しても自由、生き方の多様性も許容する。僕らみたいな文句を言う人間も抱えるし、プログラムピクチャーをやる人も大事にする。僕は、そういった才能の生かし方、クリエイターマネージメントが非常に楽しかったっていうか、おもしろかった」

川口は企画の採択について、「ひとつは、誰かがオーダー出してそれに対して答えてくるというやり方。もうひとつは、無作為、無制限にボコボコ湧いてくるのを待つやり方。これ両方とも必要じゃないか」と言う。この無作為、無制限に湧いてくるのを待つ懐の深さ、それが〈線としての編成・制作ワーク〉を生んだのである。⑤

⑤川口幹夫「ＮＨＫテレビ番組―じゆうおう談」『テレビ映像研究』５月号、１９７８年、PP．42〜61

国際化への道筋と消耗戦からの撤退

遠藤利男はプロデューサーになって、まず佐々木昭一郎の初監督作品「マザー」（一九七〇年）の企画を実現させる。川口幹夫がドラマ部長になる頃ではあったが、母に捨てられた少年が港や街を彷徨う、というだけの企画は当然難航する。が、遠藤はそれを押し通し、編集に入って佐々木の才能をあらためて見直す。

佐々木は、シナリオなしで使用出来るフィルムの一〇倍以上撮ってくる。そうすると、全シーンに愛着があってなかなかまとまらない。そこで、プロデューサーの遠藤がフィルムを全部見てまとめ上げる。ところが翌日になって、佐々木は遠藤が捨てたフィルムを引っ張り出してまた三倍くらいに編集し直したという。

遠藤利男「僕の捨てているもののなかに、彼の良さがたくさんあるわけですね。それは普通で言う構成の論理性とか、ストーリーの構造とかに属さないもので……無駄そうなもののなかにあるリアリティとか、真実とか。人間がふっと何かを出してくるカット尻のおもしろさとか。そういうものが集積されていかないと、彼の本当のおもしろさは出てこないんです。しかも、そういうものは他の人には撮れない」

港や街の人混みに、日常生活を送る者のリアルな表情がふっと見える。そしてその狭間に、少年の不安げな顔がのぞく。そして、女性のちょっとした仕草や言葉に微笑む。まさに、物語化された映像ではなく、無駄に見える映像で紡ぐやわらかな心のファンタジーである。

佐々木はその後、「四季・ユートピアノ」（八〇年、イタリア賞テレビ部門グランプリほか）など、テレビならではの映像と音楽で人の心をやわらかく紡いで、国際的に高く評価される。また、ＮＨＫも国際性を考えて佐々木に場を与えるようになる。そして遠藤は七三年に、部長に次ぐ主管となって大胆なドラマ改革に乗り出す。

遠藤「朝の連続テレビ小説という大量生産方式をやっていて、なおかつ夜の銀河ドラマという大量生産もしている⑥。言ってみれば、ドラマの消耗戦をやってるわけですよ。そこで、僕と小川淳一君⑦が川口部長に、《平日夜》八時台のホームドラマもメロドラマも全部止めましょうと進言して、『土曜ドラマ』をつくり、『ドラマ人間模様』をつくったんです。『銀河ドラマ』も、本当はやめたかったけどそこまで手が回らなくて」

といっても、川口部長も遠藤主管も具体的な指示をしたわけではない。制作トップとはこうあるべきだが、変革の意志と大枠の条件を明快に示しただけである。

遠藤「川口さんと僕が枠組みを決めて、実行部隊の近藤プロデューサーに『こういう使命を負ってますよ』と言って始めたんですね。こういう作品をやれとか、ああいう作品をやれとかっていうことは言わないですね。変革したい！今までやってないことをやってくれ！というようなことで頼むと、その人の個性で今までにないことを考える。それで、がらっと内容も変わるんです」

⑥銀河ドラマ（1969～72年）は、夜9時台の帯ドラマ枠。72年に、銀河テレビ小説に改称（～89年）

⑦小川淳一（おがわじゅんいち）。金曜ドラマ「天下御免」（1971年）、大河ドラマ「風と雲と虹と」（76年）などを手がけたプロデューサー。遠藤利男と同期。

作家第一主義のプロデュース

近藤晋「川口さんに言われたのは、おもしろいものをつくれ、時代性のあるものをつくれ、誰にも伝わるものをつくれ！の三ポイントですね。じゃあ、それを守って何が出来るかということを考え、それまでの定型や制約を取っ払って、ＮＨＫがやらなかったことを、民放ではやれなかったことをやろう！ということに」

プロデューサーの近藤は、この「脱・旧ＮＨＫ」、「非民放」を具体化するために、ドラマの放送方式自体をがらっと変えてしまう。従来の連続が単発かという発想ではなく、「三つか四つの同じテーマのものを、一つのクールとしてつないで出す」方式である。土曜ドラマの脚本家シリーズ第一弾「山田太一シリーズ　男たちの旅路」でいえば、第1部第一話「非常階段」、第二話「路面電車」、第三話「猟銃」（一九七六年）という形で、第4部（七九年）までシリーズ化し、それぞれにテーマを深く掘り下げてもらおうとしたのだ。

近藤「この方式を三人ないし四人の作家がやったんじゃ、今までの単発と同じことになってしまう。この脚本家シリーズに関しては一人の作家に全責任をもって頂く。それで、一番最初に僕が考えたのはやっぱり山田太一さんでした」

こうして斬新な放送方式の「脚本家シリーズ」が誕生するわけだが、この脚本家の作家性を重んじるプロデュースは近藤にしてみればごく自然な結論だった。作家の懐に飛び込んで信頼を得る、というのが近藤プロデュースの基本だったからである。

近藤晋は、戦時中からの映画少年だったが、監督が一番偉いという制度には疑問をもっていた。そして五九年に、もう映画の時代ではないとNHKに入るのだが、その頃はまだテレビも演出家が企画・制作の中心だった。

そんななかで、最初に命じられたのがフィルムドラマの開発で、「テレビ指定席」（六一～六六年）や松本清張シリーズ「黒の組曲」（六二～六三年）の制作デスクとして、作家との交渉に奔走する。

そして「黒の組曲」では、事務所も通さず松本清張宅に日参し、「お前は直接来て熱心だから、事務所は通さなくていいよ。直接やろう」と言われるまでになる。また、「朱鷺の墓」（演出＝和田勉、七〇年）では、原作者・五木寛之のもとに通い続け、まだ構想中のものを、雑誌連載と並行してつくるという了解まで得ている。

さらに、「テレビ指定席」の専任デスクとして、当時、テレビにものを書かなかった作家、大島渚、新藤兼人、松山善三、池波正太郎、笹沢左保らを片っ端から引っ張り出して、時代の社会状況を背景とするオリジナル脚本を書かせている。

当時の専任デスクは、企画を立てて、脚本をつくって、配役をして、現場のプロデューサーも置いて、監督も決めて、というふうに仕事を展開させていく。つまり、作家と企画・脚本を詰めることからすべてを始める。近藤は、この協業を誠実かつ大胆に行ってきた「作家第一主義」のプロデューサーである。だからこそ、大御所の原作がまかり通る時代に、脚色家としか見られていなかった脚本家の苦衷は誰よりもよくわかっていた。

ものをつくる組織の危機感

「脚本家シリーズ」の誕生にはもうひとつ、〝ものをつくる組織〟としての危機感があった。川口幹夫がドラマ部長になった頃、ＮＨＫでは大河ドラマ「勝海舟」（一九七四年）での作家や俳優との衝突などトラブルが多発していた。だから、川口幹夫は先の嶋田親一との対談で「どん底まで落っこちた」と言い、「土曜ドラマ」と「ドラマ人間模様」を創設した後の充実にはそのときの教訓が働いたと続ける。

「《今は、作家の起用や作家への発注が》わりとうまく回転し始めたと思うんです。これはやはり、四十九年当時の作家とのすごいトラブルがありましたでしょう。あの時の教訓だと思うんです。どん底まで落っこちたわけですよ。作家の方には不信感をもってみられてね。その教訓をどうやって活かすのか、どうやって作家の方に対応するのかと苦心惨憺してやったことが今、形となって表れているんじゃないでしょうか」⑧

大河ドラマ「勝海舟」（原作＝子母沢寛、脚本＝倉本聰、中山昭二、演出＝中山三夫ほか）は、主演・渡哲也の病気降板、引き継いだ松方弘樹のＮＨＫ批判、そして倉本聰とスタッフとの衝突など、トラブルが絶えなかった。事の真相は労使問題も絡んでいるので、双方の言い分を丁寧に聞かなければわからない。が、倉本は降板し、北海道へ飛んでそのままその地で暮らすことになる。

ちなみに、川口がこの件に触れた時、「《トラブルが》ありましたね」と相槌を打っている嶋田親一は、その倉本を励ましたプロデューサーである。彼は「6羽のかもめ」（七四〜七五年）を企画・制作することで、倉本の長寿シリーズ「北の国から」（一九八一〜二〇〇二年）への道筋をつけている。

話を戻せば、こうしたトラブルによって、ものをつくる組織・ＮＨＫの信用がどれほど失墜したことか。川口部長ばかりでなく遠藤主管も近藤ＣＰも、そして「土曜ドラマ」で抜擢された新人ディレクター・中村克史も、誰もがそれを痛いほど感じていた。後年、中村はその教訓と「土曜ドラマ」の創設をこう総括している。⑨

「ドラマにおける脚本家の地位をもっと高めなければならない。74年に脚本家とディレクター間に続発したトラブルからの教訓だった。新番組『土曜ドラマ』の基本戦術の2番目は『作家第一主義』。近藤晋ＣＰはめざした。それは『脚本家の名を冠にしたシリーズ』だった」

⑧川口幹夫「ＮＨＫテレビ番組じゅうおう談」『テレビ映像研究』5月号、１９７８年、P. 52
⑨中村克史「ベテランと新人の土曜ドラマ」『ＮＨＫテレビドラマカタログ』２０１１年、P. 25

テレビドラマの質を作家に求めて

ＮＨＫドラマの刷新には、新人ディレクターの抜擢も構想の一つに入っていた。「若い人をうまく抜擢して使うと、高齢者のほうが負けてなるかと奮起する。今はそれが一番必要」（川口幹夫部長）だったからである。⑩

しかし、言うは易く行うは難しである。そこでプロデューサーの近藤晋は、新人を起用するために、ベテラン演出陣に新設「土曜ドラマ」への参加を呼び掛ける。そして、最初の松本清張シリーズ「遠い接近」（脚本＝大野靖子、一九七五年）を和田勉に、劇画シリーズ「紅い花」（脚本＝大野靖子、同年）を佐々木昭一郎にといった布石を打って、「山田太一シリーズ　男たちの旅路」に新人の中村克史をもってくる。⑪

「土曜ドラマ」はこうして、夜八時台ドラマの廃止、放送方式の革新、作家シリーズの創設、新人の起用等々、ドラマ部の確たる意志と念入りな準備を経て動き出す。

ちなみに、近藤が、脚本家シリーズを山田太一からスタートしようとしたのは、銀河テレビ小説「風の御主前」《原作＝大城立裕、七四年》を一緒にやって、山田の企画力、筆力、作品力に打たれたからである。⑫

山田太一「松本清張や小説家の人たちのシリーズばっかりじゃなくて、脚本家の名前を冠したシリーズをつくりたいので、一回目としてあなたに書いて頂きたいと言われたんですけども、それはとっても光栄なことでした。脚本が軽んじられていた時期が長く、誰も脚本が要るなんて考えなかったところで、ドラマがつくられていくことがずっと不満でしたから、それはもう是非ともやらせて下さい！ということで」

近藤晋「若い者が何でも言えば通る、親父にしても先生にしても若い連中の言う通り、わかった、わかったということになる。山田さんと話しているうちに、こういうことでいいのだろうか？と。《それで》俺は今の若い奴は嫌いだ！とはっきり言い切れる中年を主人公につくりたいということになって……それが出来るのは鶴田浩二さんしかいなかった」⑬

こうして、土曜ドラマ・脚本家シリーズの第一弾、「山田太一シリーズ　男たちの旅路」（七六、七七、七九年）が誕生するのだが、近藤Ｐが披歴した問題意識は六〇年代後半の大学闘争を経験した私には痛いほどわかる。闘争後、教師がいかに生徒に迎合するようになったかを、現場で実際に見聞きしていたからである。

「山田太一シリーズ　男たちの旅路」は警備会社を舞台に、戦争を体験した中年（鶴田浩二）と戦後の若者（水谷豊ほか）の価値観の衝突を描くことで、そういった問題意識をリアルな人間ドラマへと肉体化した。そしてこのシリーズは、そうすることで戦後を生きる人間の苦悩を深く抉って、第3部第一話「シルバーシート」（七七年）、第4部第三話「車輪の一歩」（七九年）等々と、今に続く問題を照射する。

山田『シルバーシート』はその時代の老人の問題であり、『車輪の一歩』はその時代の障碍者の問題であるわけです。やっぱり、テレビはそういうふうにある時代の問題を、ある光を当てて書くということが似合ってる、と思ったんでしょうね。今からすれば、僕が書いた障碍者の問題なんかはかなり良くなってます。でも、基本的な差別は変わっていない……」

山田太一はこのように、時代の抱える問題を見つめてドラマを書き続けている。そしてここが注目すべきところだが、その「差別」は令和の時代にも続いている。

土曜ドラマの脚本家シリーズは、山田太一に続けて高橋玄洋、田向正健、鎌田敏夫、向田邦子、市川森一、橋田壽賀子、早坂暁、中島丈博と、計九名のシリーズを編成・制作する。そして、この脚本家シリーズが始まった七六年に「シリーズ人間模様」を併設し、翌七七年にそれを「ドラマ人間模様」と改称して、社会派の土曜ドラマとは一線を画す文芸ドラマ路線を打ち出す。

遠藤利男「土曜ドラマを民放の巨人戦にぶつけて、そこから視聴者を奪えるようなアクチュアリティのあるドラマをつくろう！と、山田太一や向田邦子らの脚本家シリーズをつくった。それで今度は、もうちょっと深みのあるね、非民放的なＮＨＫらしいドラマ枠『ドラマ人間模様』をつくって、それを『東芝日曜劇場』にぶつけて、ホームドラマの牙城に対抗しようとしたんですね」

「土曜ドラマ」と「ドラマ人間模様」はこのように、極めて攻撃的なカウンタープログラミングの実践として始まった。そして、それは日本のテレビドラマ史に数えきれないほどの秀作を残した。

土曜ドラマの「山田太一シリーズ　男たちの旅路」、「向田邦子シリーズ　阿修羅のごとく」（七九年）。ドラマ人間模様の「あ・うん」（作＝向田邦子、八〇年）、「夢千代日記」（作＝早坂暁、八一年）、「夕暮れて」（作＝山田太一、八三年）、「花へんろ」（作＝早坂暁、八五年）等々がそれだが、日本のテレビドラマはこうした脚本家の作品によってその質を深めていったのである。

⑩「ＮＨＫテレビ番組―じゅうおう談」『テレビ映像研究』５月号、１９７８年

⑪「土曜ドラマ」のシリーズ編成は、松本清張シリーズ（75年）、平岩弓枝シリーズ（同年）、懐かしの名作シリーズ（76年）、山田太一シリーズ（同年）、劇画シリーズ（同年）、サスペンスシリーズ（77年）、山田太一シリーズ第２部（同年）、ＳＦシリーズ（同年）という順に展開された。

⑫銀河テレビ小説「風の御主前」（原作＝大城立裕、脚本＝山田太一、制作＝近藤晋、74年）は、石垣島の自然や風習と闘う男女の物語。主演＝高橋幸治、真木洋子。

⑬鶴田浩二は、ヒット曲「傷だらけの人生」がＮＨＫで放送禁止になったことに怒り、ＮＨＫへの出演を拒絶。近藤は、「男たち旅路」に出演してもらうために、鶴田と東映の幹部プロデューサー・俊藤浩滋のところへ日参する。鶴田は山田太一との企画打ち合わせでは、特攻隊の話に終始したという。

《証言者プロフィール》

遠藤利男　1931年生まれ。54年東京大学文学部卒業、NHK入局。ラジオ詩劇「放送詩集」(JOBK、59年)、「汽車は夜9時に着く」(JOCK、62年)、「写楽はどこへ行った」(JOAK、68年) などを企画・演出。69年にプロデューサーとなり、佐々木昭一郎初監督作品「マザー」(70年) などを制作。77年ドラマ番組班担当部長、85年番組制作局長、88年理事を経て、91年退任後は、NHKエンタープライズ21代表取締役などを歴任。主要作品＝他に演出作品の「オッペケペ」(JOCK、63年)、「長者町」(同、63年)、「暗い鏡〜ヒロシマのオルフェ」(同、NHK教育、67年)、「真夜中のぶるうす」(同、69年)、 NHK劇場「三十六人の乗客」(JOAK、69年)。制作作品の「幻化」(71年)、「さすらい」(71年)、大河ドラマ「国盗り物語」(73年)、など。2014年9月26日インタビュー。

近藤晋　1929年−2017年。学習院大学中退。劇団民芸演出部を経て、59年NHK入局。プロデューサーシステムの確立を志し、62年にフィルムドラマ枠「テレビ指定席」の創設に深く関わる。そして70年の「朱鷺の墓」の制作を機に、NHK初のCPとなる。以降、脚本家の名を冠した土曜ドラマ「山田太一シリーズ　男たちの旅路」(76年) を創設。大河ドラマ「獅子の時代」(80年) など、数多くのドラマをプロデュースする。85年NHK退局後、東北新社クリエイツ社長などを歴任し、フリーの企画プロデューサーとなる。主要プロデュース作品＝他にNHK時代の土曜ドラマ「松本清張シリーズ　中央流砂」(75年)、同「劇画シリーズ　紅い花」(76年)、大河ドラマ「黄金の日日」(78年)、同「山河燃ゆ」(84年)、「ビゴーを知っていますか」(84年)、ドラマ人間模様「シャツの店」(86年)。NHK退局後の「天国への階段」(テレビ朝日、2002年)、「ナイフの行方」(NHK、14年)、「五年目のひとり」(テレビ朝日、16年) など。2014年10月3日インタビュー

山田太一　1934年生まれ。58年早稲田大学教育学部卒業。日本のテレビドラマを代表する脚本家。松竹で木下恵介監督に師事。65年に松竹を退社して、フリーの脚本家に。平凡な日常生活の中に人間と時代の苦悩を抉り、日本の連続ドラマの特性を創り上げた。「記念樹」(TBS、66年)、「それぞれの秋」(同局、73年)、土曜ドラマ「山田太一シリーズ　男たちの旅路」第1部〜4部 (NHK、76〜79年)、「岸辺のアルバム」(TBS、77年)、「想い出づくり。」(同局、81年)、「ながらえば」(NHK、82年)、「ふぞろいの林檎たち」Ⅰ〜Ⅳ (TBS、83〜97年)、「早春スケッチブック」(フジテレビ、83年)、「夕暮れて」(NHK、同年)、「今朝の秋」(同局、87年) 等々から、近年の「時は立ちどまらない」(テレビ朝日、2014年) などまで、多くの作品がテレビドラマ史に名を残している。2014年10月27日インタビュー

日テレ・青春ドラマ史（一九六〇～一九七〇年代）

「青春とはなんだ」から「太陽にほえろ！」への芯棒

青春ドラマの「不変」と「変」を求めて

ドラマにはいろんなジャンルがあるが、青春ドラマほどつくりにくいものはない。若者の風俗・文化ほど移り変わりの激しいものはなく、対象となる視聴層もあっという間に、中学生、高校生、大学生へと変わる。受け入れる層も限られてくる。

しかし、いくら近頃の若い奴は違うといっても、思春期、青春期に抱く思いには変わらないものもある。現に、これは青春ドラマに限ったことではないが、表層的な変化ばかりを追ったドラマはみんな失敗している。

では、青春ドラマの「不変」と「変」にはどんなことが求められるのか。

かつて、この長続きしない青春ドラマが一時代を画したことがある。一九六五年の「青春とはなんだ」に始まる青春学園シリーズから、「太陽にほえろ!」（七二～八六年）、「傷だらけの天使」（七四～七五年）、「俺たちの旅」（七五～七六年）へと、ほぼ二十年にわたって若者の支持を得た日本テレビの青春ドラマである。

しかも、これらはすべて一人のプロデューサー、岡田晋吉《ひろきち》が企画、制作している。その岡田が自らの青春ドラマ史を顧みて言う。

岡田晋吉「映画は時代を引っ張るけど、テレビは時代を証明するんだ!っていうことをずっと言い続けているんです。視聴者の考えていることを汲み取って、その最大公約数みたいなものを表現していけば視聴率は取れる。実際、時代に合わないものをつくってもしょうがない。ただ、時代に合わせることと、作品のなかに込められている芯棒みたいなものは違います。だから、表面的なものはどんどん変えても、芯棒は変えない!」

草創期の編成・制作風土

岡田晋吉は一九五七年に日本テレビ放送網（以下、日本テレビと表記）に入社。映画部に配属され、「名犬リンチンチン」（五六～六〇年）など、外国テレビ映画の吹き替えを担当する。

当時は外国テレビ映画がブームだったが、これには日本映画連合会の五社協定（五三年締結）が、五六年に打ち出したテレビへの劇場用映画の提供と専属俳優の出演制限が大きく関係している。

テレビ各社はその対応策として海外のテレビ映画の購

入を始めたのだが、これが大当たりし外国テレビ映画ブームを巻き起こす。当時は、日本テレビに限っても、「名犬リンチンチン」（五六～六〇年）や「ドラグネット」（五七～五八年）、「ヒッチコック劇場」（五七～六二年）などが人気になっていた。

ちなみに「ドラグネット」は、同社の初期代表作「ダイヤル110番」（五七～六四年）のモデルで、「ヒッチコック劇場」は後の「世にも奇妙な物語」（フジテレビ、九〇年～）につながるものである。

岡田の青春ドラマには、こうした外国テレビ映画の吹き替え経験が大きく影響している。が、そのことに入る前に、当時の日本テレビの編成・制作状況と風土について少し触れておきたい。

民放テレビの先発局、日本テレビ（五三年開局）は、スポーツ中継やバラエティ番組でテレビの初期普及を牽引した。我が家がテレビを楽しむようになったのは五〇年代後半だが、それも中学生だった私がプロレス中継を見たいと駄々をこねたためだ。プロレス中継だけではない。中高生の頃、日本テレビのミュージカルバラエティ「光子の窓」（五八～六〇年）や「シャボン玉ホリデー」（六一～七二年）に、どれほど胸をときめかせたことか。

スポーツとバラエティの日本テレビ。実際、それは後発の他局にとっても脅威だった。特に、人気絶頂の読売ジャイアンツ戦をもっていることは大きな強みである。後に、ラジオ東京テレビジョン（KRT、五五年開局）は、「ドラマと報道のTBS」として名を馳せるが、それもこうした日本テレビへの対抗心から始まっている。東芝日曜劇場は、舞踊劇「戻橋」（五六年）に始まる長寿ドラマ枠だが、この企画もその対抗策で「日本テレビがスポーツを独占するなら、こちらは俳優を専属にして大型ドラマで勝負」というものだった。①

ジャイアンツ戦の強さは七〇年代に入っても続き、NHKの「土曜ドラマ」（七五年～）開始時にも、そういったカウンター意識を抱かせている。七〇年代にNHKドラマを変革した制作者の一人、遠藤利男は後年、「土曜ドラマをジャイアンツ戦にぶつけて、そこから視聴者を奪えるようなアクチュアリティのあるドラマをつくろう」と、当時の意気込みを語っている。②

しかし、その常勝ジャイアンツ戦中継にも泣きどころがあった。北川信《まこと》は日本テレビの開局時に入社。編成局制作部、芸能局制作部、営業局次長などを経て、八一年に編成制作局長になっている。その北川が当時の編成ワークを顧みて言う。

北川信「ゴールデンアワーにジャイアンツ戦をもっているから編成も営業も楽なんですが、東京ドームができる以前は、雨で野球が中止になったときの予備番組を用意するのも編成の仕事でした。雨傘番組と言ってましたが、これをあらかじめつくっておく。放送されるかどうかわからない番組だから、連続ドラマはつくれない。当時の日テレが単発のサスペンス企画に強かったのには、このような事情もあったと思います」

北川は開局四年後に、テレビドラマ史にその名を残す「ダイヤル110番」を制作・演出している。先に述べたように、アメリカのテレビ映画「ドラグネット」をモデルとするものだが、その犯罪捜査シーンの演出が注目された。すべてが生放送だった時代にロケフィルムを果敢にインサートし、外国テレビ映画並みのリアリティと躍動感を溢れさせたのである。

弱冠二七歳の法学部卒新人がテレビドラマ史に残るドラマを成功させたわけだが、それは五里霧中でのドラマづくりだった。

北川「教科書なし、お手本なし、先例なしで、誰も教えてくれない。映画会社は五社協定で役者も貸してくれない。電気紙芝居と言われていた頃ですから。たとえば僕らは何も知らなくて始めたから、コンテづくりも知らない。カットをまたいでのアクションをつなぐのも難しい。『ダイヤル110番』のロケ先では、さっきの女は左に走ったのだから、次のカットでここに立っているのはおかしいんじゃないかなど、俳優さんをそっちのけにして議論をしているものだから、当人はぽかんとして」

スポーツ中継とバラエティの日テレだったが、そうかといってドラマを疎かにしていたわけではない。五八年から六三年にかけて、市川崑監督にスタジオ生ドラマ「駐車禁止」(芸術祭奨励賞、主演＝フランキー堺、六〇年)、「足にさわった女」(主演＝岸恵子、フランキー堺、同年)など、九作品を演出させたりもしている。

ただ、ジャイアンツ戦中継という売り物が、連続ドラマの場を狭めていたことだけは確かである。

そして、ここが岡田晋吉の青春ドラマ制作に関わるところだが(後述)、開局当時の雑然とした編成の制作風土である。

北川「開局時には、その準備のために集められた芸能関係者や技術スタッフがすでに数十人いました。あとは学校を出たばかりの連中で……言ってみれば、個性の強いさむらいたちが雑然といいかげんに集まっていたという雰囲気でしたね。編成も、編成なんかやったことのない奴ばかりで、どこに目をつけて、どこから始めるかも自分で決める。仕事の一つ一つがよく言えば創意工夫、悪く言えば自己流でやっていました」

①プロデューサー・田中亮吉談。原田信夫『テレビドラマ30年』読売新聞社、昭和五十八年、P．42。開局当初、KRTは二代目尾上松緑、七代目尾上梅幸、八代目松本幸四郎、水谷八重子、伊志井寛、京塚昌子ら、歌舞伎や新派の大物役者と専属契約を結んだ。
②遠藤利男インタビュー、2014年9月26日

外国テレビ映画から青春ドラマへ

ドラマの作り方も知らなければ、教えてくれる人もいない。日本テレビの社史『テレビ夢50年』には、そういった草創期（生放送時代）のドラマづくりの一端が、市川崑監督と当時のスタッフとの対談で語られている。テレビ視聴の日常性やテレビ番組の猥雑性を視野に入れた画づくりなどがそれだが③、北川信はこうも言う。

北川信「稽古は市川崑さんがつけて、コンテを市川さんからもらって、僕がディレクターとして『足にさわった女』をやりましたけど、市川崑さんから学ぶことは少なかったですね。あの人は楽しむ人で、教える人じゃない。いろいろ教えてもらえるんだろうと質問したりしましたが、あまり真面目には教えてはくれなかった」

北川にとっては、むしろアメリカのテレビ映画「ドラグネット」のほうが、題材、臨場感、テンポといった点で、教科書だったのではないだろうか。

岡田晋吉にしてもそうだ。最初の仕事、外国テレビ映画の吹き替え制作から、撮影台本やシリーズの作り方などを学んでいる。また、「太陽にほえろ！」のところで紹介するが、その脚本陣構成にもここで学んだことがそのまま生かされている。

そして、アメリカのテレビ映画「世にも不思議な物語」（一九五九年）との出会いである。超自然現象を題材としていたがホラーではなく、どちらかといえば人間ドラマを楽しむように出来ていて、そこから受けたひらめきが「青春とはなんだ」に始まるシリーズのテーマに深く結びついていったという。

岡田晋吉「たとえば、舞台に立っているお母さんがいるんですが、彼女は幼い娘さんを事故で亡くして悲嘆に暮れている。で、舞台に立っているときに娘さんの声が

聞こえて、声の方へふっと踏み出すと、後ろにシャンデリアが落っこちてくる。すべてそういう話なんですよ」

「死んだ娘が命を救ってくれたとか、そういう親子の愛はテレビの場合、強いなぁという気がして。だからそれ以来、『青春』と『愛』、この二つを最後まで、僕のドラマでは重要視してきたつもりなんですけどね」

そして四年後、岡田は国産テレビ映画「宇宙Ｇメン」（原作＝双葉十三郎、脚本＝大谷明ほか、演出＝曲谷守ほか、六三年）を企画・制作。六五年に、青春ドラマの嚆矢ともいえる「青春とはなんだ」（原案＝石原慎太郎、脚本＝井手俊郎ほか、監督＝松森健ほか、製作＝東宝、テアトル・プロ）をスタートさせる。

こうして、岡田晋吉が牽引する日テレ青春ドラマが始まるわけだが、それにしても岡田はどうして青春ドラマ一筋の人生を歩んだのか。その原点にはどんな思いがあったのか。

岡田「自分の青春を振り返ったときに、なんか貧しさっていいますか、スポーツもやってないし、何か新しいこともやってない。なんとなく青春を無為に過ごしてたっていうのがあったんですね。映画ばっかり観てて……そんな思いがあったので、石原慎太郎さんの原作を読ませてもらったときに、青春ってこんなに楽しいんだっていう実感がありまして。それで、実際に二度と青春を味わえるわけじゃないんで、せめてドラマのなかで青春を謳歌したい！と」

「青春とはなんだ」のアメリカナイズされた教師像（後述）は、原作者の石原慎太郎が湘南育ち（逗子）であることと無縁ではない。岡田晋吉も同じ湘南育ち（鎌倉）のシティボーイである。その岡田に「青春が貧しかった」と言われても、地方出身の私にはぴんとこない。

ただ、中、高、大学生時代にやり残したことが……という思いは誰もが抱いているものではないだろうか。それに、自己表現としての創作は若い頃のコンプレックスをモチベーションとする。

たとえば、六〇年余にわたってホームドラマをつくり続けている石井ふく子プロデューサーはあるとき、自らの生い立ちを語った上でその原点を、「家族っていうのが、私の実感のなかにないんですね。だからどうしても、家族とかそういうものに対する夢っていうか、そういうものがあったんですね。だから、ホームドラマをつくっているんです」と明かしてくれた。④

ことさらに言うことではないが、どんな作品にもそういった作者のモチベーションは働いている。ただ、ジャンルは違っても、岡田晋吉と石井ふく子はそれを表に出して真っ直ぐに貫いたのである。

③市川崑「座談会　四角い窓から人生を見つめる」日本テレビ社史『テレビ夢50年』「番組編②1961～1970」2004年、PP. 40～43
④石井ふく子インタビュー、2015年3月29日

テレビ映画一筋に、青春ドラマを！

岡田晋吉「『青春とはなんだ』をやるまでは、国産のテレビ映画には大きなものはありませんでした。それで、青春ものをやるからには超一流を集めようと、会社にもお願いして製作費もたくさんもらい、東宝の千葉泰樹監督に頼み込んで、彼の顔で一流のスタッフ、俳優を揃えてもらったんですね。東宝のスター・夏木陽介も出てくれて……ですから、ここがテレビ映画の出発点じゃないかと思いますね」⑤

こうして、岡田晋吉が石原慎太郎の原作に、青春への思いを新たにしたテレビ映画が誕生する。アメリカ帰りの高校教師（夏木陽介）が、田舎町の古い因習と闘いながら、生徒たちを熱く導いていく学園ドラマである。

脚本陣には、東宝の文芸路線「青い山脈」などを書いた井手俊郎を筆頭に、須崎勝彌（『太平洋奇跡の作戦キスカ』ほか）、田波靖男（『若大将』シリーズ）らが参加。千葉泰樹監督や稲垣浩監督の薫陶を受けた松森健、高瀬昌弘、児玉進、竹林進などがメガホンを取った。

岡田プロデューサーの青春ドラマを、「国産のテレビ映画には大きなものは……」というところから始めたように、彼の作品はすべてテレビ映画であった。

編成局映画部に配属され、外国テレビ映画の吹き替え制作からドラマ人生を始めたこと。当時の日本テレビのドラマ制作は、スタジオドラマ班とフィルム班とにはっきり分かれていたこと。そういったこともあるが、そこには「青春ものをやろうってことになると、ロケのない青春ものはおもしろくないですから、やっぱりフィルムで」という強い思いが働いている。

テレビの制作現場にＶＴＲが導入されたのは、一九五八年のことである。そこから徐々に、テレビ番組は生放送からＶＴＲ編集へとシフトしていく。しかし、ロケーションをビデオでやるようになるのは、ＥＮＧが導入された七〇年代後半以降のことである。

だから六〇年代に入っても、フィルムへのこだわりはまだ根強くあった。たとえば、NHKのフィルムドラマ枠「テレビ指定席」（六一～六六年）である。このドラマ枠を立ち上げた近藤晋プロデューサーは、フィルムにこだわった理由をこう振り返っている。⑥

近藤晋「フィルムは、VTRなんかにくらべて、はるかに楽にロケが出来たんですね。だから、題材が選びやすい。それに、テレビにものを書かなかった作家を引っ張り出すのに、いい口説き文句になるんですよ。これは映画ですよ、と言って口説く。ところがVTRの発達が早くて、Vロケのほうが便利になってしまって」

近藤はこの「テレビ指定席」で、大島渚、新藤兼人、松山善三、池波正太郎らを、片っ端から引っ張り出してオリジナル脚本を書かせている。また、「魚住中尉命中」（演出＝吉田直哉、六三年）、「ドブネズミ色の街」（演出＝深町幸男、同年）など、国際的に高く評価された作品もここで製作している。

岡田晋吉のプロデュースに戻れば、もうひとつ注目しておきたいことがある。「青春とはなんだ」に始まる青春テレビ映画が外注作品であるということだ。後編の「フジテレビドラマの再生史」では、同局の外注失敗例からその再生への歩みを述べるが⑦、岡田プロデューサーの外注作品はほとんどが成功している。その秘訣はどこにあったのか。

岡田「やっぱり、こっちにちゃんとした考えがないと駄目ですね。僕も、電通なんかにこれ作ってよって言われて作ったものは失敗しています。こっちにこれをやりたいというものがあって、その青写真を外の制作会社に話をして、賛同してくれたらやるっていうスタイルでやってましたね」

「結局、外注とか内部制作というよりも、人だと思いますね。外注だって優秀な人がいなければ……僕が外注をやってた頃の人たちは、みんな十年くらい下積みをやって、しかも映画の名監督にずっとついていたわけで、そういう意味での力はもってましたからね。外注の良さはそこにもあったと思います」

現在、番組制作のプロダクション化が国際的にも進んでいる。しかし番組の成果は、局とプロダクションとの力関係で、編成と制作のコミュニケーションいかんで、大きく変わってくる。これは芸能プロダクションとの関係において目立つことだが、現在はプロダクションの力が強くなり過ぎた弊害が目立っている。

北川信「編成がプロダクションの人を指図するんじゃなくて、プロダクションの人の言うことを聞かないと編成が務まらなくなる。自分ではもう何もつくれない。内注する味方もいない。そうすると、この次は何をやって下さるんでしょうか?って話になる。そうすると、朝起きて真っ先に出勤するのはプロダクション……そうやって編成権が失われちゃうことになる」

そういった意味でも、外注のノウハウは古くて新しい課題で、岡田プロデュースに学ぶことは多い。

⑤日本初の国産テレビ映画は、「ぽんぽこ物語」（KRT=現TBS、制作=宣弘社プロダクション、1957～58年）。以降、草創期のテレビ映画は「月光仮面」（同、58～59年）、「隠密剣士」（同、62～65年）など、児童向けのもので占められていた。

⑥近藤晋インタビュー、2014年10月3日

⑦「フジテレビドラマの再生史」p.81

プロデューサーの主導権

岡田晋吉プロデュース、東宝、テアトル・プロ製作の青春学園シリーズは、「青春とはなんだ」（主演=夏木陽介、一九六五年）、「これが青春だ」（主演=竜雷太、六六～六七年）、「でっかい青春」（同、六七～六八年）、「進め！青春」（浜畑賢吉、六八年）と続いて、一旦休止。

七〇年代に入って再び、「飛び出せ！青春」（村野武範、七二～七三年）、「われら青春！」（中村雅俊、七四年）、「青春！ド真中」（同、七八年）が制作される。そして、ユニオン映画製作の「あさひが丘の大統領」（宮内淳、七九～八〇年）で終止符を打つ。

足かけ一六年。しかも岡田はこの間に、松竹製作の「おれは男だ！」（森田健作、七一～七二年）もプロデュースしている。いわゆる〝夕日に向かって走れ〟のイメージを決定づけた青春ドラマである。また、それまでの青春ドラマとは一味違う「太陽にほえろ！」（七二～八六年、東宝）をスタートさせ、「傷だらけの天使」（七四～七五年、東宝、渡辺企画）や「俺たちの旅」（七五～七六年、ユニオン映画）なども企画している。

青春ドラマ一筋とはいえ、よくもまぁ、次から次へと企画を実現させたものだ。

岡田晋吉「結構、わがまま言ってましたね。『太陽にほえろ！』をやるとき、重役の一人は時代劇をやりたかったんですよ。で、僕は会社の企画会議には全然出さないで、スポンサーの三菱電機と結託して先に決めちゃったんです。そうしたら、さんざん怒鳴りまくられ

て、東宝と癒着してるとか……それでも、わかってくれる重役もいてやらせてもらえたんです。先輩の北川信さんにもずいぶんお世話になりました」

今では、とても考えられない無茶苦茶ぶりである。それじゃあ、上司は怒るわな！だが、そこにはそうしてもいいような環境があったのではないだろうか。先に、北川信は当初の編成・制作風土について、「雑然といいかげんに集まっている雰囲気」だったと教えてくれた。そのあたりのことを、編成と制作の関係においてもう少し見ておくことにしたい。

まずその頃は、一社提供が多く、プロデューサーがその枠の担当になる。つまり、この枠は誰、この枠は誰と決まっているから、プロデューサーがスポンサーの意向や嗜好を一番よく知っているということになる。さらに、編成も今のように強い編成権はもってはいなかった。

岡田「企画はそんなに揉めないで通りました。一応、最終的には、社長以下の御前会議で決まるわけですけど、その前に芸能局でこれをやりたいと言うと、編成もフォローしてくれる。編成はハンモック効果⑧とか、そういう工夫はしてましたけど、今ほど編成権はもっていませんでした。それを強めたのは八〇年代のフジテレビで、そこからですね。編成の時代と言われ始めたのは」

芸能局やプロデューサーの主導権が発揮されていた時代だからこそ、次々に繰り出される岡田企画も捨てられることなく、陽の目を見たと言えるだろう。また、編成の業務が整備されていっても、このプロデューサーの主導権はそれほど揺らぐことはなかった。

北川信は、編成は予算管理、ネットワークの確保、野球の編成、技術革新への対応等々、どんどん忙しくなっていったと言う。そしてこう続ける。

北川信「編成って、番組一つ一つについて勝負を賭けられるほど幸せなもんじゃない。逆に言うとですね、編成がいろいろ口を出すと、現場が《責任転嫁ができて》楽になっちゃうんですね。「《だから常務取締役のとき》『ＳＨＯＷ ｂｙ ショーバイ!!』《八八年》を始めて、視聴率向上のきっかけになったんですが、そのときはやり過ぎだったかもしれませんが、局長、局次長、部長クラスはいっさい口をだすな、担当だけを指名ろ!!って言って、あとはその頃の新人に企画を出させて、好きなようにやってくれ！と」

岡田はこうした編成・制作風土のなかで、高校を舞台とする青春学園ドラマを作り続ける。そして、それが男の子にも支持されヒットする。時代はちょうど、団塊の世代が高校生だった頃のことである。

一九八〇年代から九〇年代にかけて、フジテレビのトレンディードラマや月9の恋愛ドラマが、F1層をターゲットに一時代を画した。つまりこの頃になると、テレビドラマはすっかり女性のものになっていた。しかし遡れば、若い男の子がドラマを楽しむ時代もあったのだ。

⑧ハンモック効果。人気番組と人気番組の間に新番組を入れて、前後番組の人気を取り込もうとする編成の効果。それを期待する編成方式。

青春学園シリーズの限界

「青春とはなんだ」（一九六五年）に始まる日本テレビの青春学園シリーズは、「あさひが丘の大統領」（七九〜八〇年）で終了するまで、計九作が放送されている。

しかも、このうちの第一作「青春とはなんだ」、第二作「これが青春だ」、第三作「でっかい青春」、第四作「進め！青春」、第五作「飛び出せ！青春」、第六作「われら青春」は、すべて岡田晋吉プロデュース、東宝／テアトル・プロ製作である。また、岡田に限っていえば、彼はユニオン映画製作の第八作「青春！ド真中」、最終作「あさひが丘の大統領」も企画している。（第七作『ゆうひが丘の総理大臣』は、中村良夫ほかプロデュース、ユニオン映画製作）

高校を舞台とする一六年間にわたる青春学園シリーズ。よくぞ続いたものだが、実際にはマンネリに陥らざるを得ない。ましてこの間には、松竹製作の青春学園もの「おれは男だ！」（原作＝津雲むつみ、脚本＝山根雄一郎、鎌田敏夫ほか、主演＝森田健作、七一〜七二年）、「おこれ！男だ」（脚本＝永原秀一ほか、主演＝森田健作、石橋正次、七三年）にも携わっていたからなおさらだ。

だから、岡田プロデューサーもシリーズの後半になると、さまざまな方向転換を試みてはいる。たとえば、一旦休止して再開した第六作「飛び出せ！青春」（監修＝千葉泰樹、脚本＝鎌田敏夫ほか、監督＝高瀬昌弘、主演＝村野武範、七二〜七三年）では、それまでの理想の教師像をがらっと変えている。

岡田晋吉「最初の三本は、何をやっても生徒には負けない完全無欠な先生が、強引に生徒を引っ張っていくっていう形でやりました。それが段々、そうじゃないんだ！むしろ生徒と同じ立ち位置でやれるような話に切り換えて、生徒同士の愛、先生と生徒の愛に絞っていこうと思ったのが『飛び出せ！青春』で、そこから鎌田敏夫がずっとついてきてくれるんですけど」

この理想の熱血教師から生徒と共に悩む教師への切替えは、当時のことを思い返すと実によくわかる。これは大学にいて痛感したことだが、六〇年代後半の大学闘争が終わった後、どれほど教師の姿勢が変わったことか。よく言えば威張り散らさない教師、悪く言えば必要以上に生徒に合わせようとする教師が増えたのだ。

しかしいくら知恵を絞っても、高校を舞台とする青春学園ドラマをいつまでも続けることには無理があった。

岡田「『学園ものは一年しかもたないんですよ。一年経つと学年が上がっちゃうんで、どうしても一年しかもたない。それに、学園ものは理想の学園を描きますから、どうしても嘘が出てくるし、段々嘘が通らなくなっちゃう。高校生ものなのに、高校生も見てくれなくなり、最後には視聴率も落っこちましたね」

考えてみれば当然のことだが、当初のメイン視聴層、団塊の世代の高校生も段々と大学生となり、社会人となっていく。そういった現実も考え併せて、岡田も第四作の「進め！青春」（六八年）を終えたとき、「地盤沈下してきた『青春』シリーズに新たなアイディアをつぎ込むため、ひとまずお休みにしよう」と、シリーズの中断を決意する。

また再開しても、「私は鎌田敏夫と組んで、『青春』ものを作り続けてきた。しかし、この作品を作っていると き、何か新しさを感じなくなってしまった。私も、鎌田もこの手の番組のアイディアを全て出しきってしまったのかも知れない」と、高校を舞台とする青春学園シリーズを第八作の「青春！ド真中」（七八年）で打ち切ろうとする。⑨

毎年、毎年、高校を変え、教師を変え、生徒を変えて、青春ドラマを作り続けることの難しさ。一年間で終わることへのじれったさ。やがて、この「一年間」への不満が、青春学園シリーズが続いている最中に、それに代わる新たな青春ドラマ「太陽にほえろ！」（七二～八六年）を誕生させる。そればかりか、「傷だらけの天使」（七四～七五年）を企画し、「俺たちの旅」（七五～七六年）を企画、制作するという離れ技までやってのける。

⑨岡田晋吉『青春ドラマ夢伝説』日本テレビ放送網、２００３年、p. 75, ２０６

「太陽にほえろ！」の原風景

岡田晋吉「テレビっていうのは、同じことを続けることが一番大事なんじゃないかと思うんです。ＴＢＳは《その頃》ずっと『ザ・ガードマン』《一九六五〜七一年》をやったり、『キーハンター』《六八〜七三年》をやったり、東芝日曜劇場《五六年〜》も延々とやってますよね。長くやることでお客がついてくるのに、一年しかやれないのはバカバカしいじゃないか。長くやろう！ということで出てきたのが『太陽にほえろ！』なんですね」

「太陽にほえろ！」（プロデューサー＝岡田晋吉、清水欣也、梅浦洋一《東宝》ほか、製作＝東宝）は、岡田プロデューサーの代表作と言ってもいい。生涯のテーマ「青春」を刑事ドラマのなかに取り込み、「同じことを長く続ける」ことを、七二年から八六年まで続く人気シリーズとして成功させているからである。

では、この「太陽にほえろ！」から、「傷だらけの天使」、「俺たちの旅」へと続く青春ドラマの新たな展開は、どのように実現されたのか。当時の編成、制作風土、プロデューサーの主導権など、日本テレビの組織的な条件についてはすでに触れた。

ではそこに、岡田プロデューサー個人のモチベーションはどのように働いていたのか。それを「青春ドラマ観とその原風景」、「脚本家、監督、俳優らとの関係」に絞って辿ってみることにしたい。

まず、青春ドラマ観とその原風景についてだが、岡田晋吉はずっと次の二つを温め続けている。アメリカのテレビ映画『世にも不思議な物語』で学んだ〝愛〟（テーマ）と、石原慎太郎の原作『青春とはなんだ』に触発された〝青春〟（モチーフ）である。

青春学園シリーズでは、それを教師の生徒愛や生徒同士の友情という形で見せてきた。が、岡田が青春ドラマに託したのは「愛」だけではない。

岡田「当時の青春ものって恋愛ものばっかりなんですよね。恋愛をちょこちょこっと入れてますけど、しょせん初恋しかできないんですよね。結局、若い人の話であれば、それが刑事ものだろうと何だろうと同じだと思うんですね。若い人が将来の希望に向けて現在の挫折をどうやって乗り越えていくか。それが青春もののおもしろさだと思うんで、青春もので共感を与えるんだったら、成長ドラマしかないだろうと。だから、『世にも不思議な物語』から受け継いだ〝愛〟を基本に置いて、そこに若い人の〝挫折と成長〟を重ねて、これが青春ドラマだよって言っているんですけどね」

若者の挫折と成長を見せるのであれば、舞台は学園でなくてもいいし、主人公も高校生である必要はない。ごく当たり前のことだが、この〝挫折と成長〟を強く意識した結果が、学園ものから刑事ものへのシフトを実現させたと言っていいだろう。

実際、「これは〝青春アクション〟ドラマであります」、「一人の青年が成長してゆく姿をタテ糸として描いていきたい」と強調した「太陽にほえろ！」の企画は、それぞれの新米刑事にいろんな挫折を与えながら進んでいく。しかもその挫折には、刑事ドラマでなくてもいいようなものまである。⑩

たとえば、早見淳ことマカロニ刑事（萩原健一）シリーズの第35話、「愛するものの叫び」（脚本＝鎌田敏夫、監督＝土屋統吾朗、七三年）がそうだ。これは刑事をアリバイにしようと考えた女に、マカロニが一目惚れしてまんまと罠にはまる話だが、そこには刑事としての未熟さとともに男としてのやり切れなさが痛々しく滲んでいる。真実を知ったマカロニが手錠を手に女を追うラストシーン、演じる萩原健一が疾走しながら浮かべる苦悶の表情がなんとも切ない。

岡田の言う「刑事ドラマだろうと何だろうと」が意味するところはドラマを見ればよくわかる。では、なぜ刑事ドラマが選ばれたのか。

岡田「当時、アメリカ映画を観てますと、ほとんどが刑事ドラマなんですね。『ブリット』⑪なんかも、女と寝ているところへ電話が入ってあわてて出て行ったり、最後のほうは刑事としてより私怨でやっているような話だったりして《というのが定番で》……それで、やっぱり刑事ドラマをやるべきだというのがあって、石原裕次郎さんと僕と、鎌倉育ちの脚本家・小川英の湘南三人組でやろう！ていって始めたのですから、アメリカ映画ですよね。『太陽にほえろ！』は……」

湘南育ちの映画青年だったことが関係しているのだろうか。アメリカのテレビ映画「世にも不思議な物語」に触発されたテーマ〝愛〟、「青春とはなんだ」のアメリカ帰りの高校教師、そして次の青春ドラマを刑事ものにした理由など、その企画はいつも「青春」と「アメリカ」を原風景としている。

これは脚本陣についても言えることで、そのチーム編成にあたっては、アメリカのテレビ映画の吹き替え制作で学んだことを採り入れている。

岡田『世にも不思議な物語』では、監督のジョン・ニューランドがそれをやっていたんですが、一つのシリーズをつくるときには、脚本段階の中心人物を一人置いて、その上でいろんな脚本家に書いてもらって、それをその人が統一するというシステムでつくっていたんですね。それで、『太陽にほえろ！』のときもそういう形を採ったんですね。小川英を中心にして、若手の脚本家をどんどん使っていくというシステムで……」

⑩岡田晋吉『青春ドラマ夢伝説』日本テレビ放送網、2003年、P．133

⑪「ブリット」（監督＝ピーター・イエーツ、米・映画、1968年）。サンフランシスコ市警のブリット警部補（スティーブ・マックイーン）が、裁判の重要証言者が射殺された事件の真相を追って、カーアクションを繰り広げるサスペンス。

人間関係が開く明日への道筋

日テレ・青春ドラマの軌跡、青春学園シリーズから、「太陽にほえろ！」、「傷だらけの天使」、「俺たちの旅」へという流れを見ていると、ドラマの歴史は人間関係によって受け継がれていくものだということがよくわかる。

岡田晋吉のプロデュース歴でいえば、まず「青春とはなんだ」（一九六五年）が東宝の千葉泰樹監督の人脈、井手俊郎をはじめとする脚本陣や、松森健、高瀬昌弘、竹林進といった監督陣によって製作される。

そして、井手の弟子だった鎌田敏夫が「飛び出せ！青春」（七二〜七三年）でメインライターとなり、「太陽にほえろ！」（七二〜八六年）の脚本陣にも加わり、初期の代表作「俺たちの旅」（七五〜七六年）を手がける。

また監督の竹林進も、「これが青春だ」（六六年）、「進め！青春」（六八年）を経て、「太陽にほえろ！」のチーフ監督となる。

まだまだある。「青春とはなんだ」の夏木陽介と「これが青春だ」の竜雷太が、「太陽にほえろ！」誕生のきっかけとなる「東京バイパス指令」（六八〜七〇年）で主役を務める。さらに、「太陽にほえろ！」の初代新人刑事役・萩原健一の降板が、「傷だらけの天使」の誕生につながるなど、数え上げたら切りがない。

北川信「岡田君はよく勉強してましたよ。当時、東横線で時々一緒になるんですが、いつも台本を直していました。やっぱりそれだけのことはあって、岡田君は厳しいんですね。だから、出てくる本はきちんとしていて、それが視聴率にちゃんと結びついている。でも、面倒見もいいんですよ。『八百八町夢日記』《八九～九〇年》だとか、時代劇役者の面倒もちゃんと見てましたし、スタジオジブリなどとの契約なんかも橋渡しをしたのは岡田君でしたし……」

北川信は開局時に入社し、「ダイヤル110番」などを演出したが、四年後輩の岡田晋吉との接点はない。青春ドラマ全盛期には営業、編成畑を歩いていた。だからその評価が客観的なものといえるのだが、北川の言う「厳しさ」と「面倒見の良さ」が生む信頼関係こそが新たな青春ドラマを成功させたのである。

岡田晋吉「《『太陽にほえろ!』の前に》『東京バイパス指令』を夏木と竜でやったんですけど、二人の刑事の話だったんで長く続けられないんですね。だから、今度は長くやりたいっていうのがあって、それで七人の刑事がいれば代わりばんこにやっていけば何とかなるだろうと。それと、主人公の青春ドラマみたいなものをやってみたいなっていう気持があって」

「東京バイパス指令」（製作＝東宝・国際放映）は、二人の潜入捜査官（夏木陽介、竜雷太）が凶悪事件に挑むアクションドラマだが、後半になると視聴率が目に見えて落ちてくる。そこで、東宝の梅浦洋一プロデューサーとシナリオライターの小川英の力を借りて、ドラマの欠点をつぶさに洗い出す。

そして「東京バイパス指令」を打ち切り、新たに「太陽にほえろ!」の企画を立ち上げていく。ちなみに、「太陽にほえろ!」のスタッフロールにある「企画　魔久平」は三人共通のペンネームで、アメリカの推理小説作家エド・マクベインのもじりだという。

また、前章で「太陽にほえろ!」における脚本チームの編成について述べたが、ここで「脚本段階での中心人物」となったのが、岡田プロデューサーが巨人と言ってリスペクトするシナリオライター・小川英である。

岡田「長く続けるとなると、ストーリーにいろんなバラエティが欲しい。しかし、登場人物のキャラクターが変わったら困るわけで、登場人物のキャラクターにストーリーを合わせていかなきゃいけない。それが違うシナリオライターが書くと変わっちゃうんですね。そのときに、小川英が戻してくれる。最終的には、小川英の目を通りますから統一性も出てくる。『太陽にほえろ！』の場合はそういったことが出来たんですね」

こうして、石原裕次郎（ボス・藤堂俊介係長）、露口茂（山さん）、竜雷太（ゴリさん）、小野寺昭（殿下）、下川辰平（長さん）、萩原健一（マカロニ刑事・早見淳）、関根恵子＝現・高橋惠子（シンコ）らが演じる七人の刑事ドラマが出来上がる。そしてそこに、新米刑事（第一シリーズではマカロニ）の青春を重ねて、念願の長寿人気シリーズが始まる。

さらに、その青春像を鮮烈に印象づけたマカロニ刑事の殉職が、それにふさわしい次なる青春ドラマ「傷だらけの天使」（プロデューサー＝清水欣也、宮藤英博《渡辺企画》、磯野理《東宝》、製作＝東宝、渡辺企画、七四〜七五年）を生んでいく。

岡田「僕は『太陽にほえろ！』ではセックスを一切禁止しましたからね。そういう不満がショーケン《萩原健一》にあってそれを解消したいと言うから、それじゃあ、遅い時間を空けるからそこでやれよということで、原案、人物配置、人物キャラクター、キャスティングまでやって、『太陽にほえろ！』のときからついていた清水欣也に渡したんですけど」

薄汚れたチンピラ・木暮修が弟分の乾亮と、亡き妻の実家に預けてある息子に会うのを唯一の楽しみに、いかがわしい仕事をしながら救いのない明日への道行をする。修はもちろん「太陽にほえろ！」でマカロニ刑事を演じた萩原健一、亮はその第1話「マカロニ刑事登場」で犯人役を演じた水谷豊である。

この青春学園シリーズとも、「太陽にほえろ！」とも違う、飢えた若者の青春ドラマは放送時には低視聴率に終わった。しかし、深作欣二や工藤栄一など尖った監督の演出を得て、伝説的なドラマとなって語り継がれる。

その「傷だらけの天使」には、岡田晋吉の名前はクレジットされていない。しかし、岡田は「太陽にほえろ！」を走らせた三人の一人に萩原健一をあげている。彼の若い感性に学ぶところが多かったからで、だからこそそこに名前が載らなくても萩原の望む青春ドラマへの橋渡しをしたのだろう。

萩原健一の降板が殉職シーンを生み、松田優作が二代目ジーパン刑事・柴田純として登場し、その松田・ジーパン刑事もまた「なんじゃ、こりゃ」の名台詞を残して死ぬ。そして、それが十一代目まで続いていくのである。

「俺たちの旅」と鎌田敏夫

日テレ・青春ドラマに関わった人の多くはすでに亡くなっている。なかでも、「太陽にほえろ！」のメインライター・小川英に話を聞けないのが残念でならない。しかし、「俺たちの旅」の鎌田敏夫は二〇一〇年代になっても、おやじの背中「母の秘密」（TBS、二〇一四年）など精力的に創作活動を続けている。（二〇一五年の取材時には、「人間はなぜ人を殺すのか」といったシリアスなドラマ《土曜ドラマ『逃げる女』NHK、二〇一六年放送》に取り組んでいた）

すでに簡単には紹介したが、鎌田は「青春とはなんだ」を書いた井手俊郎の弟子で、青春学園シリーズや「太陽にほえろ！」シリーズで頭角を現した脚本家である。言い方を変えれば、その間一〇年ほどは日本テレビに拘束されっ放しだったわけで、本来ならもっと早く活躍の幅を広げていたはずとも言える。

実際、早くから鎌田の才能を買って「飛び出せ！青春」でメインライターに抜擢した岡田晋吉プロデューサー自身、「僕は脚本家を拘束するほうなんで、他の仕事が何も出来なくなっちゃうんですね。だから、出世が遅れちゃって申し訳なかった」と言っている。

その鎌田が、師匠の高校生ものの延長上に創り上げた新たな青春ドラマが、「俺たちの旅」（企画＝岡田晋吉、製作＝ユニオン映画、一九七五～七六年）である。

今、うっかり延長上にと言ったが、それは高校生ものを大学生ものへという程度の意味でしかない。その青春像に見られるのは、「青春とはなんだ」が描いた未来への明るい情熱ではなく、今現在を精一杯生きることしか出来ない若者の孤独と友情の切なさである。

大学四年生の通称カースケ（中村雅俊）、オメダ（田中健）、そして社会人のグズ六（津坂まさあき＝現・秋野太作）が、今で言うルームシェアリング生活を送る。そして東京・吉祥寺の街を舞台に、互いの気持をぶつけ合いながら懸命に今を生きる。

鎌田敏夫のドラマはいつも、〝人の気持の切なさ〟と〝時代の空気〟を肌で感じさせてくれる。「俺たちの旅」はその肌感覚を最初に強く印象づけた作品である。

たとえば、第25話「やっと卒業しました」のオメダである。彼はカースケと同じ会社に就職する。が、カースケは会社に縛られるのが嫌で、すぐに元のアルバイト生活に戻ってしまう。

我慢して勤めようと思っていたオメダは、カースケの生き方がうらやましいだけに無性に腹が立つ。だから、「少しぐらい嫌なことがあっても、勤めなきゃ仕方がないんだ！」と喰ってかかる。そして夜の井の頭公園で、「俺はお前と違うんだよ！」と項垂れる。雨に打たれながら、何も言えなくなるカースケとグズ六。どちらが正しいわけでもない。三人はただ黙り込むしかない。

鎌田敏夫「孤独があるから、人と結びつこうと思うんで、それがベースだと思うんですね。それがないと友情なども意味がないと思います。それと、登場人物全部の気持を対等に書いているから、切なくなるんでしょうね。『太陽にほえろ！』でも、犯人の気持もわかる、それを追っかける刑事の気持もわかる、でも最後には逮捕される、という感じになっていると思うんですけどね」

〝人の気持の切なさ〟は、こういった人間観から発している。そして鎌田は、その「登場人物全部の気持を対等に」という切なさを、キャラクターの書き分けにおいて言葉にしていく。

岡田晋吉「これがおもしろかったのは、鎌田君と話をしたんですけど、結末を決めるのはよそうということになって。とにかくキャラクターを三つ揃えて、後はそのキャラクターがどう転がっていくか、そのときまかせにしようと。その発想がこの番組をヒットさせたんじゃないかな。その頃《七〇年代》、若い人たちは自分の人生どうあるべきかを真剣に考えていましたから、余計に結論ありきでは……勝新太郎さんにも最後を決めるとどうしても予定調和になると言われたんですが、とにかくシリーズもので結論を決めるのはもったいないからやめようと」

鎌田「僕の言うキャラクターは、今言われている定番でわかりやすいそれとはちょっと違うんだけど、僕が一番考えるのはキャラクターなんですよ。八割ぐらいキャラクターを考えて、あとはキャラが動けばいいんでね。登場人物が何人かいて、ある状況に入れるとそれぞれに動き出すじゃないですか。そういう意味で、キャラクターが一番大事なんで」

ではもう一つの魅力、肌感覚で伝わる〝時代の空気〟についてはどうか。「俺たちの旅」で話題になった長髪にベルボトムといった七〇年代風俗だけなら、スタッフのリサーチ次第で何とでもなる。難しいのは、登場人物が漂わせる雰囲気やセリフの端々に滲む気持である。

岡田「まだ一般の人たちは知らない。そういうものを書けば当たるんだっていうのが、彼のドラマツルギーにあるんですね。だから今、視聴者が何を望んでいるか、どういう考えでいるかっていうことを、ものすごくリサーチするんです。それも机の上のリサーチじゃなく、実際にね。若い人のバーへ行って一緒に酒を飲んだりして、そういうのを見つけてくるですね」

　鎌田「僕が師匠《井手俊郎》から教わったのはシナリオの書き方じゃなくて、脚本家になるための街の歩き方とか、そういったことなんですね。歌舞伎が好きだった人なのでいっぱい観せてもらったり。それも、一等席を買ってもらって、横で解説してくれて、めしも奢ってもらって、こんな贅沢な弟子はなかったですね」

「《人の気持のリサーチなんかは出来ないけど》あえていえば、人に会うことですね。誰かと会うと、興味のもてる相手っていうのがあるんですよ。これがリサーチといえばリサーチで。仕事でやってるわけじゃないんだけど、なんか新しい人と会うと興味がわくから、仕事が違う人と出会うと必ず酒を飲んだりしているんですよ」

　こうして、岡田晋吉プロデューサーと鎌田敏夫の息の合った企画、脚本は、「俺たちの旅」で再び若い視聴者の心をとらえ、記憶に残るドラマとなっていく。

　そして、「太陽にほえろ！」は余りにも長いシリーズだから別だが、「俺たちの旅」のやさしさと切なさや、「傷だらけの天使」の迸るような叫びは、その後のドラマ制作者のなかにも、いつか「俺たち」を、「傷天」をといった想いを残している。

　また、鎌田敏夫についていえば、「俺たちの旅」で感じさせた〝人の気持の切なさ〟と〝時代の空気〟が、八〇年代の「金曜日の妻たちへ」シリーズ（ＴＢＳ、八三〜八五年）で一つの時代を画すことになる。

青春ドラマの芯棒

　一九七〇年代は、日テレ・青春ドラマの全盛期である。しかも、そのほとんどを岡田晋吉が企画している。「太陽にほえろ！」シリーズのヒットが数々の企画を実現させたのだろうが、この間にも「俺たちの勲章」（七五年）、「俺たちの朝」（七六〜七七年）、「大都会」（七六〜七九年）といった作品を手がけている。

　その多作ぶりには驚かされるが、ここで注目したいのは岡田の言う芯棒である。〝アメリカ〟、〝愛〟、〝青春〟、〝挫折と成長〟といった芯棒にこだわり続け少しもぶれなかったことが、次々に新しい青春ドラマを生んだ一番のモチベーションだったのではないだろうか。

テレビドラマの低迷、青春ドラマの不在が目立つ昨今、この岡田晋吉プロデュースに見られる〝不変〟は覚えておいていいことである。そういった意味で、岡田プロデューサーの現在のテレビドラマへの提言を最後に添えておきたい。

岡田晋吉「設定に奇をてらい過ぎるんですよね。設定に奇をてらったら、四本もやればなくなっちゃいますよ。だから僕の場合は常に、設定のおもしろさで見せるんじゃなくて、キャラクターのおもしろさで見せようよ！というのを合言葉にしてきたんですけど」

《証言者プロフィール》

岡田晋吉　1935年鎌倉市生まれ。57年慶応義塾大学卒業、日本テレビ放送網入社。最初は、外国テレビ映画の吹き替え制作を担当する。65年以降、「青春とはなんだ」(65年)、「これが青春だ」(66年)、「太陽にほえろ！」シリーズ（72 ～ 86年)、「傷だらけの天使」(企画、74 ～ 75年)、「俺たちの旅」(75 ～ 76年)、「あぶない刑事」(企画、86 ～ 87年）など、青春テレビ映画を数多く企画・制作。芸能局長、取締役営業局長を歴任し、91年に退社。中京テレビ放送副社長に（2000年退社)。日本民間放送連盟放送基準審議会放送倫理小委員長を務め，BPOの前身、BROの設立に尽力した。2015年まで川喜多記念映画文化財団の業務執行理事。2015年4月13日インタビュー。

北川信　1930年東京都生まれ。53年東京大学法学部卒業、日本テレビ放送網入社。編成局制作部に配属され、テレビ草創期の代表作「ダイヤル110番」などを制作、演出する。また、初代・組合執行委員長も務める。編成制作局長、常務取締役、専務取締役を歴任し、94年テレビ新潟放送網社長、2003年会長に（05年退任)。後年は、日本民間放送連盟地上デジタル放送特別委員会委員長、地上デジタル放送推進協会会長など、地上波テレビのデジタル化を推進した。2015年5月18日インタビュー

鎌田敏夫　脚本家。1937年生まれ。早稲田大学政経学部卒業後、シナリオ研究所《1957年設立》に入所、井手俊郎に弟子入り。「でっかい青春」(1967年）で脚本家デビュー。その後､「飛び出せ！青春」(72年）のメインライターとなり､「太陽にほえろ！」シリーズ（72 ～ 86年)、「俺たちの旅」(75 ～ 76年）など一連の日テレ・青春ドラマを手がける。以降､「金曜日の妻たちへ」シリーズ（TBS､83 ～ 85年)､「男女7人夏物語」(同局、86年)､「ニューヨーク恋物語」(フジテレビ､88年)､「29歳のクリスマス」(同局､94年)「冬の蛍」(NHK、97年)、「青い花火」(同局、98年)、「シューシャインボーイ」(テレビ東京､2010年)、おやじの背中「母の秘密」(TBS、14年)、「逃げる女」(NHK、16年）など、数々の秀作、ヒット作を残す。2016年日本脚本家連盟理事長。2015年6月19日インタビュー

TBSドラマの個人史（一九六〇～一九八〇年代）

それぞれのドラマ変革 ～今野勉、堀川とんこう～

「ドラマのＴＢＳ」個人史

「ドラマのＴＢＳ」といわれた時代があった。

実際、私自身も、一九七〇年代には「寺内貫太郎一家」（七四年）や「岸辺のアルバム」（七七年）、八〇年代には「ふぞろいに林檎たち」シリーズ（八三、八五年）や「金曜日の妻たちへ」シリーズ（八三～八五年）など、ＴＢＳのドラマばかりを見ていたように思う。

また、「私は貝になりたい」（五八年）や「七人の刑事」シリーズ（六一～六九年）などを思い起こしてみても、その充実が早くからのものであったことがわかる。

原田信夫の『テレビドラマ30年』（読売新聞社、昭和五十八年）によれば、こういった「ドラマのＴＢＳ」の伝統は、先発局・日本テレビへの対抗策として始まったものだという。

一九五五年に開局したＫＲＴ（ラジオ東京テレビジョン、六〇年にＴＢＳに改称）は、日本テレビのプロレスや野球中継の人気に圧倒されていた。そこで当時の編成局長・今道潤三が、「東芝日曜劇場」の初代プロデューサー・田中亮吉と相談して打ち出したのが、「日本テレビがスポーツを独占するなら、こちらは俳優を専属にして大型ドラマで勝負」という対抗策である。①

ＫＲＴはこの方針の下、「江戸の影法師」（五五年）に主演した中村竹弥を第一号に、十代目市川海老蔵、八代目松本幸四郎、伊志井寛、フランキー堺らと専属契約を結んだ。多くは歌舞伎や新派の役者だが、これは映画界が「五社協定」を結んで、劇場用映画の提供と専属俳優のテレビ出演を制限したからである。

こうして五六年に「東芝日曜劇場」がスタートし、五八年には岡本愛彦が「私は貝になりたい」（主演＝フランキー堺）の演出で、電気紙芝居といわれていたテレビドラマの質を社会に認めさせる。しかし、「ドラマのＴＢＳ」は順風満帆に進んでいったわけではない。

「ぶっつけ本番」・「姫重態」・「人命」（五七年、三作を合わせて評価）、「私は貝になりたい」（五八年）、「いろはにほへと」（五九年）と、立て続けに芸術祭賞を受賞していたが、視聴率的には夜七時台の外国テレビ映画「名犬ラッシー」や、八時台の「日真名氏飛び出す」などを除けば最下位に近かった。（当時の視聴率は電通調査）

しかも社内の若手らは、「私は貝になりたい」を演出した先輩・岡本愛彦の後続作品にも、戦争をヒューマニズムで描くことの限界を指摘。大衆が喜ぶようなセンチメンタリズムには「茶の間の温度を変えよう」と真っ向から挑戦状を叩きつけている。では、こうした異議申し立てがなされた頃のTBSの新人は、それぞれのテレビドラマ変革をどのように果たしていったのか。

「ドラマのTBS」を人で語ることは難しい。なぜなら、それを築いてきた制作者一人一人の個性が際立っているからだ。その個性集団はまさに群雄割拠といった様相でとても一口では語れない。

そこでこのTBS編では、テレビドラマを、〝過激にクールに〟、〝ゆっくりとやわらかく〟変えていった二人の制作者、今野勉と堀川とんこうに焦点を絞って、きわめて個人史的な「ドラマのTBS」史を語ってみたい。

①原田信夫『テレビドラマ30年』読売新聞社、昭和五十八年、PP．42〜43

『dA』の創刊とそのインパクト

堀川とんこう「最初、彼らに会ったのは研修であっちこっち回っているときでした。彼らの合評会に出て感想を述べたりしていたら、お前、報道志望らしいけど、やめて演出部へ来いよ！って言われて。それで、研修が終わったときに志望を報道から演出部へ変えたら、志望通りに演出部に配属されたんですよ」

一九六一年に入社した堀川とんこうは、五九年に入社した今野勉の二年後輩にあたる。堀川の言う「彼らの合評会」とは、その今野勉が演出部の同期、並木章、高橋一郎、実相寺昭雄、中村寿雄、村木良彦と始めた社内同人誌『dA』（六〇年創刊）の活動の一環である。ちなみに誌名の『dA』は、ADをひっくり返したもので、今野によれば、それまでのテレビのあり方への異議申し立ての意味を込めたという。

堀川は自らを文学青年崩れだと言う。実際、東大文学部在学中には、大江健三郎も名を連ねる銀杏並樹文学賞を「砂の投影」で受賞している。報道を志望したのも、「報道で世の中を見て、なんとか小説を書こう」と思ったからだ。それが『dA』との出会いで、テレビも創作の場なのだと知ってドラマへの道を進むことになる。

堀川「ADでおびただしい番組にいきなりつけられて、『咲子さんちょっと』《六一〜六三年》も入っていたし、『日真名氏飛び出す』《五五〜六二年》も入っていた。いろんなものについて、テレビドラマってこんなもんなのかって思うようになって。まったくおもしろくなかったんですね。そういったこともあって、お茶の間の温度を変えよう！っていう『dA』の宣言は刺激的でした」

言ってみれば、『dA』は堀川の人生を変えたわけだが、そこに示されたテレビドラマ変革のマニフェストは、堀川ばかりでなく他社の制作者たちにも強烈なインパクトを与えていた。今野勉の『テレビの青春』（NTT出版）によれば、NHK大阪の和田勉をはじめとして、日本テレビの石川一彦（『史上最大！アメリカ横断クイズ』ほか）や石橋冠（『池中玄太80キロ』ほか）、フジテレビの森川時久（『若者たち』ほか）など、多くの制作者が『dA』のメンバーに会いに来たという。②

では、そういったインパクトを与えた『dA』の同人、つまり六〇年代初頭の新人ADは、テレビドラマにどんな危機感を抱いてその活動を始めたのか。

今野勉「僕を除いて、一緒に演出部に入った五人は、大学時代から映画監督になろうと思っていた人が多いんですよ。だから映画の水準と較べると、テレビドラマが技術的に幼く見えてしまう。そういったことも含めて、自分たちがやるドラマの世界がこのままじゃ危機的だから、何とかしなきゃいけないって、自然に仕事のなかで生れてきたんでしょうね」

生放送の時代。テレビドラマは、スタジオでどでかいカメラを使ってスイッチングで順番に切り換えていく、といった程度の映像しか撮れなかった。加えて、当時のADの制作現場は三六五日休みなしという修羅場だった。それでも、彼らはその劣悪な環境のなかでテレビドラマ変革への意欲を燃やし続けた。

今野「ちょうど、大島渚の『愛と希望の街』がヌーベルバーグ風に出てきたことも刺激になっていました。映画界で、あれだけ新しいスタイルの映画が出てきてるのに、テレビドラマは何をやっているんだろうという、そういう危機感があったんですね」

『愛と希望の街』（一九五九年、松竹）は、伝書鳩を売る貧しい少年とそれを買う富裕層少女の超えられない溝を描く作品である。最後に、少女の兄が少年の元へ帰ろうとする伝書鳩を射殺するシーンに、その階級的な溝が衝撃的に叩きつけられている。

この作品は『dA』の発端となるものだが、なかでも実相寺昭雄と村木良彦にその影響の大きさがうかがわれる。実相寺は『dA』創刊の二年後、弱冠二五歳で演出デビューする。彼はそのデビュー作〝おかあさん第二シリーズ〃「あなたを呼ぶ声」（主演＝池内淳子、六二年）の脚本を、早速大島渚に頼んでいる。

街で女の人に「おかあさん」と呼びかけ嘘の身の上話をしてお金をもらう少年と、それを信じた一人の女性を描くドラマである。今野はこのドラマを「アップの多用も数カットのロングショットも、説明に堕することなく美しかった」③と高く評価し、後に実相寺のＡＤを務めた堀川も「素晴らしい作品」と絶賛する。

一方、村木は青春ドラマの「陽のあたる坂道」（原作＝石坂洋次郎、六五年）に、大島が描いた階級的対立をもち込んで、後に「陽のあたる坂道」事件と言われる圧力をかけられている。ただこのドラマについては、次回のＴＢＳ闘争のところで詳しく触れるので、ここでは大島の影響を指摘するに止めたい。

五九年入社組の六人はこうして、それぞれのテレビ番組制作を始める。そのうちの一人、今野勉も「土曜と月曜の間」（六四年）や「七人の刑事」シリーズ（六五〜六九年）などで、新たなテレビドラマを創っていく。一方、堀川とんこうは「サザエさん」（六五〜六七年）などで悪戦苦闘しながら自らの行方を模索し始める。

これから、その二人の創作活動を追っていくわけだが、その前に『ｄＡ』の同人が何を批判し、何を宣言したのかを、もう少し具体的に見ておきたい。

②今野勉『テレビの青春』ＮＴＴ出版、二〇〇九年、PP.１３６〜１３８
③前掲書、PP.１９５〜１９９

新人ＡＤにとっての岡本愛彦

今野勉「『ｄＡ』の最初の特集っていうのが、岡本愛彦さんの『血と虹』というドラマなんですよね。これは捕虜収容所を舞台に捕虜の扱いをめぐって、軍国主義的な歴史観と人間的に扱うというヒューマニズムの葛藤を描いていたんだけど……我々は全員こぞって、ヒューマニズムで戦争を描いて、なかにいい人がいたみたいなね、そういうテーマの設定に猛烈に反発したんですよ」

岡本愛彦は、芸術祭賞作「私は貝になりたい」（一九五八年）で、電気紙芝居と言われていたテレビドラマの質を社会に認めさせた。また、翌五九年の「いろはにほへと」でも芸術祭賞を連続受賞している。

今野らは、その岡本の後続作品「血と虹」（六〇年）に辛辣な批判を浴びせたのである。参考までに『ｄＡ』

創刊号の合評会を紹介すると、こんな批判の連続である。

C　俺たちが問題にするのはあくまでも現在であって、過去にどういうことがあった、つまり過去の戦争に於いて此の様な悲惨な出来事があったという事にとどまっている限り、俺達にアピールするものは何もない。

A　「血と虹」の主人公達のうち、三津田健の川岸中佐、有島一郎の佐原軍医大尉、神山繁の通訳は同一タイプの人間だが—つまり彼等は学問も教養もあり、戦争自体を憎んでいる人間だ。しかしこのドラマに於いて彼等インテリはいかに無力であったかという事以外何も語るべきものはなかった。

F　日本人が本来持っている非常に安易なヒューマニズムやセンチメンタリズムそのものを何とかしなきゃ根本的解決にはならないとも言えるよ。ヒューマニズム万能は願い下げにしたいね。

岡本愛彦にしてみれば、あまりにも容赦のない批判である。しかし今野によれば、岡本はそういった批判にきわめて寛容だったと言う。

今野「岡本さんが偉いのは、それを読んで僕らに反発したりしないで、むしろ『じゃあ、時間をやるから自分たちで台本書いて演出して、一本つくってみないか』とまで言ってくれたんです。自分の作品に対しても自分でちゃんと批判する精神があって、そういう自己批判を含めてかもしれませんけど、我々新人に対しては非常に寛容で機会も与えてくれて。そういう人がいたお蔭で、我々は結構自由に出来たんですね」

『dA』の批判を受けてのことかどうかはわからない。ただ、岡本は二年後には「私は貝になりたい」を総括してこう述べている。④

「『貝』や『いろは』は未来に対して、ある方向を見つけるというドラマではなかった。人間のある感情というか、大へん弱い部分に食いこんだので、反響をよんだが、日本人の生活なり、政治社会なりを変貌したかというと、決して変貌していない、そこに問題がある」

岡本愛彦はこうした批判や自己総括があっても、草創期のTBSドラマにとっては大きな存在だった。

一九五〇年にNHK（大阪）に入局。四元中継ドラマ「追跡」（五五年）などのADを経て、「ひょう六とそばの花」（芸術祭奨励賞、五六年）で注目される。これは岡本にはめずらしいファンタジーだが、自身の思い入れは強い。六〇年の『テレビドラマ　芸術祭受賞作品特集号』では、「ひょう六」は〝今でも新鮮な思い出〟と言い、「貝」は〝もう語るまい〟と片づけている。⑤

そして五七年、岡本はＴＢＳへ移籍入社し、「私は貝になりたい」と「いろはにほへと」を手がけるのである。こうした輝かしい作品歴もそうだが、後輩たちはその制作姿勢にも何かを教えられていた。当時のヒットドラマのＡＤをつとめるなかで、テレビドラマを見限り始めていた堀川とんこうも、その一人である。

堀川とんこう「テレビドラマはこんなもんかと思っていましたが、岡本さんの『雪国』や大山勝美さんのＡＤをやっているうちに、ちょっと待てよ。そうそう見限ったものでもないなと思い始めましたね。『雪国』でいえば、本作りのしつこさですね。越後湯沢にロケに行って、川端文学の真髄に迫ろうと、夜を徹して本の話をするんですよ」

大山勝美の映像演出については後述するが、「雪国」の越後湯沢ロケは堀川にもう一つの刺激を与えている。

堀川「で、僕はそのドラマに川端文学を超えるものを感じたわけじゃないけど、ただ文字面で見ていた『雪国』とは違う、生身の池内淳子や葉子をやった岸久美子の〝女の生々しい肉体〟みたいなもの、それはおもしろいなあと思いましたね」

この生身の女優の魅力は、やがて堀川の心に「芸能の力」といったものを覚醒させる契機の一つとなる。しかし、それが堀川作品となって出てくるのはまだ遠い先のこと、「ソープ嬢モモ子シリーズ」（主演＝竹下景子、八二〜九七年）の頃からである。

④岡本愛彦「テレビ・ドラマの共同研究」『調査情報』（ＫＲＴ・現ＴＢＳ）９月号、１９６０年、Ｐ．34

⑤岡本愛彦「今でも新鮮な思い出―ひょう六とそばの花」『テレビドラマ　芸術祭受賞作品特集号』（現代芸術協会）２月号、昭和35年、Ｐ．１１１

『ｄＡ』にとっての和田勉と大山勝美

社内同人誌『ｄＡ』の宣言は、一般的には『テレビドラマ』新年号（１９６１年）の「１９６１年破壊的宣言―大衆への挑戦」を読めばよくわかる。短くまとめると、「テレビは現在進行形の形で現実を見聞きできる」というテレビ観に基づいて、「テレビディレクターの主体性の確立」、「茶の間の温度を変えよう」、「大衆への挑戦による大衆の確立」を標榜するものである。

この宣言が岡本愛彦の「血と虹」批判から始まったこ

とはすでに述べた。では、彼ら新人ADが刺激された先輩はいなかったのか。

今野勉「『私は貝になりたい』と『日本の日蝕』を見て、やっぱり『日本の日蝕』は岡本さんなんかの表現とはまったく別のもので、あっ、テレビドラマはこういうふうに始まっているっていうね。テレビドラマはテレビドラマとしての表現の仕方があるということを見事に出していたんで……それと、映像的にいえば、大山勝美さんが始めた『慎太郎ミステリー』シリーズですよね。その二つが映像的に見ても、テーマ的にみても、新しい表現を創り出せるっていうのかな。その二つにすごく影響を受けましたね」

一九五九年、NHKの和田勉は「日本の日蝕」（作＝安部公房）で、脱走兵を拒絶する村人一人一人の顔をクローズアップで次々に叩きつけて、日本人の加害責任を鮮烈に浮き彫りにした。そして、「《茶の間の雑然とした気分から導き出されるのが日常性だとすれば》私はこの日常性をこそ茶の間の片隅からテレビドラマによって徹底的に破壊したい」⑥といった「攻撃の論理」を繰り返し述べていた。

一方、今野勉の二期上の先輩・大山勝美（五七年入社）は、慎太郎ミステリー「暗闇の声」シリーズ（企画・監修＝石原慎太郎、五九～六〇年）で、アングルに凝る、クローズアップを重ねるといった映像演出で、日常的なことに不思議な雰囲気を漂わせていた。そして、「テレビの視聴者はドラマにたいしても感情移入しにくいところがある。《だから》相当毒気の多いドラマを投げ込んでも大丈夫なんじゃないか」と、和田勉に通じる日常性論を展開している。⑦

だからこの頃、和田と大山は互いにシンパシーを感じるのか、しばしば対談している。このお茶の間の日常性へ挑戦は『dA』に重なるものだが、今野勉が惹かれたのはその映像演出である。

今野「《当時の画面転換は》スイッチングですからね。アップの連続をスイッチングでやるのは技術的に大変なんですよ。映画のようにワンカットずつ撮っていけば簡単なんだけど、スタジオにアップになるものをいろいろ配置して、それを次から次へとカメラが撮ってスイッチングしながら進行させるわけですから」

「あの重いテレビカメラはアングルがとれないし、レンズをカット毎に替えるのもターレットをいちいち回してフォーカスをあわせなきゃならない。《そんな劣悪な条件のなかで》技術陣が頑張って大山さんの注文に応じたり、自分たちで考え出したりして、新しい映像を創っていくわけですよ」

『dA』の新人たちに戻れば、彼らはこういった作品にも刺激されながら、その目標の下にそれぞれの変革への道を歩み始める。そしてそのうちの今野勉が、いち早く芸術祭参加作品「土曜と月曜の間」（六四年）を企画・演出するわけだが、この作品も映像のインパクトが一番の魅力になっている。

⑥和田勉「私は貝になりたくない」『キネマ旬報』十二月上旬号、1959年、P．127
⑦大山勝美「現代のコミュニケーション15」『調査情報』11月号、1964年、P．43

今野勉における『dA』の実践
～「土曜と月曜の間」（一九六四年）～

今野勉「『土曜と月曜の間』の前に、社内自主制作の『太陽をさがせ』っていう五本のシリーズがあって、蟻川茂男さんに『お前がやれ！』って言われて、僕が全部やったんです。その一本を当時の編成局長・大森直道さんが見ていて、先輩を全部飛ばして、今年《一九六四年度》の芸術祭は今野にやらせる！と言ったんですよ」

今野は鋭敏な映像感性をもつディレクターだが、運にも恵まれていたようだ。

五本シリーズの「太陽をさがせ」（脚本＝大津皓一、六四年）は、スポンサーあってのものではなく、局が自主的に制作するという企画であった。今野はその企画募集で一位になり、先輩ディレクターがそれを担当することになった。しかし先輩は、いつ放送されるかわからないドラマなんかやってられない！といって降板。今野がディレクターをやることになる。

ところが、主演の佐田啓二が自動車事故で亡くなって、まだスポンサーがついていない「太陽をさがせ」が追悼番組として放送されることになる。しかもそれを大森編成局長が放送前に見ていて、即芸術祭担当の決断が下される。なんという強運。今野勉、二八歳のときである。いや、今野にしてみれば強運だが、テレドラマ制作史的にいえば、何という決断とも言える。

大森直道は、二八歳で『改造』の編集長になり、一九四二年に掲載論文が発禁となって退社する。が、それが発端となって治安維持法容疑で逮捕される。いわゆる横浜事件である。そんな強者が五一年にＫＲ（ラジオ東京）に入社。六二年にはテレビ編成局長になっていたのである。

大森に関する逸話は数々聞くが、その才能を見抜く力と大胆な新人抜擢に驚かされる。これは「七人の刑事」シリーズ（六一～六九年）を始めた蟻川茂男ＰＤの新人抜擢にも言えることだが（後述）、そういった人的風土が若々しいドラマを誕生させていたと言っていいだろう。

今野「六四年の八月に芸術祭の話を聞いて、九月にはもうロケですから、『太陽をさがせ』の脚本を書いてくれた大津皓一さんと組むのが一番早いと思って。気心が知れているし。で、大津さんのテーマのなかに、記憶喪失を扱う精神分析医というのがあって、それで戦争の記憶喪失というのを、ちょうど東京オリンピックが始まったので、この二つを並べて描こうと」

こうして、放送台本にある企画意図に従っていえば、「過去の忌まわしい出来事を無意識のうちに排除し、漠然と予期される未来の破局から逃れようとする心的抗争が生んだ忘却の時、空白の時」を撃つドラマ、「土曜と月曜の間」（六四年）が創られる。

東京オリンピックの喧騒。太平洋戦争最後の沖縄戦。その戦場・摩文仁で精神科医（高松英郎）が犯した殺戮と、その記憶の抹殺。摩文仁村で生まれ育った妻（南田洋子）が夫に抱く不安。この高度経済成長下における戦争の記憶喪失というテーマが、精神科医と患者の不安のクローズアップや、戦場と恐山の巫女（イタコ）のロケ映像を使って生々しく投げ出される。

今野「現地へ行って触発されることもある。たとえば、奄美大島とか徳之島へ行くと⑧、その土地で戦争を体験した人たちがそのままの顔でいるわけで、その顔を見た途端にストーリーそっちのけで撮る。現場へ行くとドキュメンタリーを撮ってるようなもんですよ。僕は現場へ行って、ドキュメンタリーふうに撮るっていうドラマの作り方が好きなんです」

だからだろうか、その映像の力に圧倒される。この取材に入る前、「土曜と月曜の間」を大学生に見てもらったが、彼らは食い入るように見ていた。ふと思う。これは今野らが設立したテレビマンユニオンの後輩、たとえば現場で口伝えでセリフを教える是枝裕和監督にも、受け継がれている遺伝子ではないかと。

それにしても、どうしたことだろうか。この芸術祭参加作品は奨励賞にもならなかった。六四年度の芸術祭賞は中部日本放送のホームドラマ「父と子たち」（脚本＝井手俊郎、演出＝山東迪彦、主演＝宇野重吉）だが、「土曜と月曜の間」がどうして評価されなかったのか、不思議でならない。国際的にはイタリア賞大賞になるほどのドラマであったのに！

今野勉のドラマ人生は慌ただしいの一言に尽きる。この「土曜と月曜の間」演出の翌六五年にはもう、「七人の刑事」シリーズにADも経験せずに入っていく。

⑧沖縄返還前であるため、沖縄での場面は奄美大島などでロケを行った。

堀川とんこうのゆっくりとした熟成

一方、堀川とんこうは、この「土曜と月曜の間」でADをつとめ、翌一九六五年に、おかあさんシリーズでディレクターデビューをする。そして、「お母さん・夜」、「クリスマスには何を歌う」、「父ちゃんを追っかけろ」の三本を演出する。

堀川とんこう「このおかあさんシリーズでディレクターとして初仕事をする。それがTBSのルーティーンになっていて、みんなそこでディレクターとしてスタートしたんです。先輩でいえば、実相寺昭雄さんの『あなたを呼ぶ声』《脚本＝大島渚、六二年》なんか素晴らしいですよね。同期の竜至政美がつくった『おかあさん』も非常に良かったですしね」

うかつなことだが、TBSの「おかあさん」シリーズ（五八～六七年）が新人の登竜門であったことも、そこに数々の注目作があったこともよく知らなかった。また、これまでのテレビドラマ史にも詳しいことは記述されていない。一つの反省として、このシリーズを掘り起こすことの重要性をあらためて痛感する。それはともかく、堀川は続けてこうも言う。

「竜至の『おかあさん』が素晴らしかったんで、蜷川茂男さんが翌六七年に竜至に芸術祭をやらしたんですよ。それで、お前、ADやれって言われて……自分で言うのも変だけど非常に遅咲きというか晩熟だったんですね。とにかく竜至についてやれ！今野さんについてやれ！でしょ。そういう意味では、アシスタントとして蜷川さんに評価されていたのかも知れませんが」

ちなみに竜至政美が演出した芸術祭参加作品「鳥が……」（脚本＝大津皓一）は、芸術祭初のカラードラマでその技術が評価されて奨励賞を受賞している。

ディレクターデビューの頃の話を聞いていても、同期のアシスタントにつくといったある意味では屈辱的なことを淡々と述べ、**「そうやって、アシスタントとしてついているうちに段々、自分がなにをやりたいと思っているのか固まっていったところがある」**と振り返る。

びっくりするほどゆっくりとしている。自らも「遅咲き、晩熟」というように、そこに焦りといったものはあまり感じられない。それでもその間に、自らのドラマ観を少しずつ熟成させていっている、

最初が「雪国」で感じた俳優の生身の肉体であるとすれば、次が「サザエさん」(六五〜六七年に二〇本演出)で知った芸能の力と、「七人の刑事」(六六〜六八年に九本演出)に込めた社会性である。これらの感性と問題意識がやがて堀川ドラマに熟成されていくことになる。

では、次の「サザエさん」(主演=江利チエミ)で知った芸能の力とはどういったことなのか。

堀川「おかあさんシリーズを三本やって、三本目がコメディだったので『サザエさん』をやっちゃったんですよ。というか、これは蟻川さんにやられちゃったんですね。後から考えてみれば、僕のふにゃふにゃした甘いところを打ち砕くには非常によかったというか、『サザエさん』の試練があったから絵に描いたような社会派にはならなかったとも言えるから、蟻川さんには感謝しなければならないかもしれないですね」

とにかく、ディレクターとしては悪戦苦闘の日々だったようだ。その顛末は堀川の『ずっとドラマを作ってきた』(新潮社、1998年)に詳しいが、要は爆笑を求める江利チエミ、森川信、清川虹子らのアドリブに、演出プランがずたずたにされたのである。⑨

結果的にいえばそれが三五%という高視聴率に結びついたのだが、堀川はそのストレスで組合の執行委員に逃げたと言う。しかし皮肉にも、彼はTBS闘争の渦中で「芸能がもつ怪しい力、社会派ドキュメンタリーがもっている力とは全然違う不思議な力」に励まされるのだ。

この「芸能の力」は堀川ドラマのキーワードといえるものだが、それについては、TBS闘争や八〇年代の「ソープ嬢モモ子シリーズ」などのところであらためて触れることにしたい。

⑨堀川とんこう『ずっとドラマを作ってきた』新潮社、一九九八年、PP.35〜38

蟻川茂男の新人育成

一九六〇年代、ＴＢＳ演出部の新人ディレクターは、「おかあさん」シリーズ（五八〜六七年）で演出デビューをし、「七人の刑事」シリーズ（六一〜六九年）でそれぞれの個性を発揮するようになる。つまり、この二つのシリーズは当時の新人ディレクターの登竜門で、特に「七人の刑事」は彼らの真価が試される場でもあった。

五九年入社の今野勉は、六二年に「月曜日の男」（ＰＤ＝飯島敏宏、六一〜六四年）で演出デビューをし、六四年には芸術祭参加作品担当に抜擢され、「土曜と月曜の間」でイタリア賞を受賞した異才である。そんな今野にとっても「七人の刑事」は記念すべきシリーズで、この場で数々の衝撃作をものにしている。

一方、六一年入社の堀川とんこうは、六五年に「おかあさん」シリーズで演出デビューをし、六六年から「七人の刑事」に参加する。そしてそこで、ドラマというものが生まれる瞬間の生理的快感を覚える。

そんな二人が、両シリーズのＰＤ（プロデューサー＆ディレクター）蟻川茂男のことをこう振り返る。

今野勉「芸術祭参加の『土曜と月曜の間』が放送されると、蟻川さんが僕を呼んですぐに『七刑』をやってくれって言って。後で受賞しなかったことがわかるんだけど、全然そんなことは気にしないで自分で判断したんですね。今野は『七刑』に向いてると思ったんでしょうね。だから、僕は『七刑』のアシスタントを一回もやらずに、いきなりディレクターになったんです」

堀川とんこう「今から考えてみると、あれほど若手を育てた管理職はいないんじゃないですかね。そういう意味でいえば、今野さんも蟻川さんが育てたしね。我儘を幾つか許したり、いいタイミングで仕事させたり……僕に『サザエさん』をやらしたのもそうで、変に社会派ぶった甘っちょろいところを打ち砕こうとしてくれたんですね。人と才能を見る目があったんですよ」

蟻川茂男は、一九五一年にラジオ東京（ＫＲ）に入社、五五年にラジオ東京テレビジョン（ＫＲＴ）の開局とともにテレビ局に異動。以来、自らの企画・制作・演出と若手の登用・育成を通して、「ドラマのＴＢＳ」の礎を確固たるものにした。

実際、蟻川には、「七人の刑事」以外にも数々の代表作がある。石井ふく子プロデューサーに依頼されて始めた東芝日曜劇場の諸作品がそれだ。なかでも、「愛と死をみつめて」前後編（原作＝河野實・大島みち子、脚本＝橋田壽賀子、主演＝大空まゆみ、六四年）は、石井、蟻川ともどもその出来に納得する大ヒット作である。

しかしここでは、新人たちがどのような挑戦をしたのかの観点に立って、蟻川が始めた「七人の刑事」の企画・制作・演出の概要を見ておくことにしたい。

蟻川茂男の「七人の刑事」

ＴＢＳは一九六〇年代に入ると、他局に先駆けて連続ドラマを三〇分から一時間へと拡大した。これは「1時間ごとに年齢層をはっきり意識した枠イメージをつくる」ことで、五九年に開局したフジテレビと日本教育テレビ（ＮＥＴ＝現テレビ朝日）の外国テレビ映画攻勢に対抗しようとした編成方針であった。⑩

「七人の刑事」はその第一弾で、それまで蟻川茂男が担当していた三〇分ドラマ「刑事物語」（六〇～六一年）を練り直して、水曜夜八時台に組み込んだのである。そして、この「七人の刑事」（六一年開始）から「七人の孫」（六四年）、「ただいま11人」（同年）へと続く人気が、一時間の連続ドラマを定着させ他局にも広めていく。言ってみれば、「七人の刑事」は大型連続ドラマの嚆矢であり、ここに集った制作者が「ドラマのＴＢＳ」の一翼を担っていくのである。

♪ウーゥー　ウウウ　ウウウ　ウウウー♪のハミングで始まるこの刑事ドラマは、単なる謎解きでもなければ犯人を追うサスペンスでもない。犯人が背負う社会矛盾に刑事らが立ち尽くすというドラマで、その社会性と人間性への評価が結果として人気に結びついていた。

堀川とんこう「『七人の刑事』で、蟻川さんが目指したのは人情刑事なんですね。事件に関わるんだけど、そこで社会の闇を見たり、人間の悲劇を見たりして心を痛める。で、涙を流しながら捕まえるっていう、そういう人情刑事の話で感動を与えようとしていましたね」

最初に、これは三〇分の「刑事物語」の延長線上に企画されたものだと言った。その企画についてもう少し詳しく言えば、当時人気だった「事件記者」（ＮＨＫ、五八～六六年）の社会性を刑事ドラマで！という狙いで始まったという。⑪

しかし、それを一時間に拡大するといっても、まだ生放送が主流だった時代である。蟻川によれば、「スタジオでアクションを売り物にするのは無理。《中略》練り上げられた会話による人間ドラマ以外にはない」⑫ということで、犯人と刑事の人間ドラマという性格が強調されるようになる。

こうして、社会問題を題材とする人間刑事ドラマが、堀雄二、芦田伸介、佐藤英夫、美川洋一郎、天田俊明、菅原謙二、城所英夫らによって演じられる。

「七人の刑事」で、私が見直すことが出来たのは、「乾いた土地」（六三年）と、「ふたりだけの銀座」（六七年）だけである。なるべく当初のものをとなると、脚本・文献・資料に頼るしかない。そこで、『調査情報』1962年3月号の番組研究、「七人刑事　第19話〝十七年目の暴発〟」に基づいて、その社会性と人間性を顧みてみたい。PDはもちろん蟻川茂男、脚本はベテランの赤坂長義である。

場末の飲み屋で、店の女・ヒロミ（瀬戸麗子）が表に出て何者かに刺されて倒れる。ヒロミには町工場で働く弟・浩一（浅沼創二）がいて、姉の凶報に驚いて病院に駆けつける。やがて、七人の刑事が犯人を追い詰めていくのだが、その間には両親を原爆で失った身寄りのない姉弟の不幸な半生がわかってくる。

真犯人が逮捕された後、浩一は姉の入院費を奪った二人の工員に私製のピストルを向けて絶叫する。「殺してやる！ぼくたちをいじめる奴は、みんな殺してやるんだ！どうせぼくたちは原爆病なんだ！」。が、ピストルが暴発して自ら命を落とす。そして姉も息を引き取る。「あの浩一という少年を殺したのは何だろう……」。刑事らは沈んだ顔で考え込むばかりだった。

いかにも暗い刑事ドラマだが、これがスタート時（六一年一〇月）三か月間の最高視聴率二〇・四％を記録。翌六二年になると三〇％台後半の数字をたたき出して、六九年まで続く人気シリーズとなる。（六一年までの視聴率は電通調査。六二年以降はビデオリサーチ調査）

しかしその間、蟻川はそういった社会性と人間性を後輩たち押しつけていたわけではない。六〇年代後半になると、若手たちは段々と主人公を犯罪者にしていくようになる。

堀川「蟻川さんは、そればっかりやっちゃ駄目だと思ってて、山田和也さんなんかにもそう命じて、刑事の死んだ奥さんのことをやれとかね。そういう刑事自身のドラマをつくれ！って言って、つくらしてましたね。でも一方では、今野さんや私には割合好きなようにやらせていた。いや、やらせてもらってましたね」

今野勉「プロデューサーとしての決断力は確かにありましたね。若手でも向き不向きがあって、僕はフィルムを使うのが好きだったから、『七刑』も外へロケに行ってフィルムで撮って、それをスタジオのドラマに合わせるっていうやり方をしていました。だから、蟻川さんもそういうスタイルになると思っていたんでしょうね」

こうして、蟻川茂男プロデュースの「七人の刑事」シリーズは、山田和也、西村邦房の演出陣を軸にしながら、柴田馨、今野勉、堀川とんこうらの新人を抜擢。彼らが、早坂暁、大津皓一、内田栄一、佐々木守らの若手ライターを起用して、新たなドラマの地平を切り拓いていく。

⑩『TBS50年史』東京放送、2002年、P.189
⑪原田信夫『テレビドラマ30年』読売新聞、昭和五十八年、P.96
⑫読売新聞芸能部『テレビ番組の40年』日本放送出版協会、1994年、P.206

若い個性の発露 〜今野勉と堀川とんこう〜

今野勉の「七人の刑事」デビュー作は、一九六五年の「菓子の証言」である。しかし、この作品（脚本＝内田栄一）の評価はかんばしいものではなかった。犯罪を通して描かれる若者の不条理な仲間意識、社会の底辺に生きる少年少女の理解しがたい連帯感が、従来の犯罪観（犯罪は社会が生む）を覆すものだったからだ。
今野自身は張り切って現場に臨んだのだが、まず最初に俳優陣から総スカンを喰う。今野の『テレビの青春』（NTT出版）によれば、その不満は「役者としての芝居どころがない」というものだったという。⑬
では、内容についての反響はどうだったのか。それを知るには、同年の『テレビドラマ』4月号、「往復書簡による番組研究・1『七人の刑事』」を読むのが手っ取り早い。この小説家・夏堀正元と今野勉の往復書簡で、夏堀は内田栄一（脚本）の人間くさい若者描写を評価しつつ、「菓子の証言」にこんな苦言を呈している。⑭
「このドラマはかつて警察権力の限界をテーマにしていた時期があったはずです。ある犯罪を生みだした貧乏は、警察権力ではどうにもならないものだという深刻なテーマにも、ぼくはお目にかかったと思う。そしてその悲哀が、このドラマの基調を支えていたはずです。しかし、いつごろからか、そのような批評精神は薄らぎ……」

多分、従来の「七人の刑事」を良しとする者にはうなずける不満だと言えよう。しかし今野は、夏堀の「後退した〝事件の社会性〟」（小見出し）という問いかけに一つ一つ反論しながら、「このシリーズは、志を同じくしたディレクターたちが、同一の目的と方法をもって番組を作っているわけでは、さらさらありません。《中略》テレビディレクターたちは、それほど付和雷同的な非個性的存在ではないと思います」と述べている。⑮

ＴＢＳが「ドラマのＴＢＳ」であった時代、この〝個性の共同体〟という認識は、後述する「六〇年代の編成・制作風土」にも関係することだが、重要なキイワードである。実際、六〇年代の新人たちは「七人の刑事」で、思う存分その個性を発揮している。

今野勉「僕も若くてまだ二〇代ですからね。犯罪は社会のせいだと言えるほどの歳じゃないし、若者のことしかわからない。で、『七人の刑事』で若者を出すとなると犯罪者としてしか出せないんですよね」

「それに、当時は社会的に新しい犯罪が出てきたときなんですよ。知的で富裕な両親を、息子が金属バットで殴り殺したとかね。それが僕らには衝撃として残るわけで。学生運動にしてもそうで、アングラ劇団で脚本を書いている学生、いわゆる後の全共闘系の学生の考え方や行動の仕方を見ていると、今までの反権力闘争とはちょっと違うんですよね。生きる価値観が全然違う」

「菓子の証言」がそうであったように、今野「七刑」には若者の不条理な怒りを描くものが多い。なかでも、歌謡曲シリーズと呼ばれたものの一つ、「ふたりだけの銀座」（制作＝蟻川茂男、脚本＝佐々木守、六七年）は鮮烈な衝撃を残すものだった。

外房の海に遊びに来ていた少年たちが誤認逮捕され、その腹いせに漁師の若者・清二（寺田農）と恋人のみどり（吉田日出子）を襲う。そして、みどりを東京へ連れ去る。清二はそれを追って上京し、刑事らとみどりを探して銀座を歩きまわる。そのみゆき族やアイビーファッションが溢れる街に（オールロケ）、当時のヒット曲、♪待ち合わせて　歩く銀座……♪と歌う「二人の銀座」（作詞・永六輔、作曲・ベンチャーズ）が流れる。

そして清二と刑事らがようやくみどりを見つける。が、みどりは帰らないと言う。その一瞬、夕日が清二の目をかっと射す。と、清二は顔を歪めて走り出し、何の関係もない通行人を刺す。そこに、今度は「二人だけの銀座」がインスツルメントだけで流れる。まさに、六〇年代の光と影が一瞬に映し出されるドラマである。

今野「今流行っている曲をまず選ぶ。なぜ流行っているかがそのときの世の中を表しているからです。それは何だろうかと考えて状況を設定する。主人公とか、この曲がこういうシーンにかかったら、それがどういうふうに変質するかとか……いつも歌っているようにじゃなく聴こえてくるっていうのがドラマのミソなんですね」

「現実に起こっている事と流行っている歌謡曲を組み合わせることで、今までの価値観が変わっていく、ねじれていく。ドラマはメッセージを伝えるためにあるわけじゃなくて、そういう生理的感覚とか既成概念がドラマを見ることで少し違ってくる。その作用がおもしろくてドラマをやってるわけです」

小津安二郎は晩年、映画はストーリーではないと言った。そのことと関係するかどうかは別にして、ドラマには「ドラマ」というものの感動が生まれる瞬間がある。今野がその時点のヒット曲からドラマをつくったのも、そういった瞬間から発想する作劇術と言っていいだろう。

今野はこうして、計三七本もの「七人の刑事」（六五～六八年）をつくっていく。

一方、堀川とんこうも、今野ほどではないが計九本を演出している（六六～六八年）。しかし、「先輩作家ではやりたくないという気持があって、作家探しには非常に困った」という。実際、九本の脚本家を確かめてみても、ドラマ史に名を残したような作家はいない。ただその分、作家には注文通りに書かせることが出来たらしい。

堀川とんこう「当時は、犯罪者の悲劇っていうんですかね。犯罪者が真の敵に刃向かうことができなくて、本当の敵じゃない人を傷つけてしまうような悲劇を考えていて……真の敵に迫るためには、目先の誰かを傷つける以外に真の敵に迫ることはできない。といったような感じを抱いてやっていましたね」

堀川もまた、その関心は「刑事と犯人の人間ドラマ」ではなく、犯罪者そのものに向けられている。そういった意味で、堀川が一番気に入っているのが「空へ逃げた男」（制作＝蟻川茂男、脚本＝勝目貴久、六七年）である。

妻に逃げられた男が、幼子を保育所に預かってもらいたくて区役所の窓口に日参する。が、何度行っても空きがないと断られる。窓口のおじさんは人は好いのだが、酔っ払ってつい男のことを愚痴ってしまう。男はそれを通りがかりに聞いておじさんを刺してしまう。で、逃げ出して風呂屋の煙突によじ登って夜を明かす。

堀川「煙突の上に男がいて下に刑事がいる。で、説得に応じないで夜が明けて、♪こんにちは　こんにちは……♪という万博の歌が響いてくる。下に東京の街が広がっていて、それがでかい煙突の上に高々と響いてくる。そのとき、ある種のエクスタシーみたいなのを感じたんです。演出的なエクスタシーっていうのがあるんだ！というのをそのとき初めて感じて、以後しばらくはそれを求めるようになりました」

今野勉は、「ドラマはメッセージを伝えるためにあるわけじゃない」と言い、ドキュメンタリー風に撮るのも、「理屈じゃなくて、生理的にそういうふうに身体が動いていく」と言う。堀川とんこうも、「ときめくのは理屈じゃなくて、女優の太腿だったりする」と言い、「演出的なエクスタシーというものがあるんだ」と言う。

ドラマというものは、メーセージを伝えるものでもストーリーを見せるものでもない。「ドラマ」というものが生まれる瞬間の生理的快感を共有するものだ。ニュアンスの違いはあっても、二人はそういったことを熱く語ってくれた。

⑬今野勉『テレビの青春』NTT出版、二〇〇九年、P.282
⑭夏堀正元・今野勉「《往復書簡》による番組研究1『七人の刑事』」『テレビドラマ』4月号、1965年、PP.46～49
⑮前掲書、P.48

六〇年代の編成・制作風土

前章で、「個性の共同体」が「ドラマのTBS」のキーワードだと言った。実際、草創期に限っても、個性的なプロデューサーやディレクターがずらっと並ぶ。

ざっとあげても、「私は貝になりたい」（一九五八年）の岡本愛彦（PD）、「マンモスタワー」（同年）の石川甫（PD）、「カミさんと私」（五九年）の石井ふく子（P）、「慎太郎ミステリー」（五九～六〇年）の大山勝美（D）、「七人の刑事」（六一～六七年）の蟻川茂男（PD）らがすぐに思い浮かぶ。しかもそれが六〇年代以降も、石井ふく子、大山勝美を筆頭に、今野勉、鴨下信一、久世光彦、高橋一郎、堀川とんこう、竜至政美、井下靖央らへと脈々と連なっていたからこそ、「ドラマのTBS」の伝統が確立されたのである。

しかし、そういった個性がいくら際立っていても、それを生かす風土がなければその個性には光が当らない。

一体、六〇年代の企画・制作、いわゆる編成と制作の関係はどのようなものだったのか。

今野勉「大森直道さんが編成局長だったからかもしれないけども、芸術祭の担当を決めるとか、企画、制作の大きな方針は大森さんが自分で決断していたんじゃないかと思いますね。それと大森さんは、若い、年寄り関係なしに企画の一般募集をやってましたね。個々の企画は、そうやって公に集めるのと、演出部で出てくる企画を部長やプロデューサーが決めるのとがありました」

堀川とんこう「六〇年代は、演出部主導ですよ。だから、『肝っ玉かあさん』《六八年》のときなんかでもそうだったけど、蟻川さんが部長席でタイトルを幾つか書いて、おーい、どのタイトルがいい?とか言って、タイトルなんかも演出部で決めていましたね。今は、タイトルなんか完全に編成マターになっちゃいましたからねえ」

編成局長・大森直道の才能を見抜く力と決断力が、芯のところでは番組を引っ張っていたようだ。しかし、通常の企画ワークは制作サイドが主導権を握っていたと言っていいだろう。ではその頃、現場での編成と制作の関係はどのようなものであったのだろうか。

今野勉の一期上にあたる梅本彪夫は、五八年に入社して演出部・石川甫班についていた。しかし、六三年に編成部へ異動して以降はずっと編成畑を歩んでいる。参考までにいえば、梅本は、今野たちが立ち上げた社内同人誌『dA』3号で、「東芝日曜劇場」の情緒的な大衆性を擁護する発言をしている。

その梅本が、六〇年代当初の編成についてきわめてわかりやすく教えてくれた。

梅本彪夫「私が六〇年に日産劇場を始めるときには、編成なんてまったく来なかった。日産担当の営業が僕のところへ来るんですよ。それで、営業と一緒に日産へ行ったりしていました。だから編成は、そうやって決まった番組を並べていくだけで、《まだ全日放送が達成されていないときなので》放送時間を長くしていくといった編成ワークに追われていましたね」

「編成が動き出したのは、岩崎嘉一さんが編成に異動になって、連続ドラマの一時間化に乗り出した頃でしょうね。それと、テレビ映画の外注化ですね。まだ映画部のない時代に、国際放映の前身・NACに『パパの育児手帳』《六二〜六三年》などを発注したり、『人間の條件』《大映テレビ室、六二年》を外注してヒットさせたりしていましたね」

テレビが「編成の時代」と言われるようになったのは、一九七〇年代になってからである。ちなみに、堀川とんこうも七八年から二年ほど編成にいて、１９８０年の『月刊民放』10月号、「編成の時代」に外注に関する原稿を寄せている。しかしそれまでは、各ドラマ枠のＰＤが直接営業やスポンサーと交渉していた。

ただその間、編成がまったく動かなかったわけではない。その第一弾が六一年の編成強化である。梅本いわく「視聴率最下位」の状態を打破しようと、編成の岩崎嘉一らが連続ドラマの一時間化をはかって、「七人の刑事」が誕生したのである。

ちなみに、岩崎嘉一もＴＢＳの逸材の一人で、今野勉が最初についたのも彼で、その番組「百万円Ｘクイズ」（五九〜六一年）は二人だけでやったという。岩崎はこの番組が終わった六一年に、大森直道に引っ張られて編成局企画課に異動し編成強化を進めていく。

ＴＢＳ闘争　〜表現への闘い〜

少なくとも一九六〇年代前半までは、編成の企画管理はそれほど強く働いていなかった。しかし、六〇年代の政治状況は表現への抑圧を年々強めていた。

ベトナム反戦、三里塚闘争、大学闘争の高まりのなかで、「ひとりっ子」（ＲＫＢ毎日、六二年）をはじめとして、連続ドラマ「判決」（ＮＥＴ＝現テレビ朝日、六二〜六六年）や「若者たち」（フジテレビ、六六年）での放送中止などが次々に起る。

また、ドキュメンタリーや討論番組でも、「南ベトナム海兵大隊戦記」（日本テレビ、六五年）の放送中止、「戦争と平和を考えるティーチイン」（東京12チャンネル＝現テレビ東京、同年）の中継中止。現代の主役「日の丸」（ＴＢＳ、六七年）、「ハノイ　田英夫の証言」（同局、同年）への政府筋からの偏向批判、田英夫のニュースキャスター降板（ＴＢＳ、六八年）など、数々の圧力がかかっている。

そして六八年のＴＢＳ闘争である。現代の主役「日の丸」（制作＝萩元晴彦）と、「ハノイ　田英夫の証言」（宝官正章、太田浩、村木良彦共同演出）が自民党に問題視され、報道局の萩元、村木がスタジオ課に異動されたこと。「カメラルポルタージュ」のスタッフが、成田闘争に参加する農婦を取材車に便乗させて、宝官ディレクターらが処分されたこと。田英夫が「ニュースコープ」キャスターを降板したことなどが重なって、処分撤回を求める一〇〇日間闘争が繰り広げられる。

この闘争の詳細については、萩元晴彦、村木良彦、今野勉『お前はただの現在にすぎない』（田畑書店、69年）、村木良彦、深井守『反戦＋テレビジョン』（同、70年）、今野勉『テレビの青春』（NTT出版、二〇〇九年）などに詳しく証言されている。だからここでは、この闘争が処分された当事者にとっては表現への闘いだった、ということだけを言っておきたい。『dA』の同人だった村木良彦の諸作品への、組織内からの批判がいい例だ。

村木はまず「陽のあたる坂道」（脚本＝山田正弘、六五年）で、ディレクター交代を命じられる。石坂洋次郎原作の明るい青春ドラマに、大島渚から影響を受けたテーマ「階級的対立」をもち込んだからだ。この交代命令はスタッフ、キャストの猛抗議で撤回されたが、村木作品への「難解」、「暗い」という批判は、報道へ異動しての「あなたは……」（構成＝寺山修司、制作・演出＝萩元晴彦、村木良彦、六六年）などへも続いていった。

今野勉「『あなたは…』にはメッセージがない、テーマがない。ただ、人に聞いているだけで、何を言いたいのかわからないという批判があって。ドキュメンタリーはメッセージを伝えるものだとみんな思っていましたから、そういう批評が一般的でした。で、組合は組合で、当然政治主義ですよね。そのレベルで批評すると、『あなたは…』は政治的に何の意味もないわけですよ」

「あなたは……」は、今の大学生たちに見せてもおもしろがる。「いま一番ほしいものはなんですか?」、「人に愛されていると感じることはありますか?」といった質問を、いろんな人に矢継ぎ早に聞いていくことで、その時代の日本人の意識が浮かび上がってくるからだ。それがどうして社内で酷評されたのか。今野勉らはそういったレベルの批評と闘っていたのだ。

七〇年代テレビの新たな始動

一九七〇年は、テレビの編成・制作が番組的にも組織的にも新たな時代を迎えた年である。

まず番組についてだが、TBSが得意としてきたホームドラマががらっと変わってくる。この年に始まった「時間ですよ」（TBS）と、「お荷物小荷物」（朝日放送制作）が、それを告げる第一弾である。

同年には「ありがとう」（TBS、P＝石井ふく子）も始まっていて、第二シリーズでは五六・三％の最高視聴率を記録する。しかし、それは同局の六〇年代ホームドラマ「七人の孫」（六四年）、「ただいま11人」（六四〜六七年）、「肝っ玉かあさん」（六八〜七二年）の延長上にあるもので、決して目新しいものではなかった。

これに対して「時間ですよ」は、銭湯を舞台に家族と従業員の人情模様を、女湯の裸や従業員のギャグ、アイドル歌手の歌などで、思いっきりバラエティ化した。最初、ＰＤの久世光彦は依頼されたホームドラマそのものに抵抗を感じていた。そこで、「自分なりの味つけをしていいのなら」という条件をつけて引き受けたという。つまり、彼はバラエティ化という形で、従来のホームドラマに異を唱えたのである。⑯

「お荷物小荷物」（Ｐ＝山内久司、脚本＝佐々木守）は、久世が抱いた抵抗感を「ホームドラマの破壊」にまでもっていった連続ドラマである。

沖縄から出て来た運送店のお手伝いがその家族を手玉にとる間に、俳優らが素のやり取りで沖縄と本土の関係を批評する。これはそういったアクチャルな手法を取り入れたホームドラマなのだが、山内久司プロデューサーはこのアクチャリティへの挑戦を佐々木守と組んで、前年の「月火水木金金金」ですでに実践していた。

そしてその放送が終わった後、山内は『調査情報』で「アット・ホーム・ドラマへの反逆」と題して、「ホームの破壊」をこう宣言している。⑰

「東大の安田砦は落ちたが、まだ、全国の大学に、全共闘の学生達がとじこもっていた頃……社会にどんな現実があろうと、ホームの中には、昔ながらの人情があり、それがすべてを解決するといった姿勢に、一種のゴウマンを感じ……私の現実認識とあまりにもうらはらな『善意にあふれたホームドラマ』を企画しえなかった」

一方、先の「時間ですよ」には向田邦子も参加し、久世・向田のコンビが「寺内貫太郎一家」（七四年）で、家族の問題を「血のつながり」で解決する艶っぽいホームドラマを創り出す。さらに山田太一が「それぞれの秋」（七三年）、「岸辺のアルバム」（七七年）で、時代を色濃く投影させた連続ホームドラマを創っていく。

いずれも、ポスト「ありがとう」の新・連続ホームドラマで、特に「岸辺のアルバム」はその後の流れを方向づけるものでもあった。日本のテレビドラマは海外で、時代の問題を繊細に描くところが高く評価されている。そういった特性は、ここから始まっていると言っても過言ではない。この「岸辺のアルバム」のプロデューサーだったのが堀川とんこうである。

七〇年代の変革はホームドラマに限ったことではない。たとえば、市川崑の「木枯し紋次郎」（フジテレビ、七二年）や、深作欣二、工藤栄一らの「傷だらけの天使」（日本テレビ、七四〜七五年）などである。これらの映画監督作品が時代のニヒリズムにどれほどの陰影を刻んだことか。

さらに、今野勉の「天皇の世紀」（朝日放送、七三年）に始まるドキュメンタリードラマである。今野はこれらの作品でも若い頃からの問題意識と方法を貫き通している。そして七七年には、三時間ドラマ「海は甦える」（ＴＢＳ）で長編ドラマへの道を切り拓く。この他、佐々木昭一郎の「四季・ユートピアノ」（ＮＨＫ、八〇年、イタリア賞受賞）といった映像ファンタジーも、新たなテレビ表現を鮮烈に印象づけるものであった。

編成・制作の組織的変化に目を向けると、一九七〇年の「テレビマンユニオン」の設立が大きなエポックである。同年には、ＴＢＳ系列の「テレパック」や「木下プロ」も発足し、ここにテレビの制作体制はプロダクションの時代を迎える。そして、五九年入社の今野勉と六一年入社の堀川とんこうも、そういった制作体制の変化の のなかでそれぞれの道を歩み始める。

⑯原田信夫『テレビドラマ30年』読売新聞社、昭和五十八年、P.165

⑰山内久司「アット・ホーム・ドラマへの反逆」『調査情報』4月号、1970年、PP.22〜23

テレビマンユニオンの設立

一九六八年三月五日、ＴＢＳテレビ報道部でドキュメンタリーを制作していた二人、萩元晴彦がニュース編集部へ、村木良彦が非現場への配転を言い渡される。ここからＴＢＳ闘争が始まるのだが、やがて不当配転だけを問題視する組合闘争と、村木らのテレビ表現への闘いの間には埋めがたい乖離が生じてくる。

そこで萩元と村木は今野勉に声をかけて、「テレビジョンとは何か」を問う『お前はただの現在にすぎない』（田畑書店、1969年）を出版する。二人は不当配転の当事者である。しかし、直接には関係のない今野がなぜ共同執筆に応じたのか。

今野勉「なんで二人と一緒に本を書くようになったの

かって、よく聞かれるんだけど……現場にいて、番組とそれをつくったプロデューサーなり、ディレクターなりが正当に評価されないのはおかしいと思ったんですよ。それは組合だろうが会社だろうが同じことで……政治的に社会主義に近ければ近いほどよくて、『あなたは……』みたいに何のメッセージもないのは意味がないと言われたりするのは、おかしいじゃないかと」

このＴＢＳ闘争からテレビマンユニオンの設立に至る経緯は、村木良彦自身が『テレビマンユニオン史』の冒頭で詳しく記述している。それによれば、退社を決意した村木に、同志の吉川正澄が「集団で退社して制作集団をつくる」と言い出し、そこから一気に「テレビマンユニオン設立計画」が動きだしたという。⑱

吉川正澄は、社内同人誌『ｄＡ』には参加しなかったが、村木良彦や今野勉と同じ五九年入社組である。六一年に演出部に配属され、今野らとは長いつき合いを続け、テレビマンユニオンでは「波の盆」（脚本＝倉本聰、監督＝実相寺昭雄、八三年）などをプロデュースしている。

こうして段々と賛同者が増え、設立発起人らは経営者側との交渉に入る。世間的にはＴＢＳ闘争と関連させて、萩元、村木、今野らがＴＢＳと喧嘩して飛び出したという見方もある。実際は違う。村木は『テレビマンユニオン史』の交渉記録で、「今野勉はこういうときに実に頼りになる男」と書いている。その今野が言う。

「僕らが辞めるときに何をやったかというと、会社側と交渉することなんですよ……テレビっていうのはプライベートなものじゃなくて、電波という公共のメディアを使わないと番組を発表出来ないものなんです。新聞とか出版とは違うんですよ。だから放送局と喧嘩して辞めて番組をつくっても、それをどうやって放送するんだっていうことになりますよね」

一方、経営者側にもある計算が働いていた。彼らの才能を認めつつも厄介払ができる。そういった思惑もあっただろうが、一番は経営の合理化とプロダクション時代到来への直観である。事実、ＴＢＳは六九年三月一四日に、「自社制作番組をできるだけ社外制作番組に切り替える」方針を発表している。

結果、七〇年二月二五日、プロデューサー、ディレクター、個々人が番組を企画してつくる制作集団、「テレビマンユニオン」が発足する。

そして今野勉も、制作の場をＴＢＳからテレビマンユニオンへと移し、「天皇の世紀」（朝日放送、国際放映制作＊、七三年）、「太平洋戦争秘話～欧州から愛をこめて」（P＝重延浩、日本テレビ、七五年）、「燃えよ！ダルマ大臣　高橋是清伝」（P＝村木良彦、フジテレビ、七六年）などのドキュメンタリードラマや、三時間ドラマ「海は甦える」（P＝萩元晴彦ほか、TBS、七七年）などを演出し続ける。

⑱村木良彦「テレビマンユニオンの誕生」『テレビマンユニオン史1970–2005』テレビマンユニオン、2005年、PP.8～16

※「天皇の世紀」（第一部＝ドラマ、第二部＝ドキュメンタリー）は、国際放映が制作していた番組で、第二部は今野勉がナビゲーター役の伊丹十三に呼ばれて個人的に参加。

今野勉のドキュドラマと三時間ドラマ

今野勉のドキュメンタリードラマのなかでは、一九七五年の「太平洋戦争秘話～欧州から愛をこめて」の虚実が一番生き生きとしている。

これは電通の小谷正一がテレビマンユニオンの萩元晴彦のところへ持ち込んだ企画で、大森実の『戦後秘史』を原作とするものだった。それがドキュメンタリードラマになったのは、放送枠が日本テレビの「木曜スペシャル」（枠P＝石川一彦）で、その予算内でしかやれなかったからである。そこで「全部ドラマでやるとものすごくお金がかかるんで、ドラマとドキュメンタリーをミックスして」ということになったのである。

今野勉は、テレビマンユニオン設立にあたっての経営者側との交渉からもわかるように、クールなリアリストである。その彼が「欧州から愛をこめて」をドキュドラマにすることで放送までもっていったのだが、そこには若い頃からの一貫した方法論がリアルに働いていた。

今野勉「少なくとも僕の場合は、台本なしなんですよ。その場その場でいろいろ考えて、どんどん変えて撮っていく。そのやり方は「欧州から」のドキュメンタリー部分に活かせているし、台本無しでドラマのなかに本当の登場人物が入って来て、そこでどうなるかは誰にもわからなくて、いきなり本番にいくシーンもある」

ドイツの敗色が濃くなった頃、海軍武官の藤村義朗中佐（仲代達矢）が、ドイツやスイスで密かに和平工作を進めていた話である。今野は、その和平工作がうまくいっていたら原爆を落とされることもなかった、という〝歴史のもしも〟を伊丹十三の中継レポートに生き生きと活写する。

たとえば、一九四一年に日本人倶楽部で開かれたクリスマスパーティーのシーンである。伊丹は、駐独日本大使や海軍将校らが真珠湾攻撃の成功に浮かれる様子を、いつもより声高にリポートする。特別なことを言ってはいないが、そのハイトーンこそが肌感覚の歴史批評であり、「その場その場で変えて撮る」方法の成果である。

三時間ドラマ「海は甦える」（原作＝江藤淳）は、海軍大臣・山本権兵衛（仲代達矢）の夫婦愛を通して日露戦争を描くものである。今野はこの三時間ドラマでは、品川宿の飯盛り女だった権兵衛の妻（吉永小百合）の出自に徹底的にこだわった。

今野「原作には漁師の娘という出生しか書いてないので、我々はそこへとにかく取材に行ったんですよ。そうしたらそこは海岸でもなんでもなくて、今の新潟県魚沼郡に広がる大湿地帯の貧乏な村なんです。洪水の度に稲田が流されるので、舟でヒシの実を採って飢えをしのいでいる。そこに育った貧農の娘だから一〇歳ぐらいで売られていくんです……山本権兵衛はそういう人を奥さんにして一生添い遂げているんですよ」

こうした取材に基づく女性像の創出が、どれほど山本夫婦と日露戦争の物語に「愛」の余韻を響かせたことか。「海は甦える」の成功と長時間ドラマへの道は、この現場主義、現地主義が生んだものと言っていい。

堀川とんこう　モモ子から松本清張へ

一方、堀川とんこうは、組合の執行委員のときにTBS闘争が起き、報道の職場集会に出向いてはつらい思いをしたと言う。そして、「闘争は出来るんだけど文化論がないから、萩元さんや村木さんの配転について、組合としてはどういう態度をとっていいかわからなかった」と、当時のことを正直に打ち明ける。

そんなつらい日々のなかで、堀川の心に過ったのが「サザエさん」（一九六五～六七年）である。かつて自らが演出したときには俳優陣のアドリブに悩まされたが、闘争に消耗した身にはその明るさと「芸能の力」が何よりの励ましになっていた。

堀川とんこう「社会派ドキュメンタリーの力とは全然違う、芸能の妖しい力を見る瞬間を『サザエさん』で感じたんですが、それは人間の本能に糸が垂れているからなんでしょうね。そういう意味で、伝統芸能には無限の教訓が含まれていると思いますね。ただ、絵空事の世界にはある力があるんだけども、その世界に役者の修練した技術や肉体の美しさが注ぎ込まれていなければ、絵空事の不思議なパワーは生まれないんですね」

やがて、この「芸能の力」に触発された堀川のドラマづくりは、「ソープ嬢モモ子シリーズ」（脚本＝市川森一）で実を結ぶのだが、それは八〇年代になってからのことである。一九六八〜七六年の間、計一八本の連続ドラマを手がけるが、「グッドバイ・ママ」（七六年）など数本ぐらいしか注目されるものはなかった。

「グッドバイ・ママ」は、不治の病にかかったひとり親（当時の呼称はシングルマザー、坂口良子）が、子どもの将来を託すために結婚相手を探そうとする青春ドラマである。反戦フォークが、四畳半フォーク、ニューミュージックへと変わっていった時代。堀川のもう一つのモチベーション、「七人の刑事」以来の社会への問題意識もここでは、市川森一のメルヘンタッチに薄められて軽やかなものになっていた。

ただ、このドラマで使ったジャニス・イアンの主題歌♪ラブ・イズ・ブラインド♪は、連続テレビドラマの主題歌史においては一つのエポックである。

翌七七年、堀川は金曜ドラマ「岸辺のアルバム」（演出＝鴨下信一）のプロデューサーとして、引き続きジャニス・イアンの♪ウイル・ユー・ダンス♪を使うが、それはドラマが語る家族の崩壊とともに鮮烈な印象を残すものだった。なぜなら、それまでの連続ホームドラマの主題歌は演歌調が多かったからだ。堀川はよく生々しい女の肉体へのときめきを口にする。ジャニス・イアンの歌にもそういった興奮を感じたと言う。

「岸辺のアルバム」は、山田太一が東京新聞で連載小説を書こうとしているらしいという情報を、編成の梅本彪夫が「金曜ドラマ」の枠Pだった大山勝美のところにもってきたことから始まっている。堀川がその新聞小説のコピーを梅本から手渡され、ドラマ化の可能性があると言われチャンスとばかりに飛びつく。そして、ジャニス・イアンの♪ウイル・ユー・ダンス♪を使って、この歴史的名作を成功へと導く。

ここで、それがいかに衝撃的なドラマだったとか、プロデューサーの堀川とんこうと山田太一がどんなやり取りをしたのか、といった話をしたら切りがない。それに、「岸辺のアルバム」はやはり山田太一のドラマである。堀川の代表作ではない。彼がゆっくりと熟成させてきた世界が開花するのは、八〇年代、テレビの視聴率競争が激化し編成の時代を迎えてからである。

ソープ嬢モモ子シリーズがその開花を告げるもので、「十二年間の嘘」（脚本＝市川森一、八二年）は、ソープ嬢のモモ子（竹下景子）が、家族に十二年間嘘をつき続けた男（佐藤慶）の事件に巻き込まれる物語である。

男はようやく手に入れた土地を株で失敗して売ってしまい、それを家族に言えずに過ごしてきた。「家を建てたら尊敬してもらえるのか」「あの土地手放したら、あなたに何が残るの」。彼が嘘をつき続けたわけはつまるところそういうことだ。

市川森一はそんな男に望郷（福島県飯盛山）の想いを抱かせながら、モモ子に気風のいい啖呵を切らせて話を運んでいく。一番の魅力はなんといっても、当時お嫁さんにしたい女優ナンバーワンと言われた竹下景子のモモ子である。ちょっと下品でかわいくて情にもろい。竹下が柔肌を見せながらそんな女をからっと演じたから、ソープ嬢モモ子シリーズ（八二〜九七年、計八作）という類まれな風俗・社会ドラマが輝きを放ったのだ。

といっても、堀川のドラマ観は市川のロマンチシズムとはなじまないところもある。だから自らの思いを盛り込むため、「新聞の切り抜きを持ってきては、これでやりたい！」と何度も言ったという。つまり、これは堀川ドラマといってもいい作品なのである。

堀川「やっぱり、竹下君が演じるソープ嬢の破天荒なところじゃないんですかねえ。女優がそれまでの殻を破ってお行儀の悪いセリフを言ったり衣裳を着たり、立派な市民の代表だった女優さんが反市民を演じるときなどに感じる快感っていうのかな。芸能って、どっかお行儀の悪いところがあるんですよね」

堀川は自らを観念的な文学青年だったと言う。初めは報道希望だったのも小説を書こうと思っていたからだ。そんな堀川が「サザエさん」で芸能の力を知って、それをこの作品で堀川流のものとして見せたのである。

そして、九〇年代に入っての一連の松本清張ドラマ「或る『小倉日記』伝」（脚本＝金子成人、九三年）と、「父系の指」（脚本＝高木凛、九五年）である。堀川はここでより社会性に富んだ芸術作品を仕上げる。

堀川「僕の根っ子のところにあった社会的関心と、その後に抱いた芸能への憧れを、同時に満足できる素材を見つけたっていう感じがあるんですよ。清張文学がもっている社会に対する怒りみたいなもの、弱い者、虐げられた者に対する共感がベースにあって、それに俳優がぴったとはまったときの快感っていうのかな。それまでの蓄積みたいなものがそこで満足させられたんですね」

どちらも見応えのある作品だが、「俳優がぴったとはまった」ということでいえば、「或る『小倉日記』伝」の筒井道隆と松坂慶子が素晴らしい。筒井が吃音で片足が不自由な新聞記者志望の青年・耕造を熱っぽく、松坂がその虐げられた人生に寄り添う母を美しく演じているからである。

森鷗外が小倉で過ごした三年間の日記。頭脳明晰な耕造がその日記を探して、鴎外の足跡をこつこつと辿り、母がそれを励まして寄り添う。そしてその間に、二人が数々の屈辱を味わう。

筒井と松坂がその苦痛に満ちた道行きを演じるのだが、それは映画『砂の器』（野村芳太郎監督、七四年）での父と息子の道行を、息子と母に代えてやわらかく艶やかに描いたような余韻をいつまでも残す。息子が息絶えた後のラストシーン。松坂が通りで立ち止って振り向く。と、二人の暮らしに馴染んだ伝便屋の鈴の音が響く。まるで、一幅の絵を見るかのようなカットである。

「ドラマのＴＢＳ」といわれた時代は、数えきれないほどの「個性」によって築かれてきた。ここでは、そのうちの二人を取り上げたが、今野勉は「現在」を「現場の発想」で見せるという方法を貫き、その間には「個々人が番組を企画してつくる制作集団」を立ち上げた。

一方、堀川とんこうは視聴率競争の時代に、「社会」を「芸能の力」で見せるという方法で自らの世界を切り拓いてきた。そしてその堀川はテレビドラマの未来に向けて、「何とか活路を見出すには、何をやりたいか、どういうものをつくりたいかと発想して、それを実現する個人の力が大切なんじゃないか」と言う。

《証言者プロフィール》

今野勉　1936年秋田県生まれ、北海道夕張市育ち。59年東北大学文学部卒業、KRT（60年にTBSに改称）入社。60年、演出部の同期5人と社内同人誌『dA』を創刊。69年、萩元晴彦、村木良彦と『お前はただの現在にすぎない』を発刊。70年TBSを退社し、同志とテレビマンユニオンを設立。98年長野冬季オリンピック開会式プロデューサー。ドラマの代表作（演出）は、「月曜日の男」（TBS、62～63年）、「土曜と月曜の間」（TBS、64年）、「七人の刑事」（TBS、65～68年）、「欧州から愛をこめて」（日本テレビ、75年）、「燃えよ！ダルマ大臣　高橋是清伝」（フジテレビ、76年）、「海は甦える」（TBS、77年）、「こころの王国　童謡詩人金子みすゞの世界」（ＮＨＫ、95年）など。　現在、テレビマンユニオン最高顧問、放送人の会会長、日本脚本アーカイブス推進コンソーシアム副代表理事などを務める。2015年9月24日インタビュー

堀川とんこう　1937年−2020年　。群馬県中之条町生まれ。61年東京大学文学部卒業、TBS入社。65年、おかあさんシリーズでディレクターデビュー。同年に「サザエさん」、翌66年に「七人の刑事」の演出陣に加わる。代表作品は、TBS時代の「グッドバイ・ママ」（PD、76年）、「岸辺のアルバム」（P、77年）、「ソープ嬢モモ子シリーズ」（PD、82～97年）、「私を深く埋めて」（D、84年）、「スティルライフ」（D、89年）、「或る『小倉日記』伝」（PD、93年）、「父系の指」（PD、93年）、「丘の上の向日葵」（P、93年）。フリーランス時代の「やがて来る日のために」（D、フジテレビ、2005年）、「時は立ちどまらない」（D、テレビ朝日、14年）、「五年目のひとり」（D、テレビ朝日、16年）など。97年TBSを退社。プロダクション「カズモ」を経てフリーに。2015年9月16日インタビュー

梅本彪夫（あやお）　1935年満州生まれ。58年九州大学卒業、ラジオ東京テレビジョン（KRT）入社。演出部に配属され、石川甫班につく。63年に編成部に異動し、78年にパリ支局特派員に。以降、人事局長、制作局長、編成局長、常務取締役を歴任。96年に退社し、TBS興発、サンワーク社長などを歴任。　2015年10月3日インタビュー

フジテレビドラマの再生史（一九六〇〜一九八〇年代）

創作風土の刷新と「北の国から」の志

一九六〇年代と八〇年代の狭間に何があったのか

フジテレビ編成局調査部が企画・編集した『タイムテーブルからみたフジテレビ35年史』（1994年発行）は実におもしろい。時々の編成マンの気持が、愚痴も含めて赤裸々に吐露されている。たとえば一九七〇年代は、こんなため息のオンパレードである。

「視聴率ドン底の時期。一強二弱番外地などといわれた。一強はTBS、番外地がフジテレビ。地獄にいるという心境だった。番組は何をやってもうまくいかない。視聴率が低いと作家、役者に敬遠されてしまう」（74〜76年、編成部長・坂本哲郎）

「視聴率の低迷期であった。当時の関係者は『地獄を見た』と言ったが、むしろ地獄で呻吟した感が深い。日々修羅場が続いた。《長寿番組『スター千一夜』の編成など》構造改革の必要性が叫ばれていたが、実現は遥かあとのこと」（74〜79年、編成局長・坊城俊周）

「NHKドラマの刷新史　土曜ドラマとドラマ人間模様の誕生」編の冒頭では、NHKの〝東京オリンピック後の失われた一〇年〟について述べた。それとは少し時期がずれるが、フジテレビにも〝失われた七〇年代〟があったのだ。

確かに、一九七〇年代のドラマですぐに浮かんでくるのは、TBSの「ありがとう」（七〇年）、「時間ですよ」（同年）、「寺内貫太郎一家」（七四年）、「岸辺のアルバム」（七七年）等々である。フジテレビでは、「木枯し紋次郎」（七二年）くらいしか思い浮かばない。

フジテレビのドラマが初めから駄目だったのなら話は別だ。しかし一九五九年開局の後発局であっても、六〇年代にはテレドラマの地平を切り拓く番組を数多く放送している。昼のメロドラマを開発した「日日の背信」（六〇年）、テレビ時代劇をリアルに一新した「三匹の侍」（六三年）、ドラマ史に稀有なディスカッションドラマ「若者たち」（六六年）、後に国民的映画になる「男はつらいよ」（六八年）など、どれも取っても斬新かつ楽しいものだった。

それが七〇年代に入って、どうして「視聴率の番外地」と言われるほどになったのか。そして八〇年代、それがなぜ甦ったのか。

『タイムテーブルからみたフジテレビ35年史』が一強と認めていたように、一九八〇年代前半までは〝ドラマのTBS〟の時代だった。それが八〇年代に入ると、「北の国から」（八一～二〇〇二年）から、「抱きしめたい！」（八八年）などのトレンディドラマへ、そして「東京ラブストーリー」（九一年）等々の月9人気へと、番外地のフジテレビドラマが〝ドラマのＴＢＳ〟を凌駕していくのである。

テレビドラマの地平を切り拓く作品群

フジテレビのドラマがどうして一九八〇年代に再生したのか。それを明らかにするには、まず六〇年代ドラマの編成・制作状況を顧みておかなければならない。なぜなら、そこに低迷と再生の基本的要因があるからである。

白川文造「その頃は、三階の大部屋に編成局があって、編成部とかアナウンス部だとか制作部があり、制作は一班、二班、三班とあったんですね。その班長クラスが、《後述の》岡田太郎であったり、嶋田親一であったり、そういうのがボスの格好でいたわけですよ」

「で、編成に入ったとき、大部屋で夜中までみんなで仕事をしていたとき、五社英雄さんが制作部長に持っていくのが筋なのに、僕が書類か何かを書いてるところへ来て、ペラ二枚の『五匹の紳士たち』というピストルやライフルの名人が登場する企画書を持ってきてね。これ、番組になんねえかって。それで、まだ入社二年目だったけど、これは駄目だと……」

白川文造は一九六二年にフジテレビに入社し、編成部で数々の番組を手がけた企画マンである。これは入社して間もない彼が、五社英雄の「五匹の紳士たち」を基にして、「三匹の侍」（六三年）という時代劇企画を立てたときの逸話だが、実はここにフジテレビの低迷と蘇生に関わるキーワードがある。

フジテレビがまだ新宿区の河田町にあった頃、何回か局舎を訪ねたことがある。そこで最初に感じたのは、一つの部屋に各部の面々が顔を揃えている風通しのよさだった。五社英雄の名を知らしめた「三匹の侍」は、そんな大部屋での編成と制作の気軽なやり取りから始まったのである。

もう少し、そのやり取りを補足すると、五社が最初に考えていたのは、ミッキー・スピレイン的なハードボイルド探偵アクションだったという。白川はそれをあっさり否定する。

白川「五社さん、これは駄目だと。何で駄目か？って言うから、日本でピストルを撃てるのは警察と自衛隊しかいないんだ!と。だけど、彼は人間が死ななきゃアクションものなんか迫力なんかないって言い張るから、だったら時代劇にすればって……それで僕が泊まり込んで次の日までに、『五匹の紳士』を時代劇に直すことになって。五社さんは『じゃあ、明日来るわ』って……』

このとき、白川文造は入社二年目である。そんな若造が、五九年にニッポン放送からフジテレビに移った大先輩に、臆することなく駄目出しをする。開局当初、大部屋には、そういった編成か制作か、先輩か後輩かを問わない自由な創作コミュニケーションがあったのだ。

「三匹の侍」は、そのリアルで壮絶な殺陣と効果音で、テレビ時代劇を一新した。これは五社が映画を志向していたことと、ラジオ出身だったことが関係している。

白川「人間の肉を斬る音にしても、豚肉にキャベツを巻いて切ったとかよく言われるけど、何種類も実はつくっているんですね。ラジオ出身だからね。濡れ手拭いで背中をバシッとやるのが本当の音に近いというと、すぐにそれをやってみたりね。いろんな音を……」

「開局時の制作スタッフには、映画や舞台、出版、ラジオの人がいたんですが、視聴者から一番遠かったのが映画屋さんでしたね。当時はまだVTRはなくて生放送だったんですが、映画屋さんは生を怖がっていた。ところが、ラジオ屋さんは生を怖がらなかった。だから、テレビはラジオのDNAを受け継いでいると思うんです」

この後に登場してもらう嶋田親一は、新国劇、ニッポン放送を経て入社した一期生だが、彼もその経歴に即して同じことを言う。

嶋田親一「僕は舞台出身だったんで、ラジオでは公開番組ばっかりやらされて。それからテレビへ移ったんですが、当時、テレビは生放送だから、舞台に近い演出、演技を要求する。だから、生放送のドラマは僕に合っていたんですね。喋っている奴に周りがどうリアクションするか。それが芝居の基本だっていうふうなショットが多かったので、グループショットの嶋田なんていわれて。映像から入っていく演出じゃなくて、稽古が勝負だったんですよ」

テレビの歴史をラジオまで遡れば、白川文造の「DNA」説には説得力がある。現に、フジテレビの草創期に、テレビドラマの地平を切り拓いた「日日の背信」(演出＝岡田太郎、文化放送)、「三匹の侍」(同＝五社英雄、ニッポン放送)、「若者たち」(同＝森川時久、文化放送)などは、みんなラジオ出身の一期生が手がけている。

ちなみに、このうちの「三匹の侍」と「若者たち」は、まだ三〇歳くらいの白川文造が企画を詰めたものである。しかし、七四年の「6羽のかもめ」（制作＝嶋田親一）を最後に編成部企画担当をはずれ、ネットワークに異動となる。白川企画が復活するのは、六年後の「北の国から」（八一～八二年）においてである。

では、このように革新的なＤＮＡがどうして受け継がれなかったのか。この後に、一体何があったのか。

組合結成と制作部門のプロダクション化

嶋田親一「組合ができて、運命が変わりましたねえ。そのときは演出をやっていたんですが、現場は組合員が多く、特に技術と僕らが先鋭だった。五社英雄も組合員だったんですが、第二組合をつくらなきゃいけないんで辞めるわけですよ。そこら辺から、あいつは組合を辞めた奴だとか、組合に入らない奴だとか、現場がちょっと殺伐とした空気になって、フジテレビで働く者がぎくしゃくしてきましたね」

開局の七年後、一九六六年に、フジテレビに労働組合が結成される。制作、技術を中心に組織率八五・一％。掲げたのは「女子二五歳定年制」の撤廃である。開局時のキャッチフレーズ「母と子のフジテレビ」の意味するところは、女は二五歳になったら嫁に行けということか。などと勘繰ってしまうが、この組合の委員長になったのが岡田太郎で、副委員長が嶋田親一である。

「ＮＨＫドラマの刷新史」編のところでは、六四年東京オリンピック後の企画管理強化について触れた。フジテレビもちょうど六四年に、水野成夫会長、鹿内信隆体制が確立。この日経連で腕を振るった社長の下で、労働争議の専門家が招聘され専務になるなど、組織としての管理体制が強まっていた。

そして七一年、制作局が廃止され、制作部門が「フジプロダクション」、「新制作」、「ワイドプロ」、「フジポニー」に分離される。

白川文造「鹿内信隆社長が、《プロダクション化に》組合対策という発想をもっていた可能性はありますね。人事関係の総務局や経営の側には、制作と技術の連中には組合の強硬派が多いという認識があったかもしれません。組合をなくしたいという思いは東京キー局のなかでは一番強かったんじゃないかな。だけど、自分とこの命綱の制作、技術が全部いなくなっちゃうとコンテンツがなくなる。それが泣きどころだったんですね」

嶋田「《七〇年代の低迷は》やっぱり、組合の後遺症が大きかったんじゃないかな。人心がばらばらになって、不信感が残った。それから、プロダクション化をやったときに、いい意味で活性化する予定だったんだろうけど、ライバル意識だけが大きくなって人間関係がぎくしゃくしましたね。だって、組合の問題がまだ解決されていないのに、プロダクションで儲けなきゃいけないじゃないですか」

嶋田親一は当初、芸能部（後に制作部）で「北野踊り」（主演＝佐久間良子、六五年）、「春琴抄」（主演＝山本富士子、同年）、など、女優をフィーチャーした文芸作を演出していた。ところが、組合が出来た翌年に演出を辞めさせられ、編成部副部長へと異動する。

そして六八年には、フジテレビに籍を置きながら、株式会社「新国劇」常務取締役を兼務。七一年の制作部門のプロダクション化では「新制作」の社長を命じられ、倉本聰の「6羽のかもめ」（七四年）などを制作する。まさに、席の温まる暇もない半生である。

嶋田は、これで自分も岡田太郎も、「みんな人生が変わった」と言う。ちなみに、岡田もプロダクション化で「フジプロダクション」に行っている。こうして、組合とプロダクション化に翻弄された制作者は一期生だけではない。後に「北の国から」を演出することになる杉田成道（六七年入社）もそうだし、「笑っていいとも」や「オレたちひょうきん族」などで一時代を画した横澤彪（六二年入社）もそうだ。

杉田成道「僕は報道志望で入ったんですけど、どういうわけかドラマにまわされて。私が空手をやってたんで反組合になると思われて、組合つぶしで入れられたんだけども。でも入社した頃は、組合問題はありましたけど、岡田太郎さんや五社英雄さん、嶋田親一さん、小川秀夫さん、森川時久さん、小林俊一さんらがいて、ドラマ華やかなりし頃で。そういう意味ではいい時代でしたね」

「で、プロダクション化のとき、報道番組部に志願して行ったんですが、ストライキをやったときに赤い腕章を巻いていくと、おい、赤いの！って呼ばれて、お前、報道なんかにきて何すんだよ！というようなことがあって。そうしたらすぐに産経新聞に行け！って。当時、報道の組合員はほとんどが産経に行かされましたね」

杉田成道は六七年に入社して、編成局制作第一演出部に配属され、小林俊一の演出助手を務める。ところが、組合運動をしたら報道へ行かされ、さらには産経新聞に飛ばされる。そしてさまざまな経緯があって、嶋田親一の「新制作」に入り、再びドラマづくりに取りかかる。

本人いわく、「それはもう、辞めるか、行くか、どっちかしかない」日々の連続だった。

編成・制作のコミュニケーション不全

組合運動における人間関係や経営側の組合対策で、一気にドラマや番組が駄目になったとは言い切れない。

その間にも、「若者たち」（一九六六年）や「銭形平次」（同年、主演＝大川橋蔵）、「男はつらいよ」（六八年）。生ワイドや歌謡バラエティでは「3時のあなた」（六八年）、「夜のヒットスタジオ」（同年）、アニメでは「ゲゲゲの鬼太郎」（六八年）、「サザエさん」（六九年）などが始まっている。

しかし、それに続く制作部門のプロダクション化は、ものをつくる組織のモチベーション、具体的には編成・制作の円滑な連携を確実に損ねていた。

杉田成道「女子社員二五歳定年制の撤廃を求めたんですが全然進展がなくて。そこへプロダクション化の話がどかんときて、それから半年間はずっとプロダクション化反対でした。そこで、人間関係が大きく変わって……管理側は会社経営の重圧でそれを促進しなきゃいけない。下のほうはそれに対して絶対反対。そこで人間関係がぎくしゃくして、大きな溝が出来ちゃったんですね」

フジテレビが制作部門をプロダクション化した前年、一九七〇年には、ＴＢＳ闘争①を闘ったディレクターたちが「テレビマンユニオン」を設立している。また、アメリカなどでは放送局とプロダクションは分離されていた。プロダクション化と外注化は、ものづくりや人間関係を疎外したとはいえ、その後の放送制作形態を見越した施策だったとも言える。

やがて、八〇年代にフジテレビの番組をがらっと変えた一人、重村一も当時を顧みてプロダクション化のもつ意味には一定の理解を示している。

重村は六八年にドラマを志望して入社したが、報道局に配属され「小川宏ショー」などを担当していた。彼もある意味ではプロダクション化の犠牲者で、報道にいてドラマをやりたいと言ったら、プロダクションには出向させない、編成になら行かせてやると言われ、編成人生を送ることになる。

ただ、現在では当然のことであっても、当時は社内の人間関係は荒み、外注のノウハウも人間関係もできてはいなかった。そして、そういった問題は八〇年頃まで解消されることはなかった。八〇年に編成副部長となった白川文造は、テレビマンユニオンに発注した「ピーマン白書」（八〇年）を例に、外注化の失敗をこう指摘する。

白川文造「東宝でも東映でも、テレビ局から発注されて当たってるチームっていうのは、向こうのなかでも優秀なチームなんですよ。だから東映に言わせると、うちは『キイハンター』《TBS、六八～七三年》のチームが抜けたらがたがたです、と。ところが商売だから、フジテレビから発注がくればハイ！と受ける。で、テレビマンユニオンに一番遅れて発注し、ゴールデンの一時間をまかして『ピーマン白書』をつくるんですが、視聴率も二、三％で失敗する」

では、編成と社内プロダクションの関係はうまくいっていたのか。嶋田も白川も杉田も、一様にプロダクション化を最大の失策と言うが、それはなぜか。受注側の「新制作」にいた嶋田親一は言う。

嶋田親一「フジテレビは親会社だから、視聴率悪けりゃ打ち切るよ、なんてことを公言するんですね。編成は発注する側だから実権をもったつもりになっちゃったんです。企画、キャスティング、作家の発注はプロダクションがやるんだけど、最終的には編成がOKしなきゃ進まない。下請け工場がたくさんできたみたいなものですよ。個人的には白川文造などが潤滑油になってくれましたが、ほかは悪代官みたいな奴が《笑》」

一方、発注側の編成部にいて、七四年にネットワークに異動になった白川も、「末期には、編成は自分とこの制作をまるっきり信用していなかった」と言って、同じことを強調する。

白川「社内の組織を発注者、受注者にしていったから失敗したわけで。要するに、業者が制作で、発注してやるのが編成、という上下関係をつくったところが失敗なんですよ。編成が一番偉くて、お前らに仕事をやるっていうふうにしたのが社内プロダクション制度で、それで間違っちゃったんですよ」

もう二〇年ほど前になるが、「テレビドラマの作家性の復権」（日本放送作家協会主催）というシンポジウムで司会を務めたことがある。オリジナル脚本の尊重が趣旨だったが、最後のフリーディスカッションで、演出家の石橋冠さんから「僕たちはみんなでドラマを作っている」と疑義を呈された。

そのときは、十分な討議が出来なかったが、確かにテレビ番組制作は極めて集団性が強いものである。そこには、社内発注であろうと、外注であろうと、創作に関わる信頼関係がなければならない。それがこの時代のフジテレビには決定的に欠けていたのである。

しかも、フジサンケイグループのオーナー・鹿内信隆社長が次に指名したのは、郵政事務次官から天下った浅野賢澄である。番組づくりに求められる制度改革など望むべくもなかった。

①ＴＢＳ闘争については、「ＴＢＳドラマの個人史」編、P．74を参照

フジテレビ、番組改革の始まり

編成・制作の連携に禍根を残したプロダクション化は、一九八〇年に終止符が打たれる。社長はまだ浅野賢澄だったが、鹿内信隆の息子・春雄がこの年に副社長になり、八五年にフジサンケイグループの議長になる。そして、村上七郎専務、日枝久（現相談役）編成局長体制の下、八〇年に四つのプロダクションが本社に統合され、編成の構造改革が始まる。

白川文造「やっぱり、春雄さんのいきおいで、みんな明るくなりましたよね。それまでの編成は社内の制作体制を信用していなかった。それで外注を多くしたんですが……その鹿内春雄さんの下、村上七郎さんがテレビ新広島から呼び戻され、日枝久とか、我々プロパー《新卒入社組》を中心に、若返りしていこうという気運がそれまでの反作用として出てきましたね」

村上七郎は編成の神様と言われた人で、六〇年代に番組を活性化させた編成部長である。副部長は後に一緒に改革に取り組む片岡正則で、六二年入社の白川はこの二人にずいぶん影響を受けたと言う。村上は七五年にテレビ新広島（社長）に出向となるのだが、「視聴率番外地」を何とかするには彼を呼び戻さざるを得なかった。

また、片岡はその前に、社内プロダクションの社長を兼務するなどして本社統合の下準備をし、総務局長として鹿内春雄体制を支えた。白川は、春雄に多くの進言をしていたのは片岡だったと言う。

冒頭で引用した『タイムテーブルからみたフジテレビ35年史』には、日枝久が編成局長に就任した際の挨拶

が、本人の手で紹介されている。そこには、①新たな開局、②独創性で話題作り、③セット改編、④問題枠の大胆な改善、⑤全員参加、⑥楽しくなければテレビじゃない、⑦番組に付加価値を、⑧明るく活気ある編成局、といった改革要綱がずらっと並んでいる。

今まさに再認識してもらいたいことだが、フジテレビの構造改革は、こうした鹿内春雄、村上七郎、日枝久体制の大号令で語られることが多い。しかし現実には、編成・制作の現場に人材がいなかったら、理想がいくら高くても空手形となる。

社内プロダクション「新制作」社長として、本社編成との交渉に苦労した嶋田親一は、「白川文造は、軍師・竹中半兵衛」と言う。今回、白川証言を軸にしたのは他でもない。彼が六〇年代開発と八〇年代改革を、編成現場で数多く実践していたからである。

開局以来の看板番組「スター千一夜」の打ち切りや、「北の国から」の開始など、白川が関わった改革実践は数々ある。なかでも、「北の国から」はその後のフジテレビドラマの変貌に大きな影響を与えている。しかし、それは後述するので、ここでは「スター千一夜」の打ち切りだけを語るにとどめたい。

六〇年代初頭、NHKの大河ドラマ「花の生涯」(六三年)や「赤穂浪士」(六四年)が豪華キャスティンで話題を集めた。五社協定で映画スターのテレビ出演が難しいときに、前者では佐田啓二、後者では長谷川一夫らの大物俳優をキャスティングしたのである。

といっても、それはNHKに特化されたものではない。フジテレビも同じ頃、「山本富士子アワー」(六四年)などの映画女優シリーズを始めていた。「スター千一夜」は、その窓口になった番組でもある。

しかし、夜九時(五九〜六二年)、九時三〇分(六二〜六九年)、七時四五分(六九〜八一年)からの15分帯編成は、他局のゴールデンが三〇分、一時間編成になっているなかで、大きな遅れとなっていた。

このとき、白川は編成副部長として、スポンサーの旭化成と手を組んで、打ち切りに反対の電通を説き伏せる、といった交渉に奔走する。フジテレビは、この「スター千一夜」がなくなって、ゴールデン三冠王の時代を迎えるのである。

白川文造の改革交渉や企画の実際は、一つ一つが実に興味深い。それでも、社内プロダクションが本社に統合されるまでにどんな進言をしていたのか、と聞いたときの一言が忘れられない。

白川「僕らはやっぱり、昔みたいな大部屋でやらないと。それが大部屋じゃなくなって、プロダクション化で『新制作』が何階へいったとか、同じ三階でも営業がいたところに『フジプロダクション』ができてとか。廊下の斜め向こう側に何が出来たみたいなね。そういう時代に僕らが入社していたら、、五社英雄さんがぶらっと来て『おう、これ番組になんねえか』なんて、できっこないですよね」

大部屋制度の復活と企画の活性化

それにしても、これほどがらっと変わるとは。一九八一年、フジテレビの番組は、それまでの低迷を一気に吹き飛ばした。明るくはじけた斬新なバラエティが次々と現れ、一本筋の通った連続ドラマも始まった。視聴率番外地が嘘だったような変わり様である。

まず、「欽ドン！良い子悪い子普通の子」（四月編成）、「オレたちひょうきん族」（五月）、「なるほど！ザ・ワールド」（一〇月）などが次々に始まる。さらに翌八二年には、「笑っていいとも」（一〇月）もスタート。八〇年代、フジテレビバラエティの時代がここに幕を切って落とされたのだ。

そして、テレビドラマ史に稀有な大河ホームドラマ、「北の国から」（一九八一年一〇月）の誕生である。

当初、視聴率は同じ金曜夜一〇時台の「想い出づくり。」（TBS）にはかなわなかった。また、フジテレビのドラマがF1層の圧倒的な人気を得るのも、八〇年代後半のトレンディドラマからである。しかし、この二〇〇二年まで続いたシリーズが、どれほどフジテレビのブランド力を高めたことか。

一九八〇年に、〝第二の開局〟を標榜して構造改革に取り組んだことはすでに述べた。では、それによって社内の意識はどう変わったのか。それがどう編成・制作の改革に結びついたのか。当時、報道局から編成部に呼び戻された重村一は、その点についてこう顧みる。

重村一「一番大きいのは、これは春雄さんの大ヒットだと思うんだけど、八〇年に大部屋制度にして、旧河田町局舎の四階に編成、制作を全部集めて、編成を大部屋の真ん中に置いたんです。そのとき、鹿内春雄さんや村上七郎さんたちに、若手のＡＤなんかが部長じゃなくてもいいから、自分と世代の合う奴に直接企画を持っていって、それを編成でこなせって言われたんですよ」

ちなみに、重村は一九七〇年代後半に編成部に配属され、「新・座頭市」など時代劇を担当していた。それが本人いわく、八〇年に報道局へ飛ばされ、翌八一年に編成部に呼び戻されている。一方、制作部にいて、「北の国から」の撮影に入っていた杉田成道も同じことを言う。

杉田成道「部長は、あんまりそういうことには関わらなかったですね。だから企画は、編成部員と直に口頭で決めてました。それで、企画書はそうやって直にしゃべった後で、企画が通るようになってから書く」

八〇年に、社内プロダクションが本社制作部に統合され、編成と制作の人間が再び〝大部屋〟で、ごく日常的に企画のやり取りをする。重村と杉田の企画でいえば、これは少し後の例になるが、「二人で段ボールの上で話して、これでいこうとか、この作家に書かせようとか」(杉田)と言って生まれたのが、「並木家の人々」(脚本＝池端俊策、演出＝杉田成道、主演＝武田鉄矢、陣内孝則、九三年)である。

「フジテレビには企画書はいらない」(重村)。つまり、六〇年代に「三匹の侍」などを生んだ編成と制作のあ・うんの呼吸は、こうした大部屋の空気や人間関係によって取り戻されたのである。

編成・制作の世代交代 〜線として継承される人材登用〜

杉田成道「一九八〇年に村上七郎さんが専務で来られて、鹿内春雄さんが副社長で来て、社長が石田達郎さんになって、そこからがらっと雰囲気が変わりましたね。人事も一気に変えて、それまで上にいた人たちがほとんど子会社へ飛んでいって。それで編成局長を日枝久さんにして……日枝さんより上のプロパー社員はもう岡田太郎さんしかいなかった」

一九八〇年代前半には、フジテレビの世代交代が決定的に進んだ。フジテレビ番組史のエポック、八一年のヒット企画はこの若返りによってもたらされたのである。

杉田「あのとき一気に若返って、企画もワンちゃん《王東順》が『なるほど!ザ・ワールド』をやったり、『ママとあそぼう!ピンポンパン』なんかをやってふてくされていた横澤彪さんがいきなり表舞台にきて、それまでバラエティにはあんまり出なかった漫才の人を軸にして、ビートたけしさんの『オレたちひょうきん族』、を始めたりして……」

八一年当時、王東順は三五歳、横澤彪は四四歳で、それほど若いとは言えない。しかし上の世代がいなくなって、それまで埋もれていた人間が伸び伸びとやりたいことを実現できたことは大きい。ちなみにそのとき、重村一は三七歳、杉田は三八歳である。

番組は人である。社内に埋もれていた才能を見出せる部長や副部長がいれば、そしてその才能に場を与えれば、番組の様相はがらっと変わる。

白川文造「僕らが帰ってきた八〇年頃には旧編成は人心がばらばらで、番組を手直ししようにも人手が足りない。そのとき、重村は報道に異動になってたんですが、彼ならドラマのほうで使えると思って、編成局長のところへ行って、報道へ行ったばかりで申し訳ないが編成に返してくれと。しかし、日枝は辞令を出したばかりで示しがつかないから駄目だ！と。それで、毎週一回、返してくれ！返してくれ！と言い続けて」

やがて、重村一は八〇年代後半に編成部長として、フジテレビの番組を若者向けに一変させてゆく。そのスタートラインには、こうした組織の人材発掘意識が高まっていたのである。横澤彪についてもそうで、八〇年にネットワークから編成部に戻って、副部長となった白川はこう上司に進言している。

白川「企画書を書くのは『北の国から』で終わりましたけど、横澤彪をカムバックさせたりして……当時、彼は組合をやり過ぎて、朝の『ママとあそぼう！ピンポンパン』のプロデューサーをやってたんですよ。それで、横澤は出来ますから夜の番組にシフトするために、タレントプロダクションなど業界に疎くなっているので、リハビリを兼ねてまず「スター千一夜」に返してくれ！と、片岡正則総務局長に……」

言うまでもないことだが、横澤彪が「オレたちひょうきん族」や「笑っていいとも！」で、どれほどフジテレビのバラエティに貢献したことか。そして、ここが八〇年代、九〇年代の番組力に関わるところだが、この人材の発掘と確保が重村世代にも受け継がれていく。

共同テレビジョンは、フジテレビ系のプロダクションだが、八五年まではニュースと情報番組の制作が主だった。それが八六年からドラマの制作を始めるようになる。その際、ドラマ部に、TBS系のプロダクション「テレパック」から、中山和記、関口静夫、藤田明二、星田良子、若松節朗といった制作者がどっと移籍してくる。

重村一「八五年に、テレパックから共同テレビへ一三人引き抜くんですよ。この人たちがテレパックのなかで揉めて、みんなで出て会社をつくりたいっていう話があったときに、僕が相談を受けて、その話を中出傅次郎部長に言うんですよ。で、中出さんが日枝局長に言って……それで共同テレビにドラマ制作部をつくるんです」

七〇年代は外注番組がほとんどで、重村は編成部で「土曜ナナハン学園危機一髪」（八〇年、演出＝杉田成道ほか）など、テレパック制作の番組を担当していた。彼はそういったつき合いを生かして、それをフジテレビの人材確保へとつなげていったのである。そして、この移籍組がいわゆる〝共同テレドラマ〟の時代をつくっていく。

九〇年代、フジテレビのドラマは、第一制作部が企画・制作するものと、編成部が企画して共同テレビが制作するものとに分かれてくる。そのうちの編成企画・共テレ制作のドラマ、中山和記Pの「29歳のクリスマス」（九四年）、関口静夫Pの「警部補・古畑任三郎」（同年）、若松節朗Dの「振り返れば奴がいる」（九三年）、「それが答えだ！」（九七年）、鈴木雅之Dの「王様のレストラン」（九五年）などが、やがてトレンディドラマにはない物語性を楽しませてくれるのである。

八〇年を皮切りに、亀山千広（八〇年入社）、大多亮（八一年）、石原隆（八四年）など、有能な人材が次々に入社してきたことも大きい。重村一や後述の山田良明世代がこの若手たちを育て、やがて彼らが八〇年代後半以降のドラマシーンを主導していくことになる。

線として継承された人材の発掘や育成。そういった組織ワークが、ＮＨＫやＴＢＳにはなかったドラマ文化を生んだと言っていいだろう。

「北の国から」に貫かれる志

「北の国から」シリーズ（一九八一〜二〇〇二年）は、二〇年余にわたって一つの家族を語り続けた稀有なホームドラマである。しかも、それは登場人物に出演者の歳月を重ねての年月である。田中邦衛の父・黒板五郎は目に見えて老い、幼かった吉岡秀隆（純）も、中嶋朋子（蛍）もすっかり大人になって終わっている。よくもまぁ、そんな企画が始められたものだ。続けられたものだ。

杉田成道『「北の国から」が出来た経緯はすごく覚えていて。専務の村上七郎さんがドラマ部へきて、『ドラマはとにかく顔である。視聴率はバラエティで取る。しかし、有力スポンサーをもってくるのはドラマだ。コアになる番組をどうしてもつくりたい』と言われて。それで八〇年に、白川文造さんが倉本聰さんと話を詰めるわけですね」

白川文造「僕がネットワークで全国をまわっていたとき、もし編成にカムバックしたら、富士の裾野・青木が原に丸太小屋を建てて、ホームドラマをやりたいと思っていました。『大草原の小さな家』と『アドベンチャー・ファミリー』からヒントを得て、オールロケでやりたかった。それが北海道でやることになって……」

局のコアとなるドラマをつくりたい。そういった組織としての意向の下、白川が温めていた企画が日の目を見る。そして、その「青木が原」案に対して、倉本聰は北海道の富良野でやりたいと熱弁をふるう。

こうして、「北の国から」が動き始めるのだが、そこには倉本とフジテレビ、具体的には嶋田親一の「新制作」との人間的なつながりが前史としてあった。

一九七四年のことだ。倉本は、NHKの大河ドラマ「勝海舟」でスタッフと揉めて降板。そのショックからか、そのまま発作的に北海道へ飛ぶ。このあたりのことは、『愚者の旅　わがドラマ放浪』（理論社、二〇〇二年）などに詳しいが、そのとき心配して札幌に駆けつけたのが親友の垣内健二である。そしてそれを、「新制作」の社長だった嶋田親一が経済的にバックアップする。垣内が嶋田の親友でもあったからだ。

倉本聰はそれに感謝して「6羽のかもめ」（脚本＝石川俊子ほか、七四年）を企画する。といっても、六人の売れない役者の話である。しかもそこには痛烈なテレビ批評が織り込まれている。倉本自身が「視聴率絶対取れませんよ」（前掲書）と念を押したように、普通なら通る企画ではない。

しかし、淡島千景、高橋英樹という映画スターのキャスティングが決め手となった。垣内が彼らを抱えるプロダクションの社長だったから、編成に白川文造がいたから、なんとか無理が通ったというのが実情だ。制作は、当然の流れで「新制作」プロダクション。脚本は、倉本がNHKを降板したばかりなので、石川俊子名で書いている。演出は富永卓二と大野三郎である。

やがてそういった経緯があって、「新制作」にいたメンバーで、連続ドラマ「北の国から」（八一〜八二年）の制作がスタートする。プロデューサーは「新制作」で採用された中村敏夫、演出は富永卓二、杉田成道といった布陣である。そしてそこに、「フジプロダクション」に出向して「平岩弓枝シリーズ」を演出していた山田良明が加わる。（八〇年のプロダクション統合の直前には、下準備として片岡正則が社長として『フジプロダクション』と『新制作』を束ねていた）

中村敏夫と山田良明について補足すれば、中村敏夫は関係者の誰もが「作者殺し」（嶋田）と認めるプロデューサーである。フジテレビとは縁遠かった山田太一の「早春スケッチブック」（八三年）も彼が実現させている。

また山田良明は、「平岩弓枝シリーズ」など旧来のフジテレビドラマには飽き足らず、中村に頼み込んでスタッフとなり、ここで本格的に演出、プロデュースの仕事を始めている。

それにしても、これほど長きにわたってぶれることなく、しかも今に届くメッセージを放ったシリーズはない。

ここに、白川文造がその意図を、倉本聰がシノプシスを記した企画書がある。そこには、一本筋の通った志が見られるので、その一部を紹介してみたい。

「このドラマは、都会からやって来た子どもが、厳しい自然、美しい自然の中で、いかにたくましく成長し、如何に人間らしく賢くなって行くかが大きなテーマであります。《中略》当然ながら、通常のスタジオドラマの制作条件では律し切れません。しかし、この番組はおそらく『先取り』の番組になるでありましょう」（白川文造）

「此処の人たちは自然の脅威を知っている。人間が自然の小さな一部にすぎないことを明らかに肌で知っている。だから物事に謙虚である。都会に住むものの驕慢さを持たない。そんな自然の片隅に、都会で育ったものを放り込んだら、彼らは一体どうするのか。これがこのドラマの実験である」（倉本聰）

この「先取り」と「実験」が、どれほど苦渋に満ちた家族の歴史を、子どもたちの成長を、私たちの心に刻んだことか。そして、「謙虚に慎ましく生きろ！」と結ぶメッセージ（『2002　遺言』）が、どれほど3・11後の日本を照射していることか。

杉田「フジテレビにとって、この企画は起死回生というか、大博打でしたね。当時、田中邦衛さんというスターでもない人を使って、あとは子どもたちで……とてもこわくて、今のどこの局でもあのような企画が通る感じはしないですね。しかも制作費は当時ほぼ倍くらいつけたんですが、一年半のロケをやりましたからそれでも全然足りなくて」

山田良明「あのドラマをつくったことによって、ドラマづくりの幹みたいなものが立てられたというか、育ったんじゃないかと思うんですけどもね。ただ、今のフジテレビのドラマからは幹の存在が忘れられつつある部分もあると思うんですけど。八〇年、八一年は、フジテレビはまだ上場していなかったから、結構自由にあれだけのプロジェクトが出来たような気がします。今、同じようにやれるかっていうと、費用対効果で無理ということになってしまうんじゃないかな」

例外的な要素が多すぎるからか。「北の国から」が、その後のフジテレビドラマにどのような影響を与えたかについてははっきりとした答えは得られなかった。しかし、それがフジテレビの生まれ変わろうとする証であったことは、そして視聴者の信頼に応えるドラマであったことは、誰よりも視聴者が一番よくわかっていた。

もう一つのテレビ文化と新人作家の台頭
～JOCX-TV2とヤングシナリオ大賞～

一九八七年は、フジテレビ史の第二のエポックと言ってもいい年である。この年の二つの施策、「JOCX-TV2」の開始と、「ヤングシナリオ大賞」の創設は、編成・制作スタッフと作家の世代交代を、番組の成果として示す契機となるものだった。

まず、八七年に始まる若手スタッフによる深夜編成「JOCX-TV2」である。ここには、八〇年代の人気バラエティ路線、「オレたちひょうきん族」などとは違う、もう一つのテレビ文化があった。

重村一「フジテレビのあの頃の番組が好きじゃなかったんです。僕はどっちかといえばドラマのほうをやっていたわけですから、はっきり言えば『楽しくなければテレビじゃない』がコンセプトのバラエティ路線がおもしろくなくて、アンチフジテレビの番組を創りたいと思ったわけです。それでフジテレビに、フジテレビではないもう一局をつくってみようと」

重村一は八七年に、四三歳の若さで編成部長になる。そのとき、何か新しいことをやらねばと思い、「今の主流にいる自分をひっくるめて、そういう人間は関わらないほうがいいと、三〇歳そこそこぐらいの人間に、夜一二時半から朝五時半までの時間を渡して」、もう一つのフジテレビ「JOCX-TV2」をつくったのである。

この深夜編成は、初代チーフに石川順一（当時、三五歳）を起用。以降、小牧次郎（三〇歳）、石原隆（二九歳）、高橋松徳（二六歳）金光修（三七歳）……と九代目まで、二〇代後半から三〇代の若手を登用する。（九六年に深夜編成チーフ制は終了）

そして、バラエティ番組の傑作、小山薫堂の「カノッサの屈辱」（九〇年）など、エスプリの効いた番組を次々に誕生させる。またドラマでも、次代を担う作家を何人もテレビデビューさせる。

「やっぱり猫が好き」（八九年）の三谷幸喜、「奇妙な出来事」（九〇年）や「ＮＩＧＨＴ ＨＥＡＤ」（九二年）の飯田譲治、「Ｌａ ｃｕｉｓｉｎｅ」（九二年）の岩井俊二など、ここからデビューした作家の活躍はその後の作品歴を見れば明らかである。

「ヤングシナリオ大賞」の創設は、実力のある作家がフジテレビを相手にしてくれなかったことと、若者向けのドラマを開発するには、そうやって作家を育てなければならなかったという事情による。「北の国から」が倉本聰であったことも、そういった事情が絡んでいる。

杉田成道「八〇年に入ってすぐに《フジテレビのコアになるようなドラマを》倉本さんにお願いに行くわけですが、そのときは倉本さんしかいなかった。向田邦子さんはフジテレビのほうが煙たいという感じで、山田太一さんはＴＢＳに完全に押さえられている。早坂暁さんは筆が遅いので、長尺ものは難しいということになって。それで、『新制作』が倉本さんとパイプがあったんで、北海道に引っ込んでいた倉本さんに白羽の矢が当ったんです」

八〇年代、向田邦子はＮＨＫの「阿修羅のごとく」（七九、八〇年）、「あ・うん」（八〇年）で、山田太一はＴＢＳの「想い出づくり。」（八一年）、「ふぞろいの林檎たち」（八三年）、ＮＨＫの「夕暮れて」（同年）で、早坂暁はＮＨＫの「夢千代日記」（八一年）、「花へんろ」（八五年）で、高く評価されドラマファンにも親しまれていた。

ドラマは脚本である。しかしフジテレビは、そういった実績のある作家とは信頼関係を築けていなかった。だから、新たな作家を見つけるしかない。それとももう一つ、フジテレビの若い世代には、若者向けのドラマで対抗しようという意気込みがあった。

重村「最初、向田邦子さんはけんもほろろで。一回だけやった『家族サーカス』《七九年》のときも、『フジテレビとは血液型が違う！』って言われて、滅茶苦茶に怒られたんですよ」

「それと、僕らには反発があったんです。平岩弓枝さんとか、そういう大御所の作家とディレクターがくっついていましたから、それに対する反発があって、『ラジオびんびん物語』《八七年》の脚本に漫画原作者の矢島正雄を引っ張ってきたりして……」

そういった作家確保の難しさや反発心があって、プロデューサーの山田良明が新たな作家の育成に乗り出す。

山田良明「八七年頃には、脚本家でフジテレビに来てくれる人はなかなかいなくて。『抱きしめたい!』《八八年》のときも、バラエティ作家からドラマ作家になった松原敏春さんが慶応の同期だったので、その伝手で『是非、うちでも一本お願いできませんか』と頼み込んで「それで、とにかくわれわれには脚本家が必要である。今、間に合わなくても、われわれと一緒に成長できる同世代の脚本家を見つけていかなきゃいけない。というようなことを社長の羽佐間さんに話したら、『あぁ、いいよ。幾らかかるんだ』と即座に一千万円を出して下さって、ヤングシナリオ大賞が始まったんです」

あらためて紹介するまでもないが、このヤングシナリオ大賞は数々の才能を輩出している。

そして、それは九〇年代のフジテレビドラマを牽引するものでもあった。坂元裕二の「東京ラブストーリー」（同一年）、野島伸司の「101回目のプロポーズ」（同年）、「ひとつ屋根の下」（九三年）、信本敬子の「白線流し」（九六年）、水橋文美江の「夏子の酒」（九四年）、浅野妙子の「ラブジェネレーション」（九七年）、橋部敦子の「救命病棟24時」（九九年）等々は、いずれも大賞受賞者や応募者の作品である。

山田は、第一回の大賞受賞者・坂元裕二を上京させ、アパートやアルバイトの世話もしている。そういった面倒見話も興味深いが、受賞者をすぐに起用しているところに、新人作家育成への意気込みや勢いが感じられる。坂元は受賞二年後に「同・級・生」（八九年）、四年後に「東京ラブストーリー」を、野島伸司はその年に「君が嘘をついた」（八八年）、三年後に「101回目のプロポーズ」を書いているのだ。（受賞作品そのものはすぐに制作・放送される）

若い視聴者と共にあった九〇年代ドラマ

一九八八年、ヤングシナリオ大賞の創始者・山田良明は、若い大多亮（当時、三〇歳）の感性を生かして、「君の瞳をタイホする！」（脚本＝橋本以蔵、演出＝河毛俊作）、「抱きしめたい！」（脚本＝松原敏春、演出＝河毛俊作）、「君が嘘をついた」（脚本＝野島伸司、演出＝楠田泰之）を立て続けに企画・プロデュースし、いわゆるトレンディドラマ・ブームに火をつける。

トレンディドラマの性格は、最初の「君の瞳をタイホする！」が一番わかりやすい。

新米刑事の青春刑事ドラマなのだが、彼らは遊びとナンパしか頭にない。大多プロデューサー自身も、著書の『ヒットマン　テレビで夢を売る男』（角川書店、1996年）で、「僕はドラマを通して言いたいことなんて何もなかった」と言い切っている。しかし、バブル期に大学生と一緒に遊んでいたからよくわかる。実は、この「言いたいことは何もない」こそが、物質的豊かさに代わる次の目標が見つからず、消費につかの間の充足を求めた若者の気持だった。

といっても。山田良明はトレンディドラマに安住していたわけではない。「トレンディドラマを本線だとは思っていないんですよ。思ってないんだけども、われわれが生き残っていくにはそういうところで勝負しなきゃいけない、と思ってつくったのがたまたまヒットし過ぎてしまった」とクールに振り返る。

実際、「言いたいことは何もない」トレンディドラマは、バブルがはじけるとすぐに終わる。すると山田と大多は、「東京ラブストーリー」（九一年）、「101回目のプロポーズ」（同年）、「ひとつ屋根の下」（九三年）など、メッセージ性の強い「月9」（月曜夜九時台の連続ドラマ）路線を生み出していく。そして、フジテレビドラマの黄金期・九〇年代への歩みを確かなものとする。

山田・大多企画ばかりではない。九〇年に編成から第一制作に移った亀山千広の「ロングバケーション」（脚本＝北川悦吏子、九六年）、「踊る大捜査線」（脚本＝君塚良一、九七年）。編成部・石原隆の共同テレドラマ「警部補・古畑任三郎」（脚本＝三谷幸喜、九四年）、「王様のレストラン」（脚本＝同、九五年）なども、若い視聴者の心をしっかりととらえるのだ。

山田良明は、社会派ドラマやホームドラマ、青春ドラマなどをやりたくてフジテレビに入社し、今でも山田太一をリスペクトしている。特に、青春ドラマへの思い入れは強く、八六年プロデュースの「ライスカレー」（脚本＝倉本聰、演出＝杉田成道）では、ようやく念願の青春

ドラマがつくれると意気込んでいた。ところが、

山田良明「青春ドラマをつくって、若い人たちに見てもらおうと思ってやったんだけど、若い人たちは全然見てなくて、ドラマ好きの大人の人たちばっかりが見てくれて。これでは意味がないんじゃないかと。自分たちがつくっているものと、視聴者の見たいものがずれている。もう少し、視聴者の視点に立ったドラマづくりをしなきゃ、いけないんじゃないかと」

九〇年代のフジテレビドラマは、今も語り継がれるほどにＦＩ層を虜にした。その原点が実は、「ライスカレー」での挫折感にあったのである。それが山田をロマンチストからリアリストへと変え、即座に中山美穂のアイドルドラマ「な・ま・い・き盛り」（脚本＝伴一彦、演出＝河毛俊作、八六年）をつくって、トレンディドラマへの布石を打っていく。

九〇年代、フジテレビのドラマは若い視聴者と共にあった。そして、それは重村一が編成部長、同局長（八七〜九三年、九四〜九七年）、山田良明が第一制作部企画担当部長、編成部長・編成局次長（九〇〜九三年、九三〜九九年）だった時代と重なる。つまりこの時代に、若い世代が伸び伸びと競いながらドラマをつくったのである。

山田良明は、重村一編成部長が「やればいいじゃないか」と自由にやらせてくれたから、若手に場を与えられたと言い、「私の下には、ひと回り違う大多亮君とか亀山千広さんとかさまざまな若い人がいて。これをやろうよ！ではなく、こいつにやらせたい！というなかで彼らのテイストを生かす、という感じでいろんな若い人とつき合っていましたね」と続けた。

《証言者プロフィール》

嶋田親一　1931年-2022年。早稲田大学を中退し、劇団「新国劇」文芸部（50年）、ニッポン放送（54年）を経て、59年フジテレビ入社。芸能部でドラマの演出をした後、編成部副部長（67年）、株式会社「新国劇」常務（68年）、「新制作」社長（71年）、「スタジオアルタ」常務（78年）を務め、82年フジテレビ退社。主要作品は、「三太物語」（演出、61年）、「小さき闘い」（同、64年）、「北野踊り」（同、65年）、「春琴抄」（同、同年）、「6羽のかもめ」（制作、74年）。2015年1月6日インタビュー。

白川文造　1936年生まれ。62年東京大学卒業、フジテレビ入社。編成部に配属され数々の企画を担当し、74年にネットワーク局に異動する。80年に編成部副部長となり、総合開発室長（86年）、取締役・ネットワーク、ニューメディア担当（93年）、鹿児島テレビ放送副社長（95年）、BSフジ代表取締役社長（98年）、同会長（2003年）を歴任する。ドラマの主要企画は、「三匹の侍」（63年）、「若者たち」（66年）、「男はつらいよ」（68年）、「6羽のかもめ」（74年）、「北の国から」（81年）。2015年2月18日インタビュー。

杉田成道　1943年生まれ。67年慶応大学卒業、フジテレビ入社。編成局制作第一演出部に配属され、報道番組局（70年）、産経新聞（72年）、「新制作」（73年）を経て、80年のプロダクション再統合以降、本社制作部で数々のドラマを演出。2001年に日本映画衛星放送（現・日本映画放送）の代表取締役社長、21年同・取締役相談役。03年日本映画テレビプロデューサー協会会長に就任（～15年）。主要ドラマ演出は、フジテレビ系列の「北の国から」（81～2002年）、「ライスカレー」（86年）、「失われた時の流れを」（90年）、「並木家の人々」（93年）、「海峡を渡るバイオリン」（2003年）、「若者たち2014」（04年）。時代劇専門チャンネルの「小さな橋」（17年）。2015年1月23日インタビュー。

重村一　1944年生まれ。68年早稲田大学卒業、フジテレビ入社。報道局に配属され、「小川宏ショー」などを担当。75年に編成部へ異動、以来編成に専従し、編成部長（87年）、編成局長（94年）、取締役（97年）、ジェイ・スカイ・ビー（現スカパーJSAT）副社長（97年）、スカイパーフエクト・コミュニケーションズ代表取締役社長（03年）、ニッポン放送取締役会長（06～19年）などを歴任。現在、同・取締役相談役（19年～）。その間、「国際ドラマフェスティバル　in　TOKYO」（07年～）のエグゼクティブプロデューサーとして、同プロジェクトの推進に尽力する。2015年1月23日インタビュー。

山田良明　1946年生まれ。69年慶応義塾大学卒業、フジテレビ入社。技術局放送技術部、番組企画センターを経て、79年「平岩弓枝シリーズ」で演出デビュー。81年に始まる「北の国から」シリーズで、演出、プロデュース。その他、「君の瞳をタイホする！」（P、88年）、「抱きしめたい！」（P、同年）、「東京ラブストーリー」（企画、91年）、「101回目のプロポーズ」（企画、同年）、「素顔のままで」（企画、92年）、「親愛なる者へ」（企画、同年）、「白線流し」（企画、96年）など、数々のドラマを企画・制作する。93年編成部長、2003年取締役編成制作局長などを歴任し、07年共同テレビビジョン代表取締役社長、15年に同社取締役相談役となり17年に退任。18年に71歳で俳優デビューする。2015年1月5日インタビュー

HBCドラマの作家史（一九六〇～一九九〇年代）

作家が自由に発想する「北の風土と人間のドラマ」

HBCドラマの始まり　～ラジオ文化の継承～

北海道放送（HBC）がテレビ本放送を始めたのは一九五七年四月一日だが、その年の六月にはもうHBCテレビ劇場「祭りの日」（脚本＝榊原政常、演出＝小南武朗）を制作。翌五八年には、「北緯四十三度」（脚本＝山口純一郎、演出＝小南武朗）で、東芝日曜劇場（ラジオ東京テレビ《KRT》、六〇年にTBS）に初参加する。

そして六一年、TBS系の近鉄金曜劇場で放送された「オロロンの島」（脚本＝松山善三、岩間芳樹、演出＝小南武朗）で早くも芸術祭賞を受賞する。

さらにこうした評価は、東芝日曜劇場で放送された諸作品、「虫は死ね」（脚本＝安部公房、演出＝小南武朗、六三年）、「わかれ」（脚本＝長谷部慶次、演出＝守分寿男、六七年）で芸術祭奨励賞、「ばんえい」（脚本＝倉本聰、演出＝守分寿男、七三年）、「幻の町」（脚本、演出＝同、七六年）で同優秀賞を受賞するなど、その後もずっと続いていく。

一体、この最初からの充実ぶりはどこからきているのか。五七年（テレビ放送開始時）に入社した甫喜本宏と六七年入社の長沼修はそれぞれに、その意欲と充実はラジオから受け継いだものだと言う。

甫喜本宏「HBCのテレビドラマは、小沢亮さんらが創り出したラジオドラマの財産を継承したから、後々、認められる存在になったんだと思います。ラジオは知名度にこだわりませんから、地元の脚本家を育成したり、HBC放送劇団や地元の劇団をバックアップしたりしていました。そういうことが総合力としてベースにあったから、その後のテレビドラマが成立したんですね」

長沼修「やっぱり、ラジオですよね。HBCのドラマを語るとき、ラジオを抜きに語ることは出来ません。最初、東京支社のラジオ部を中心に活発な番組制作志向があったようで、東京の優れた作家や音楽家が参加したラジオドラマづくりが行われているんですよね。で、テレビが始まったとき、その流れで芸術志向の強いテレビドラマづくりが始まったんだと思います」

テレビ番組の多くはラジオから始まっている。HBCドラマもそうだったわけだが、ものづくりは人である。そこには、ラジオからの継承を実らせた経営者や制作者がいる。二人が共通してその存在を強調した初代社長・阿部謙夫と、現場のディレクター・小南武朗である。

まず初代社長・阿部謙夫だが、長沼修の入社動機自体がその存在にあった。

長沼「創業社長の阿部謙夫さんが音楽に熱心な人で、そのせいか当時はコンサートとか音楽会の半分以上はHBCがやっていたんじゃないかと思うほど、HBCは文化活動に熱心だったんです。私ども《北海道大学》がやっていた学生オーケストラにもしょっちゅう来てくれて。招待状を送っているのに、当日券売り場でチケットを並んで買って入るような人で、僕はどこか憧れていたところがあったんだと思います」

一方、甫喜本は阿部の名をあげて、経営トップの見識がいかに番組の行方を左右するかを強調する。

甫喜本「初代社長の阿部謙夫さんには、HBCは北海道の文化活動に電波を通じて貢献していくんだ！という経営思想と見識があった。ですから、『HBCテレビ劇場』で自社制作のテレビドラマやオペラをやってみたり、民芸の滝沢修さんが公演で来札すると演劇の座談会をやったり、高校演劇の優秀校の舞台を中継したりと、いろんなことが出来たんですね」

地方局ということでいえば、一九七〇年代に青森放送の「RABニュースレーダー」（七〇年開始）が、全国にローカル生ワイドを一気に広めたことがある。この番組も、当時の小沼靖専務（七一年、社長）の「地元のニュースに取り組まなければ、ローカル局の存在価値はない」の見識（号令）の下に誕生したものである。

今、テレビ文化の行方が問われるとき、一番に求められるのはこういった経営トップの見識ではないだろうか。

「風土と人間のドラマ」とディレクターシステム

ラジオに始まるHBCのドラマは、テレビにおいて四世代にわたって受け継がれる。第一世代の小南武朗（一九五三年入社）、森開逞次、第二世代の守分寿男、甫喜本宏（共に五七年入社）、第三世代の長沼修（六七年入社）、小西康雄、鎌田誠、第四世代の松田耕二（七七年入社）、国貞泰生らが、各世代の代表ディレクターである。

まず、ラジオドラマの中心人物でもあった第一世代の小南武朗だが、彼こそが名実ともにHBCテレビドラマのパイオニアである。

初の自社制作ドラマ「祭りの日」（五七年）や、東芝日曜劇場のHBC第一作「北緯四十三度」（五八年）、あるいは初の芸術祭賞受賞作「オロロンの島」（六一年）など、初期HBCのドラマはほとんどが小南の作品だった。しかし、そういった事実だけでそれを言うのではない。注目すべきは、小南が「風土と人間を描くドラマ」を創り出し、それによって次世代に大きな刺激を与えたということである。

ドラマも生放送の時代である。初期作品の映像を見る術はない。そこで、近鉄金曜劇場「オロロンの島」（脚本＝松山善三、岩間芳樹）の放送台本を手掛かりに、小南が描こうとした世界を少し顧みてみたい。

「このドラマは、天売島を舞台に、移り変わる島の歴史を背景に、島で生まれ育った姉弟の生活、父や母のいない島に取り残されても、明るく逞しく育つ子供の真実の生活を……詩情豊かに感動をこめて画くものである」

これは放送台本にある制作意図だが、ここにＨＢＣドラマの伝統がすでに見て取れる。タイトルバックには天売島の全景やオロロン鳥などが指定され、少女の綴方にはニシンの不漁や父母の出稼ぎなどが語られる。そして、芋か干鱈だけの夕食や流れコンブを拾う日々に、その貧しさに負けない姉弟の姿が描かれる。

北の自然と時代の波を見つめながら、僻地に暮らす者に温かいまなざしを注ぐ。ここには、そんな「風土と人間のドラマ」がしっかりと準備されているのだ。

映像が残っている小南作品でいえば、東芝日曜劇場「虫は死ね」（六三年）の辛辣な「風土と人間」描写も印象に残る。

北海道の貧しい百姓夫婦（大坂志郎・佐々木すみ子）のところへ、東京から頭のおかしくなった姪（市原悦子）がやってくる。そして冷たく虐げられる。北海道の農村を襲ったイナゴの大発生を題材に、安部公房（作）ならではの人間疎外を語る作品だが、貧しい村の畑を背に姪を害虫と見做す描写がなんとも生々しい。

甫喜本宏「ＨＢＣにとっては、北海道の風土のなかで人間をどう描くかが大命題だったんです。だから、北海道で生活する人たちのさまざまなドラマを丁寧に描いていく、というような考え方が小南さんを中心にして伝統的にあったんですね。従って、現実の自然や家屋や空気のなかで描きたいということでロケを重視して……それがずっと受け継がれてきたという気がしますね」

この「風土と人間のドラマ」の伝統において、もう一つ見逃せないことがある。ＨＢＣドラマの制作システムである。現在はプロデューサーシステムが主流だが、ＨＢＣはディレクターシステムを九〇年代に至るまで貫いている。プロデューサーは、スポンサーやロケ地との折衝、予算やスタッフ、キャストの管理など、演出環境づくりに徹している。
甫喜本「うちには、ディレクターシステムというのが伝統的にあったんです。だから、小南さんがプロデューサーのときには、出来上がった僕の作品を見て、厳しくあそこはこうやったほうがいいんじゃないかということはおっしゃいますが、途中で演出のことなんかに口を出されることはほとんどなかったですね」
つまり、甫喜本の言う「北海道で生活する人たちを、現実の自然や家屋、空気のなかで」は、ディレクターの主体的営為（ドラマのなかの人と風土の描写）として受け継がれてきたのである。そしてそのことへの誇りを、第三世代の長沼修（六七年入社）も、第四世代の松田耕二（七七年入社）も等しく抱き続けている。
長沼修「守分寿男さんと甫喜本宏さんは同期だったので、その頃はプロデューサーとディレクターを交替でやっていました。ドラマづくりの中心はディレクターなので、プロデューサーが制作のマネジメントを。ただ、守分さんと私は縦の関係なので、その場合の守分Pは本当の意味でのプロデューサーですね」
松田耕二「ドラマはディレクターのもんだ！という雰囲気がありましたね。ものをつくる集団が第一線にいて、最終的にいろんなことを決めていきました。会社にも、そういった環境を整える意識がありましたし」
プロデューサーシステムを否定するつもりはない。しかし、ディレクター自らが企画を立て演出するシステム、それが小南武朗に始まるHBCドラマのモチベーションを高めていたことだけは確かなことである。

北の風土を厳しく、そこに生きる者を温かく

小南武朗の時代には、芸術志向が非常に強かった。それは守分寿男や甫木本宏の時代になっても変わらない。ただ、この第二世代になると、それが新しい作家との関係のなかで少しずつ大衆性を帯びてくる。同時に、多くの人に親しまれるドラマも増えていく。といっても、「風土と人間」の伝統は少しも揺るがない。二人の作品から、そのあたりのことを見てみよう。

守分寿男作品ではまず、東芝日曜劇場「わかれ」（脚本＝長谷部慶次、安岡章太郎、一九六七年）の峻烈な風土描写が忘れられない。

小説を書けなくなった作家（日下武史）が積丹半島を

訪れ、その地で暮らす老人（佐分利信）と先住民の少女（林寛子）と出会う。やがて作家は、その老人と少女に自らの半生を揺さぶられる。ドラマはこの間、この地での厳しい暮らしを描き、そこに戦争の傷痕を刻み込む。

この暮らしの描写が峻烈なのだ。老人は少女と断崖を背にした浜辺のあばら屋で暮らし、荒涼たる大地に黙々と暗渠（蓋をした導水路）を掘る。守分演出は、そのあばら屋暮らしを崖の上から望遠で小さく撮る。

長沼修「守分さんからしつこく、神の目っていうことを言われたんですね。崖の上から、俯瞰でばーんと引きの画で浜辺のあばら屋暮らしを撮る。『あんなとこにカメラを上げるんですか?そんな画いるんですか?』と言うと、『神の目だ!』と。要するに、自然のなかでの人間は豆粒みたいに小さなものというわけですね」

しかし、人間は小さな存在だけどその思いは重く愛しい。やがて、画面一杯の大きな夕陽を背に少女の踊るシルエットが浮かぶ。ドラマはこの象徴的な映像のなかに、それぞれの人間を救済するのである。入社早々の長沼はそういった守分演出がよほど鮮烈に心に残ったのか、自身の著書『北のドラマづくり　半世紀』の冒頭をこの太陽のワンシーンに捧げている。①

七〇年代に入ると倉本聰（脚本）との作品が多くなるが、七三年の東芝日曜劇場「ばんえい」は、当時の倉本が取り組んだテーマ〝老い〟を語る作品である。

役所勤めの河西公介（小林桂樹）が、息子と取っ組み合いの喧嘩をして負ける。これはその公介の老いをばんえい競馬の老馬に重ねて語るもので、彼が妻（八千草薫）と岩見沢の競馬場に向かう道すがらの描写に、守分らしい風土と人間の物語が増幅されている。

二人はばんえい競馬を観る前に、廃坑の跡地を散策する。朽ち果てた廃墟と生い茂る草花。この人の営みの無残と自然の強靭な生命力を伝える風景のなかに、老いゆく者と滅びゆくものの二重奏を奏でるのである。

倉本聰の守分寿男への信頼がいかに厚かったかの逸話がある。彼が大河ドラマ「勝海舟」（NHK、七四年）を降板したときのことだ。倉本は衝動的に北海道へ飛ぶ。そのとき、真っ先に電話をかけたのが守分なのである。

長沼「私には、守分さんの哲学的な芸術志向と倉本さんの感覚的な作風は水と油に思えるんですが、それがうまく化学反応をしたように見えました。両方とも懐が深かったんでしょうね……『勝海舟』を降板したとき、迎えに行ったのが守分さんなんです。それで、倉本さんは中村家という旅館に籠ったんですけど」

こうした信頼関係の下、守分・倉本コンビは「りんりんと」（主演＝田中絹代、渡瀬恒彦、七四年）、「うちのホンカン」（主演＝大滝秀治、八千草薫、七五年）、「幻の町」（主演＝笠智衆、田中絹代、七六年）などを次々に手掛ける。そして倉本聰作品でいえば、これらの〝母〟や〝老い〟のドラマが、日本テレビの連続ドラマ「前略おふくろ様」（主演＝萩原健一、七五〜七六年）へ、フジテレビの「北の国から」シリーズ（八一〜二〇〇二年）の黒板五郎（田中邦衛）へとつながっていくのである。

守分寿男には倉本聰脚本が多かったように、甫喜本宏には山田洋次脚本が多い。最初の「初恋」（七一年）から「ぼくの椿姫」（八五年）まで六本を数える。

甫喜本宏「山田洋次さんは、映画は観る人の幸せをひたすら願ってつくらなきゃいけないとか、作品性と興行性《商業性》を踏まえてつくらなきゃいけないとか、そういう考えなんですね。たとえば、地方のお年寄りであってもよくわかって楽しい。大学の先生が見ても馬鹿馬鹿しくなく、何か考えてもらえるような……だから僕もそういう意味で、笑いの味つけなんかも含めて、見終わった後に元気を出してもらえるような、幸せを感じてもらえるような結末にしたいなと」

甫喜本も「風土と人間」を重視するが、その作品には人間への温かいまなざしがより強く感じられる。自身も著書『愛しのテレビドラマ』で、テレビドラマ制作は「執拗に人間を凝視《みつ》めていく作業」とし、「ユーモアの漂う人間を描きたい」と述べている。山田洋次脚本が多いのも、そういった志向がシンクロしていたからだろう。②

甫喜本に納得する作品を尋ねると、山田洋次脚本では「わが街」（七二年）を上げるが、それ以外は「森の学校」（脚本＝高橋正圀、七八年）と、「終りの一日」（脚本＝山田太一、七五年）への思い入れが強い。そこで後者の二作品を通して、甫喜本の世界を探ってみたい。まず年代順に「終りの一日」だが、これは狭い田舎町で身を潜めて生きてきた戦争未亡人の心の叫びが実にリアルで狂おしい。

北海道・増毛町の中学教師・朝倉秀子（北林谷栄）が長年にわたる教師生活を終える。定年ではなく、校長に疎まれ辞めさせられたのだ。その夜、秀子は訪ねてきた卒業生と酒を飲み、溜まりに溜まった鬱憤をぶちまける。「教え子一人泊めても、何だかんだ言う奴のなかで、遠慮しながら生きてきたんだあ……おとなしうおとなしう歳を取ってしまった……」

秀子はそう打ち明けると、戦死した夫の慰霊で訪れたアッツ島での悲痛な思いを延々と語る。そして深夜三時、表へ飛び出し大声で軍歌を歌う。その後、秀子はこの地を離れようと思うのだが、かつての嫁ぎ先の廃屋でふっと微笑んでその辛い日々を慈しむ。

北林谷栄が見せる狂乱の心情吐露が、山田脚本のリアリティを余すところなく表現している。北林は、山田太一のセリフが大変気に入ったようで、甫喜本によれば「最近のシナリオのなかで、これだけの台詞にお目にかかるのはめずらしいと感心していた」という。

北海道の遠軽町にある北海道家庭学校は、日本で唯一の民間男子救護院である（当時）。「森の学校」はこの家庭学校をモチーフに、疎遠になっていた姉と弟が、教師の朴訥な情熱によって心を通わせる姿を描いていく。

姉のトシ子（浅丘ルリ子）は突っ張ったキャバレー嬢で、弟が入っている家庭学校に嫌々やってくる。教師の有賀（上條恒彦）が何度も手紙を出したからだ。そこで、いかにも土着的な風貌の上條と、日本人離れしたキャラクターの浅丘が噛み合わないやり取りを演じる。暗くなりがちなテーマだが、このキャスティングの妙が甫喜本の求めるユーモアを醸し出し、それを温かな愛のドラマへともっていっている。

①長沼修『北のドラマづくり 半世紀』北海道新聞社、2015年、PP．8～10
②甫喜本宏『愛しのテレビドラマ 北国のプロデューサー狂騒曲』北海道新聞社、昭和五十九年、PP．21～22

脚本家の自由な創作の系譜

HBCドラマは、守分寿男演出の倉本聰作品がいい例で、脚本家の世界を伸び伸びと問う場でもあった。これはその後も脈々と受け継がれ、第三世代の長沼修演出、市川森一脚本の東芝日曜劇場作品、「林で書いた詩」（一九七四年）、「春のささやき」（八〇年）、「サハリンの薔薇」（九一年）などにも、そういった自由な伸びやかさがよく表れている。

市川森一の東芝日曜劇場初作品「林で書いた詩」（P＝甫喜本宏、音楽＝深町純）は、市立小樽図書館と小樽出身の作家・伊藤整の詩をモチーフとするもので、市川のロマンティシズムがみずみずしいメルヘンである。

林の奥にひっそりと建つ白亜の図書館。晩秋のある日、一人の女（香山美子）が東京からやって来て、若い司書（桜木健二）が一目見て惹かれる。女は結婚を控えていたが、夏に逢った妻子ある貨物船の機関士が忘れられず、船が小樽の港に着くのを待っている。やがて司書は、その男の嘘とそして女の嘘も知ってしまうが、それは胸に秘めもう一つの嘘をつく。「やっぱりこの事だけは言わずに行かう。今のままのあなたを生かして……」。女を見送った後、彼は伊藤整の「林で書いた詩」を読み耽るのだった。

長沼修「小樽の図書館を舞台にした『林で書いた詩』をやったときには、遠くから公園のなかの真っ白い図書館を市川さんと見ながら、あのなかにどんな人がいるんだろうね、っていうようなことをぶつぶつ言いながら、どんどん話をつくっていった。その後も、市川さんとはずっとそういった手法でやっていますね。何か建物とか場所とかを想定して、頭のなかでその世界を想像してみようといった感じで」

図書館の紅葉は美しく、女の髪にはひとひらの枯葉がついている。そして港の見える高台。司書が女に最後の嘘をつくと、♪秋は美しいけれど　かなしいとき……♪と、深町純がこのドラマのために作詞作曲した歌が流れる。これは、長沼と市川が「こんなことがあればいいね」と夢見ながらついた嘘（メルヘン）である。

雪深い小樽の塩谷駅。「春のささやき」（P＝守分寿男、音楽＝深町純）は、この駅の遠景自体がすでに幻想的である。そしてこれもまた、塩谷駅と伊藤整の詩「あなたの暖かい心はとっておいて下さい……あなたのところにはいつも暖かい巣があったことを思い出させて下さい」（後の日に）をモチーフとし、それをシンディングのピアノ曲♪春のささやき♪で謳い上げる。

春まだ遠いある日、一人の女（南田洋子）が列車から降り立つ。そして、待合室で誰かを待ち続ける。彼女は若い駅員（根津甚八）の中学時代の音楽教師だった。これはその女と若い駅員、彼を慕う駅前食堂の娘（伊藤蘭）の三人が織りなす幻想的な詩劇である。

憧れの先生はすっかりやつれ、夜になっても男は来ない。雪のホームに悄然と佇む姿が女の今を語って余りある。駅員が打ち明けるあの頃への想い。女はそれを聞き、涙ながらに微笑んでもう一度生きて行こうと思うのだった。若い駅員も、食堂の娘との明日を決意する。

幻想的な風景のなか、伊藤整の詩に暗示される人間の哀しさと温もりがさらに深まった作品である。そしてこの長沼修と市川森一の世界は、九一年の「サハリンの薔薇」（ＰＤ＝長沼修、Ｐ＝松田耕二、音楽＝小林靖宏）へと結ばれていく。恋人を安楽死させた青年医師とロシア人少女の心象を、チェーホフの戯曲「ワーニャ伯父さん」を使って映すドラマである。

七七年入社の第四世代・松田耕二は、こういった自由な創作の系譜を受け継ぐ最後のスタッフで、その終焉を制作部長として見届けたＰＤでもある。

松田は、報道志望だったがテレビ制作部に配属され、守分寿男、甫喜本宏、長沼修らの先輩に学びながらドラマの道へと入っていく。そして、「トランペットの子守唄」（Ｐ＝長沼修、脚本＝冨川元文、音楽＝ミッキー吉野、八五年）でディレクターデビューをする。

これは松田にとって思い入れのあるドラマで、北海道・浜厚町で暮らす少年（松川傑）の旅立ちを語るものである。少年は父（柴俊夫）のトランペットが好きだったが、両親は離婚し今は母（木の実ナナ）と暮らしている。しかし母は、息子は別れた夫のもとで暮らしたほうがいいと考え札幌へ向かう。その電車のなかで二人は、少年が隠し持っていたトランペットを前に、それぞれの複雑な想いを胸にこんなやり取りをする。

「それで別れたのか！ラッパがうるさくて？」、「そんなんじゃないよ。トランペットが聴こえなくなったから」。このトランペットへの想いが、札幌で少年にある決意をさせるのだが、その間に説明的な台詞はほとんどない。

少年の沈黙と母や父の「《愛し合った頃の大切な何か》聴こえなくなったから」的なセリフだけで、少年と母と父の複雑な心中を語り尽くしている。実に、巧みで気持のいい作品である。

松田耕二「音楽が好きだったので、最初にやれ！って言われたときにはまず音楽のイメージが浮かんだんですね。それで、最初にイメージした音楽を使って、〝再会〟をテーマとするドラマが出来ないかと、冨川元文さんにお話ししたんですけど。そういうことで、三作目ぐらいまでは音楽と再会のテーマでやりました」

長沼修と松田耕二は共に、北海道大学のオーケストラ部出身である。だからか、長沼には「ああ新世界」（脚本＝倉本聰、楽曲＝ドヴォルザーク、七五年）、松田には「A列車でいこう」（脚本＝岩佐憲一、楽曲＝デューク・エリントン、八六年）など、音楽ドラマが多い。これも、ＨＢＣドラマならではの系譜である。

松田はこうして九〇年代にかけて、東芝日曜劇場で多くのドラマを演出する。そしてその打ち切り後には、同じTBSの「月曜ドラマスペシャル」で全一七作を演出し、同枠でのドラマ制作終了を見届ける。

後継者育成の確かさとその人材インフラの喪失

HBCドラマは、東芝日曜劇場で全国ネットされることで、「北緯四十三度」（D＝小南武朗、一九五八年）から、「除雪車より愛をこめて」（D＝国貞泰生、九三年）まで続く伝統を築いてきた。そしてその間に、数多くのドラマ制作者を輩出している。

前回に紹介した小南武朗、守分寿男、甫喜本宏、長沼修、松田耕二の他にも、「ホンカン」シリーズ（脚本＝倉本聰、七五、七六、七七年）の小西康雄、「やぶ髭ないしょ話」シリーズ（脚本＝高橋玄洋、八四、八五年）の鎌田誠、「カラス係長」シリーズ（脚本＝金子成人、九〇、九一、九二年）の国貞泰生らが、〝風土と人間のドラマ史〟に名を連ねる。

これはHBCの後継者育成の確かさを語るもので、六七年入社の長沼修も七七年入社の松田耕二も、そういった先輩の薫陶を懐かしそうに振り返る。

長沼修「僕はすぐ感覚的なものに走ってしまうところがあって、人間の見方が甘いというか、守分寿男さんには到底かなわなかったですね。だから何をやっても、守分さんには厳しく叱られました。企画会議で台本を前に、何故なんだ！と許してくれないんですよ。ところが聞いてみると、それは小南さんに守分さんがずっとやられていたことみたいなんですね」

松田耕二「守分寿男さんと甫喜本宏さんには共通して、当たり前のことですが、勉強しなさい！と言われました。どんな本を読んだらいいかとか、これ読んでみろ！って宇野重吉さんの演出論の本をもらったり……演出家は、俳優さんが考えてくるプランの三倍考えなきゃいけない。いろんな勉強をして、自分で考えることが大事だと、よく言われました」

ただ、そうやって後継者を育てられたのも、東芝日曜劇場という全国ネットの場があってのことだった。

長沼「当時、東芝日曜劇場は制作委託とは違う、発局変更という形をつくっていました。地方局のドラマを放送する場合は、発局がTBSから地方局に変わるんです。つまり、HBCのドラマを放送する場合は、HBCが営業権をもち、スポンサーからお金を全部もらって、それを放送料として各局に分配するわけです」

ところが一九九三年に、東芝日曜劇場が連続ドラマ枠となり、ＨＢＣはそういった主体的な単発ドラマの全国発信（系列局へのネット）が出来なくなり、必然的に後継者育成の場も保てなくなる。

それでもＨＢＣの制作意欲は強く、「ドラマの灯を消すな！」の合言葉の下、何とか全国ネットの場を確保しようとする。五七年入社の甫喜本宏は当時、報道制作局長（九一年）の要職にあった。彼によれば、この東芝日曜劇場に代わる全国ネットの場、「月曜ドラマスペシャル」（二時間枠、ＴＢＳ）の確保を決めたのは常務取締役の深谷勝清③だったという。

地域の人間を描くドラマを全国に届けたい！ＨＢＣはこの長年受け継がれてきた志を、なんとか次世代につなごうとしたわけである。

こうして、ＴＢＳとの折衝などさまざまな困難を乗り越えながら、現場の松田耕二が「月曜ドラマスペシャル」の計一七作（一九九二〜二〇〇二年）④を制作・演出していく。ＨＢＣ創立40周年記念・山田洋次特別企画「北の夢」（企画＝山田洋次、甫喜本宏、脚本＝山田洋次、Ｐ＝長沼修、ＰＤ＝松田耕二、九二年）がその第一作だが、歴代の制作者が名を連ねているところにその意欲のほどがうかがわれる。

しかし、この「月曜ドラマスペシャル」での放送も二〇〇二年には終止符が打たれる。

松田「僕は四三歳のときにライン部長になりましたが、ずっとドラマをつくっていました。後輩にも、東芝の最後のほうで一本だけやったのがいましたが情報ワイドのほうが主になって、僕の下でドラマの演出をやれるのがいなくなった。でも、ドラマを続けなきゃいけないということで、二時間ドラマの最後のほうでは制作部長の僕がＰＤをやっていましたね」

地方局は全国ネットの場がなくなると、人材インフラまでもが失われる。松田はそういったことを認めながらも、ローカルドラマの明日をこう語る。

松田「志のある人がいて、それを支える環境がないと続けるのは難しい。でも、全てをお金のせいにはできない。大事なのはつくりたい人がいるかどうか。こういう業界、特に地方局では、一人のつくり手がぱっと出てきて話題になるものをつくると組織も昂揚する。個人の力って結構大きいんじゃないかと思いますね」

③深谷勝清。89年常務取締役。95年代表取締役社長。２０００年取締役会長、01年逝去。
④「月曜ドラマスペシャル」は、２００１年12月より枠タイトルが「月曜ミステリー劇場」と変更される。

《証言者プロフィール》

甫喜本宏　1933年高知県生まれ。57年高知大学卒業、北海道放送入社。テレビ編成部に配属され、主として「HBCテレビ劇場」や全国ネットの「TBS音楽番組」、「東芝日曜劇場」などを演出。後にPDとして「北方領土関連ドラマ」を制作・演出。87年報道制作局テレビ制作部長。89年報道制作局次長兼社会情報部長、「ほっとないとHOKKAIDO」（ドキュメンタリー番組）を所管。91年報道制作局長、96年常務取締役。常勤監査役を経て、2001年退任。主たる演出作品＝東芝日曜劇場の諸作品、「海はこたえず」（脚本＝浦山桐郎、中島丈博、66年）、「ダンプかあちゃん」4シリーズ（脚本＝稲葉明子、69 ～ 71年）、「初恋」（脚本＝山田洋次、71年）、「わが街」（脚本＝同、72年）、「幼なじみ」（脚本＝山田洋次ほか、74年）、「終わりの一日」（脚本＝山田太一、75年）、「森の学校」（脚本＝高橋正圀、78年）など。2016年4月15日インタビュー。

長沼修　1943年札幌生まれ。67年北海道大学卒業、北海道放送入社。テレビ制作部に配属され、「でんでん太鼓　夏の巻」（脚本＝小松君郎、73年）でディレクターデビュー。以降、数多くの東芝日曜劇場作品を演出、制作する。96年に現場を離れ、社長室次長兼人事部長。97年社長室長、99年常務取締役、2000年社長、09年会長。10 ～ 17年札幌ドーム社長。現在、株式会社ラファロ代表取締役、北海道民放クラブ会長ほか。主たる演出作品＝「林で書いた詩」（脚本＝市川森一、74年）、「ああ新世界」（脚本＝倉本聰、75年）、「旅ゆけば」（脚本＝田中陽造、75年）、「バースディカード」（脚本＝市川森一、77年）、「春のささやき」（同、80年）、「ホンカン雪の陣」（脚本＝倉本聰、81年）、「遠くはなれて子守唄」（脚本＝岩間芳樹、81年）、「小樽恋ひ恋ひ」（脚本＝黒土三男、90年）、「サハリンの薔薇」（脚本＝市川森一、91年）など。2015年10月15日インタビュー。

松田耕二　1953年札幌生まれ。77年北海道大学卒業、北海道放送入社。テレビ制作部に配属され、情報ワイド「パック2」やドキュメンタリー、音楽番組などのディレクターとなる。85年「トランペットの子守唄」でドラマディレクターデビュー。以降、「東芝日曜劇場」から「月曜ドラマランド」（92 ～ 2002年）まで、数多くの作品を演出、制作する。02年報道制作局次長兼テレビ制作部長、03年広報部長、テレビ本部報道情報局次長、08年コンプライアンス室長、12年常勤監査役、16年退任。主たる演出作品＝東芝日曜劇場「トランペットの子守唄」（脚本＝冨川元文、85年）、同「A列車でいこう」（脚本＝岩佐憲一、86年）、月曜ドラマスペシャル「北の夢」（脚本＝山田洋次、92年）、月曜ミステリー劇場「瓜二つ」（脚本＝山田洋次、02年、全国ネットの最終作）。他にドキュメンタリー「いのちの記憶～小林多喜二・二十九年の人生」（08年）。2016年4月16日インタビュー。

HTBドラマの光芒史（一九九〇～二〇一〇年代）

「ひかりのまち」が吹かせた新たな風

ＨＴＢ　ゼロからのドラマづくり

ＨＢＣドラマの全国ネットが終わろうとするちょうどその頃、北海道から、もう一つの「風土と人間のドラマ」が全国に届けられる。北海道テレビ（ＨＴＢ）制作の「ひかりのまち」（テレビ朝日系、二〇〇〇年）である。

プロデューサーは四宮康雅、演出は多田健。当時、二人はドラマ経験の少ない制作者だった。しかし、その若々しい「風土と人間」の描写は今見直しても、爽やかな風に吹かれるかのような心地よさを感じさせてくれる。だからそれからというものは、年に一度のＨＴＢドラマを心待ちにするようになった。そして驚くことに、その期待は少しも裏切られることはなかった。

では、二人はそういった新鮮なドラマづくりをどのようにして身につけたのか。それを知るにはまず、四宮と多田が素人同然のドラマ制作者だったことから始めなければならない。

四宮康雅「日本テレビにいた頃、石橋冠さんの『池中玄太80キロ』を見たり、櫨山裕子君みたいな有能なプロデューサーが現れたことぐらいは知っていましたが、ドラマにはまったく興味がありませんでした。家に帰って、ドラマを見るタイプでもなかったですね。ＨＴＢに中途入社して、先輩の林亮一さんとかがやっているのは横目でちらちら見てましたけど、地方局がドラマをつくって何の意味があるんだと思っていました」

プロデューサーの四宮康雅は、一九八一年に北海道大学を卒業し日本テレビに入社。以後一〇年間にわたって、報道記者や、「ＮＮＮ　きょうの出来事」（桜井よし子キャスター）の企画班ディレクターなどを務めた。いわば、根っからの報道マンである。しかしバブル期の東京に馴染めず、大学時代を過ごした北海道が妻の出身地だったこともあって、北海道への移住を決意する。

そしてＨＴＢに中途入社するのだが、その志向は少しも変わっていない。実際、一年間がかりのネイチャードキュメンタリー作品、「風の王国　生命の森」（九五年）、「流氷　白い海」（九六年）、「クリル　はるかなる千島」（九七年）では、ギャラクシー賞や科学放送賞高柳賞などを受賞している。

一方、演出の多田健は映画好きではあったが、地方局ではドラマは無理と、はなから諦めていた。だから、ＨＴＢでつくりたかったのはバラエティだったと言う。

多田健「ＨＴＢを志望したのは、高校生の頃、ＨＴＢ

が一番バカっぽい番組をつくっていたんですね。林亮一さんがディレクターをやっていた『派手～ずナイト』なんかは、映画監督の井筒和幸さんや泉谷しげるさんなどを札幌の小さなスタジオに呼んで、札幌の若者たちとくだらないゲームをするといったもので……あとはそれこそ、八〇年代後半にフジテレビがやっていた『冗談画報』みたいなものをやりたかったですね」

多田健は北海道北見市の生まれで、九一年に一橋大学を卒業しＨＴＢに入社している。バブルの頃だから、どこにでも就職できると思っていたが、母の病気が重かったので帰郷。ＨＴＢに入社し、制作部でパブリシティ番組や情報番組などを担当していた。

そんなドラマ制作経験のない二人が、いつの間にかドラマの現場に引っ張り出され、悪戦苦闘しながら「ひかりのまち」をつくり上げる。ちなみに、四宮を引っ張り込み、多田を育てたのは、二人の証言に出てくる林亮一である。

今、悪戦苦闘と言ったが、それはその林が東京の制作会社「ＭＭＪ」と組んでつくったドラマの現場でのことである。そこで味わった熱気や悔しさ、疑問などが糧となって、ＨＢＣとは違う「もう一つの北海道発ドラマ」が誕生する。つまり、ＭＭＪ時代をＨＴＢドラマの前史とすれば、そこでの経験が後の成果につながるのである。

ＨＴＢドラマ前史　～ＭＭＪとの共同制作～

ＨＴＢのドラマ制作は、テレビ朝日系で全国ネットされていた「雪まつりスペシャル」（ステージイベント中継）が、一九九五年に打ち切られたことから始まる。ＨＴＢとしては、ナショナルスポンサー・セールスが出来る枠を手放すわけにはいかない。そこで、テレビ朝日と交渉してなんとかネットドラマ枠を確保したのである。ちょうどテレビ朝日が、ドラマに力を入れ始めた頃だったのが幸いしていた。

林亮一「ドラマをつくりたくて、一から頑張って始めたわけではないんですよ。地方局にとってドラマのハードルは高いし……結局、『雪まつりスペシャル』ですよね。これが視聴率も取れなくなり、キー局のテレビ朝日から、こういう内容では駄目だ！枠は取り上げると言われて。それで、この全国ネットの枠をきちんと継続させていくコンテンツは何か？ということで、東京支社の編成が動いてテレビ朝日との交渉のなかで、ドラマというキーワードを見つけたんですね」

林亮一は北海道札幌市生まれで、一九七四年に小樽商科大学を卒業しＨＴＢに入社。放送部、総務部を経て、八二年には制作部で、先に多田が触れた「派手〜ずナイト」のチーフディレクターをしていた。そして九五年に、編成部ドラマ担当プロデューサーとして、ＨＴＢドラマの制作に乗り出す。といっても、林を含めてドラマ制作経験者は誰もいない。よくもまあ、それでドラマを始めたものだ、というのが正直なところである。

林「《ドラマ制作経験者は》誰もいません！だから、僕が最初に責任者に指名されたとき、一番大事な中身のことを考えなければならないんですが、制作体制とか、立ち上げた後の将来展望とか、全部考えなきゃならない。誰もやったことがないことですから。それがお前にまかせるって言ったきり知らん顔なんです。本当に丸投げで、信じられないなあと思いながら……」

そこで林は、従兄弟の本間欧彦がフジテレビのドラマプロデューサーだったので、彼から制作会社などの情報をもらって勉強を始める。そして九五年に、ローカルドラマシリーズ「北海道の風」を立ち上げ、「立花さんちの朝」（脚本・演出＝濱中貴満）など三作を制作する。ネットドラマに向けて、ここでドラマ制作の修練をさせようとしたのである。

しかし、そう簡単にドラマ制作のノウハウは身につかない。ＨＴＢのスッタフがその厳しさを知るのは、東京の制作会社「ＭＭＪ」と共同制作したネットドラマ、「約束の街・札幌」（Ｐ＝ＭＭＪ・志村彰、ＨＴＢ・林亮一、Ｄ＝濱中貴満、主演＝若村麻由美、九六年）以降の現場においてである。ＭＭＪと組むスキームはテレビ朝日が用意したもので、初期のネットドラマはＭＭＪがすべてを仕切るものだった。ただ、林亮一は局Ｐのプライドとして、演出や美術などは自社から出すようにした。

林「局Ｐの林と演出の濱中貴満、あと照明、美術、制作進行など、出来そうなところはできるだけこっちで。助監督チームだけはプロでないとドラマになりませんから、助監督チームとカメラマンはＭＭＪですね。後にＨＴＢドラマの演出を担う多田健は、ローカルドラマの制作進行から始めて、このネットドラマではサードあたりでついています。彼にはとりあえずいろんなポジションを経験させようと、テレビ朝日とＭＭＪがやっていた『イグアナの娘』《九六年》の現場へ三か月ぐらい研修で出したこともありました」

こうして、HTBは九五〜九八年の四年間に、自社スタッフによるローカルドラマ「北海道の風」シリーズ三作と、子どもたちを主役にしたドラマ「なまらキッズ」シリーズ六作。MMJと組んだネットドラマ四作を制作する。

この頃、HTBドラマの嚆矢「ひかりのまち」を演出した多田健は、まだ駆け出しのアシスタントだった。ちなみに多田は、九四年の営業企画「エリアコードドラマ011」①の制作時に、情報番組の先輩・濱中貴満に『手伝え！』と言われて、ドラマへの道を歩み始める。といっても地方局の制作部である、ドラマへの参加も、自分がやっている情報番組の合間を縫ってのことだった。

そんな多田がドラマ演出デビューを果たせたのも、MMJの現場で悔しい思いをしながら、多くのことを学んだからだ。特に、九八年のネットドラマ第三作「夢の標本」（P＝MMJ・志村彰、HTB・林亮一、脚本＝市川森一、監督＝中山秀一、主演＝戸田菜穂）と、第四作「ここではない何処か」（P、脚本、監督＝同、主演＝石田ゆり子）での経験が大きかった。

多田健「最初のネットドラマ『約束の街・札幌』や、その後の『君といた街角』の頃、僕は制作進行とか、助監督のサード、フォースみたいな感じだったんですけど、全然、東京、MMJに仕切られっ放しというか、教えられっ放しでしたね。僕もそうだし、プロデューサーもそうだし、演出もそうですし、みんなまだまだよちよち歩きでしたね」

「僕は、市川森一作品では監督づき、脚本家づきのADで、監督の中山秀一さんが、俺の隣に座って、俺を見ろ！って言って下さったんです。監督が何を考えるのか、監督がどこに目線を送ってるのか、一挙手一投足を見てろ！って。また本づくりのときは、シナハンの前にシナハン・ハンティングをして、プロデューサーの林と私で狙いをつけた町のことを調べたり、現地の協力を取りつけたり。実際のシナハンでは、市川森一さんを連れてドライブをし、夜を徹してアイディア出しをしたり。本当に、ゼロからドラマをつくるところをつぶさに見ることが出来ました」

①エリアコードドラマ011。1994年〜96年にかけて、地域限定で放送されたソニーミュージック系の販促ドラマ企画。表題の数字は放送地域の市外局番。HTBでは、「チャイナ飯店」（94年）など計6作を放送。

自社制作ネットドラマ「黒い瞳」の教訓

　ＭＭＪと組んだネットドラマ四作品では、途中で演出がＨＴＢから東京の監督に替わるといった大きな混乱もあった。それでも林亮一らＨＴＢのスタッフは、九九年のネットドラマ第五作「黒い瞳」（原作＝藤堂志津子、脚本＝木村由加子、Ｐ＝林亮一、四宮康雅、安井ひろみ、Ｄ＝多田健）で、ようやく本当の意味での自社制作を実現させる。といっても、これがまた揉め事の連続だった。

　四宮康雅「林から手伝ってくれと言われ、実質的にはＡＰだったんですが気がつくと、自分たちで本をつくれない、つまり脚本家をブッキングできない。自分たちでキャスティングもできない。それはそうですよね。ＭＭＪさんがやっていたのだから。それで、札幌在住の直木賞作家・藤堂志津子先生の原作権管理をされていた東京のフリープロデューサーに入ってもらって、林が選んだ短編を原作にして始めたのですが……」

　四宮はこうして、「黒い瞳」でプロデューサーを初体験する。しかし、彼は多田のように早くから現場に入っていたわけではない。最初にドラマに関わったのは九八年のことで、編成・企画センターの広報担当として、「北海道の風」シリーズの第三作「６Ａ」（Ｐ＝林亮一、Ｄ＝多田健、九八年）の宣材写真を撮ってからである。そして、同年のネットドラマ第四作「ここではない何処か」では、系列各局の番宣素材として、主演・石田ゆり子に密着したドキュメンタリータッチのメイキングまでつくる。

　プロデューサーの林は、「メイキングまでつくってくれるのか」と驚いたが、ドキュメンタリーを得意とする四宮ならではの広報活動と言っていいだろう。林が次のプロデューサーに四宮を指名したのも、そういったクリエイティブな活動を評価してのことだ。

　話を「黒い瞳」に戻せば、いくら自社制作といっても、原作権ありきのドラマづくりでは問題が生じないわけがない。これは異母姉妹（清水美沙、遠山景織子）の恋をめぐる葛藤を描くものだが、まずその本づくりで衝突が始まる。

　四宮「脚本づくりで揉めたんですよ。林にも、僕にも、演出で全国デビューした多田君にとっても、わからない本だったんですよ。でも、脚本家もキャスティングもお願いした安井さんは『これが原作の世界でしょ』と言う……それに、『黒い瞳』はドラマの半分以上がマンションの室内なんです。なんで北海道で、すてきな景色がいっぱいあるのに、マンションのなかで異母姉妹の駆け引きを描く心理劇が自社制作のドラマなんだ！って、少なくとも僕は納得出来ませんでした」

多田健「清水美沙さんという大物役者を撮るために、本を直す直さないという話になるわけですね。僕が監督をするんだけど、清水さんだけの物語になっていてこの本では共感が得られないと言って、東京のプロデューサーと対立したんですね。で、僕が駆け出しの監督でもあり、第一作でもあったので、キャスティングしてくれたほうの言い分で撮るっていうことになって……」

ＨＴＢドラマの嚆矢「ひかりのまち」の誕生

二〇〇〇年に放送された自社制作ネットドラマ第二作、ＨＴＢスペシャルドラマ「ひかりのまち」（Ｐ＝四宮康雅、脚本＝遠藤彩見、Ｄ＝多田健）は、ＨＴＢドラマ史のエポックと言ってもいい。その透き通った函館の町と若い女子高生の描写は今でも爽やかに思い出される。

私立の女子高生・倉島由子（尾野真千子）は、成績はいいのに将来何をしたらいいのかに迷っている。これは、そんな由子が福祉センターで働く母（風吹ジュン）を手伝って、独り暮らしの老人（すまけい）に食事を届けて触れ合ううちに、大切な何かに気づいていく物語である。

四宮泰雅「《林亮一からPを引き継いだとき》北海道からドラマをつくる意味は一体何なんだろう？ということをまず考えました。マンションのなかでシーンの半分ぐらいが進むようなものは、いくら優れていても北海道がつくるべきドラマではない。北海道の風景のなかで、そこに生きている人々の物語を描くのが、地方局がドラマという総合芸術に挑む唯一の理由なんじゃないか。それでないと地方局がドラマをつくる意味はないと……」

女子高生を演じる尾野真千子の初々しさ、その尾野が明るい陽射しのなかを自転車で走り抜けるまぶしさ、そして函館ドッグが見える埠頭で少女と老人が語り合う健やかさ。このドラマはタイトル通りすべてが「ひかり」に包まれている。確かにここには、四宮が「黒い瞳」で果たせなかったこだわり、北海道の風景とそこに生きる者の物語が、若々しいタッチでとらえられている。

四宮「北海道で生きている人々の物語を描くのであれば、オリジナルでなければならない。ということで、ネットドラマということも考えて北海道といえば、札幌ではなく函館だろうと。エキゾチックで坂道もあるし。まず函館でやるって決めて、自分で取材に行きました」

「そのときローカル雑誌みたいなもので、独居高齢者向けの宅食サービスがあるという話を知って。それで、函館の有名な坂道から海を見ながら、主人公は女子高生がいいなと思って、原案とシノプシスを書いたんです。そのシノプシスに沿って、遠藤彩見さんとシナハンをして本をつくりました。僕のプロデュースはいつもそういう方法でやっています」

四宮が「黒い瞳」で得た教訓は、〝北海道の風景のなかで、そこに生きる人々の物語を描く〟だけではない。そうするためには、〝オリジナルでなければならない〟という原則も導き出している。しかもその二つを、自らが取材して原案をつくるという形で貫いている。HBCはディレクターシステムで、「風土と人間のドラマ」の数々を残してきた。HTBはそれを、極めてクリエイティブなプロデューサーシステムで実践したのである。

ドラマ制作の一新はそれだけではない。四宮はプロデューサーを引き受ける際、制作チームの一新も条件としている。「黒い瞳」などで、多田健が大物女優やベテランカメラマンに気圧される姿を見ていて、彼が演出しやすい環境をつくらなければ、と思ったのだ。「ひかりのまち」がその風土と人間を伸びやかに描き得たのも、そういった演出環境あってのことだろう。

多田健「最初から、それを意識していたかどうかは定かではないんですけど、北海道映像のようなものをつくりたいという思いはありました。『北の国から』でも、東芝日曜劇場のHBC流でもないような、今の九〇年代から二〇〇〇年代にかけての何かが出来ないか！ってことはすごく思っていて、いつかHTBカラーを！と」

「僕らはHBCの守分寿男さん世代と違って、高度経済成長下のなかで、ある程度食べ物がきちんとあって、エネルギーもきちんとあるので、凍死するかもしれない危険のなかでは育っていない。そういうのがすごく大きいと思いますね。だから、《旧世代には》生ぬるい演出って言われるかもしれませんが、自分たちにとってのリアルは何か？ということをいつも考えていました」

かつてのHBCドラマは、北海道の厳しい自然とそこに生きる者の営みを深々と描いていた。それに対して、二〇〇〇年のHTBスペシャルドラマ「ひかりのまち」は、北海道の経済的疲弊を見つめながらも、そこに生きる者の希望を北海道のさわやかな風のなかに灯した、と言っていいだろう。

そしてそれがＨＴＢスペシャルドラマの世界、さびれゆく町のなかに射す一筋の光の物語になっていく。

最後まで続けたＨＴＢドラマへの挑戦

こうしてＨＴＢのスペシャルドラマ（ネットドラマ）は、「ひかりのまち」から「うみのほたる」（脚本＝鄭義信、主演＝小澤征悦、蟹江敬三、〇五年）まで、そのべたつくところのない風土と人間の描写が高く評価され、毎年、芸術祭賞、日本民間放送連盟賞、ギャラクシー賞などを受賞し続ける。しかし、このＨＴＢドラマの全国ネットも「うみのほたる」をもって打ち切られる。

それでも、ＨＴＢは経営トップ自らが「ドラマの灯を消すなと！」と、翌〇六年の「大麦畑でつかまえて」（Ｐ＝四宮康雅、脚本＝前川洋一、Ｄ＝多田健、主演＝大泉洋、〇六年、芸術祭賞優秀賞ほか）から、一四年の「ＵＢＡＳＵＴＥ」（Ｐ＝数浜照吾、脚本・演出＝海野祐至、主演＝大和田健介、波瑠、一四年、東京ドラマアウォード・ローカルドラマ賞）まで大赤字を覚悟で、番組販売という形で全国発信をはかろうとする。


林亮一（当時、取締役編成担当）「番組販売をやっても番販の収入なんてお涙金ですから、全国ネットが駄目になったときにやめようという判断もあった。だけどうちの会社は、それでも続けると。これはトップ判断ですね。そのなかで、藤村忠寿らがやった『ミエルヒ』なんかが生まれたんです。そして、『ドラマのＨＴＢ』の看板を下ろしたくないと、収支だけで判断しないで何か新しい取り組みはないかと模索を続けたんですが……」

ＨＴＢの嬉野雅道と藤村忠寿は、全国的に大ヒットしたバラエティ「水曜どうでしょう」の名物ディレクターだった。そんな彼らがドラマに参入して、「歓喜の歌」（Ｐ＝四宮康雅、嬉野雅道、原作＝立川志の輔、脚本＝鄭義信、Ｄ＝藤村忠寿、主演＝大泉洋、〇八年、独ワールドメディアフェスティバル金賞）と、「ミエルヒ」（Ｐ＝嬉野雅道、福屋渉、脚本＝青木豪、Ｄ＝藤村忠寿、主演＝安田顕、〇九年、芸術祭賞優秀賞）で高い評価を得る。

つまり全国ネット打ち切り後にも、四宮、多田に続くドラマ制作者が現れていたのである。

しかし二〇一六年度になると、ぎりぎりの状態で続けてきたＨＴＢドラマスペシャルの予算も、深夜番組の充実という名目で深夜バラエティに合体させられて消えてしまう。それでも深夜番組枠で、「ＵＢＡＳＵＴＥ」の海野祐至（企画・脚本・演出）がショートドラマを手がけるなど、ドラマの火種をなんとか残そうとする。

林亮一「残念だけど、地方局ドラマの次のステップにつながるようにいろいろと模索する時期かも知れない。表現の場は昔と違ってテレビだけではないし、新しいやり方が出てくる可能性もある」

取材当時（二〇一六年）、林はそう言って、「ドラマという総合芸術の魅力に惹かれ、情熱をもってつくりたい人がいないと駄目ですが」と続けた。実際、それから三年後（二〇一九年）、ＨＴＢは開局50周年ドラマ「チャンネルはそのまま！」を、配信系とのコラボで全国展開へともっていっている。

Ｎｅｔｆｌｉｘでの先行配信、県域放送（北海道ブロック）、テレビ朝日系ネットがそれで、スタッフには初期Ｄの多田健（Ｐ）、後期Ｐ、Ｄの嬉野雅道（Ｐ）、藤村忠寿（監督）らが名を連ねている。また、お馬鹿な新人記者（芳根京子）をヒロインとするテレビ批評コメディが評価され、日本民間放送連盟賞グランプリを受賞してもいる。（原作＝佐々木倫子、脚本＝森ハヤシ、総監督＝本広克行、エグゼクティブＰ＝福屋渉）

《証言者プロフィール》

林亮一　1951年札幌市生まれ。74年小樽商科大学卒業、北海道テレビ放送（HTB）入社。放送部、総務部を経て、82年に制作部へ異動し「派手〜ずナイト」などを担当（チーフディレクター）。95年に編成部ドラマ担当プロデューサーとなり、同年にローカルドラマ「北海道の風」とシリーズ『立花さんちの朝』、96年にネットドラマ「約束の街・札幌」を立ち上げる。HTBドラマのパイオニアで、初期のローカルドラマ3作、ネットドラマ4作すべてをプロデュース。99年の「黒い瞳」で、四宮康雅をプロデューサーに、多田健をディレクターに抜擢し、HTBドラマの世代交代を進める。その後、制作部長、編成部長、取締役編成戦略局長兼編成担当（06年）を歴任し、15年に退職。現在、株式会社「トップシーン」常務取締役、プロデューサー。2016年4月15日インタビュー

四宮康雅　1957年大阪生まれ。81年北海道大学卒業、日本テレビ入社。番組制作部ディレクター、報道記者、「NNN　きょうの出来事」の企画ディレクターを経て、91年に北海道テレビ放送（HTB）に転職。報道記者、ニュース編集長を経て、93年から人間ビジョンスペシャルで大型ドキュメンタリー3作を制作。98年に編成・企画センターの広報宣伝担当としてドラマに関わり、1999年の「黒い瞳」でプロデューサーデビュー。多田健（D）とのコンビで、「ひかりのまち」（2000年）、「夏の約束」（02年）「六月のさくら」（04年）、「うみのほたる」（05年）などのネットドラマ計7作、ローカルドラマ「大麦畑でつかまえて」（06年）などを制作。コンテンツ事業室プロデューサー、番組審議会事務局長を歴任。定年となった2018年以降も、HTB・CSR広報室で社史の編纂などに従事している。2016年4月15日インタビュー

多田健　1966年北海道北見市生まれ。91年一橋大学卒業、北海道テレビ放送（HTB）入社。制作部に配属されパブリシティ番組「週刊NANだ！ CANだ！」を担当。94年、情報番組を担当しながら、エリアコードドラマに参加。95年より、ローカルドラマ「北海道の風」シリーズ、こどもドラマ「なまらキッズ」シリーズ、MMJと組んだネットドラマなどのAD、Dを勤め、96年の「黒い瞳」でネットドラマ演出デビュー。四宮Pと組んで、「ひかりのまち」（2000年）から「うみのほたる」（05年）までのネットドラマ計7作、番組販売ドラマ「大麦畑でつかまえて」（06年）、「そらぷち」（07年）を演出。その後はPとして「別に普通の恋」（13年）、「チャンネルはそのまま！」（19年）を制作する。東京支社編成業務部部長を経て、現在、本社編成局総合制作部部長。2016年5月19日インタビュー

テレ朝ドラマの多様化史（一九七〇～二〇一〇年代）

作家性を生かしたドラマへの決断

～「時は立ちどまらない」と「ドクターX」への軌跡～

テレ朝ドラマ、多様化への軌跡

テレビ朝日のドラマというと、どうしても刑事ドラマや推理サスペンスがイメージされる。

実際、「相棒」（season21、二〇〇〇～二二年）、「科捜研の女」（同22、一九九九～二〇二二年）、「警視庁捜査一課9係」（同12、二〇〇六～一七年）、続編「特捜9」（同5、一八～二二年）などの長寿シリーズは、その刑事・サスペンス路線の安定感を如実に物語っている。

またこの他にも、「遺留捜査」（同7、一一～二二年）、「刑事7人」（同8、一五～二二年）なども人気シリーズとなり、シリーズ化には至らなかったが「臨場」（二〇〇九、一〇年）も見応えのあるサスペンスであった。

しかし、これだけ刑事ドラマや推理サスペンスが並び、しかも午後の時間帯に「科捜研の女」や「相棒」の再放送が繰り返されると、さすがにうんざりしてくる。一時はプライムタイムの「相棒」さえも見たくなくなるほどであった。

もちろん、「相棒」（P＝桑田潔ほか、監督＝和泉聖治ほか、脚本＝輿水泰弘ほか、製作会社＝東映）などは、完成度の高い刑事ドラマである。杉下右京（水谷豊）と亀山薫（寺脇康文）の初代バディ以来、そのしっかりとしたドラマづくりはほとんどはずれがない。権力腐敗への告発や裁判員制度等々の社会ドラマと、普通の人間の狂気といった人間ドラマを、交互に見せていくシリーズ構成にも抜かりがない。

だからこそ、そういった質の高さがあるからこそ、テレビ朝日のドラマには刑事・サスペンスの色がつきまとう。では、その間につくられたそれ以外のドラマはどうだったのか。「相棒」だけがすべてだったのか。

そうではない。たとえば山田太一の「時は立ちどまらない」（CP＝五十嵐文郎、P＝内山聖子、二〇一四年）、「五年目のひとり」（CP＝五十嵐文郎、GP＝内山聖子、一六年）、といった3・11後を描いたものもある。また、「時効警察」（CP＝黒田徹也、脚本・監督＝三木聡ほか、主演＝オダギリジョー、〇六年）、「ドクターX～外科医・大門未知子～」（脚本＝中園ミホ、GP＝内山聖子、主演＝米倉涼子、一二年～）など、ひねりの効いた切れ味のいいエンタテインメントにも事欠かない。

特に二〇〇〇年代以降には、そういった脚本家や演出家の個性を生かしたドラマ群、〝もうひとつのドラマ〟が増えている。

では、そういったテレビ朝日ドラマの多様化は、どのような挑戦と試行錯誤の下にもたらされたのか。その軌跡を、七〇年代後半の二時間ドラマ枠「土曜ワイド劇場」の創設（七七年）から、二〇〇〇年代以降の作家性を重視した〝もうひとつのドラマ〟へと辿ってみたい。

邦画テレフィーチャーへの挑戦〜「土曜ワイド劇場」の誕生〜

高橋浩「テレビ朝日はどっちかというと、〝先行逃げきれない型〟なんですね。新しいことをやって、他の局が真似して、結局そっちのほうが上回る。『木島則夫モーニングショー』《一九六四〜六八年》もそうだし、『アフタヌーンショー』《六五〜八五年》もそう。だからそういう意味では、新しいことをやっていいという社風がありました。若手でも企画を出せば通るといったところがあって、僕も入った年に企画書が通りました」

高橋浩は、一九六六年にＮＥＴ（現テレビ朝日）に入社。まず、外画部で「日曜洋画劇場」（六七年〜）の作品購入に携わる。そして編成に異動して、「土曜ワイド劇場」（七七〜二〇一七年）を皮切りに、「ドラえもん」（七九年〜）や「クレヨンしんちゃん」（九〇年〜）など、数々の注目作、ヒット作をスタートさせた。

その高橋が言うように、テレビ朝日には「逃げきれない」はともかく、テレビの編成制作史に大きな影響をもたらした番組が幾つかある。

報道でいえば、「木島則夫モーニングショー」（六四〜六八年）、「ニュースステーション」（一九八五〜二〇〇四年）、「朝まで生テレビ！」（八七年〜）、「サンデープロジェクト」（八九〜二〇一〇年）などがそれである。なかでも、「木島則夫モーニングショー」と「ニュースステーション」が特筆され、前者は日本のニュースショー、ワイドショーの草分けで、後者はその本格的な始動と言える。

テレビドラマはどうか。ここではなんといっても、二時間ドラマ枠の嚆矢「土曜ワイド劇場」の創設（七七年）と、アメリカのミニシリーズ「ルーツ」の八夜連続編成（七九年）のインパクトが大きい。

まず「土曜ワイド劇場」だが、これは高橋が「日曜洋画劇場」の作品購入（六八〜七五年）で感じた危機感と、〝テレフィーチャー時代の到来〟への予感が発想の原点になっている。

高橋「『日曜洋画劇場』もテレビ朝日が最初だったんですが、やっぱり他局が真似をするわけですよね。そうすると、最初は自由に購入出来ていたのが出来なくなってくる。そういうわけで、欧米の未公開映画に手をつけたんですが、それも段々駄目になって。そこで、NBCがユニバーサルと組んで始めたテレフィーチャー枠『ワールド・プレミア』に注目して、『大空港』《七二年放送》とか、そういうものを買って放映したんですね」

六〇年代後半から七〇年代にかけて、各局はテレビ朝日の後を追うように、東京12チャンネル（現テレビ東京）「木曜洋画劇場」（六八年開始）、TBS「月曜ロードショー」（六九年）、フジテレビ「ゴールデン洋画劇場」（七一年）、日本テレビ「水曜ロードショー」（七二年）等々、洋画放映枠を次々に開設している。高橋の言うように、これでは数字の取れる映画は底をついてくる。

そこで高橋は、アメリカの芸能情報紙『Variety』などを読んで、これからはテレフィーチャーのいいものがどんどん出てくると確信し、社内にその購入を説得する。ちなみに、〝テレフィーチャー〟は彼のネーミングで、テレビ局が制作する長編劇映画のことである。

やがて、高橋は社内説得の間に、スティーブン・スピルバーグが二五歳のときにつくったテレビ映画『DUEL《激突！》』（NBC、ユニバーサル）に出合って衝撃を受ける。そしてそれを買い付け、「日曜洋画劇場」で放映し二二・一％の視聴率を記録する（七五年）。

平凡なサラリーマンが、大型タンクローリーを強引に追い越したために、執拗に追跡される恐怖のカーチェイス映画である。セリフなどはほとんどなくタンクローリーの追跡だけが延々と続く。今まで何度も見ているが、その不気味さは半端ではない。

結局、この「激突！」が決め手となって、テレフィーチャーへの社内意識が一気に高まる。そして、高橋は外画部から編成開発部に異動し（七五年）、邦画テレフィーチャー実現に向けて動き出す。やがて日本にも、アメリカのようにテレフィーチャーの時代が来る。そう信じてのことだったが社内説得は容易ではなかった。

高橋「国産テレフィーチャーが必要だということを、編成局長の斎藤安代さんに話して理解してもらったんですが、その上のレベルでお金がかかるから駄目だ！と。それに、テレビ朝日には東映から来た人が多く、お前らテレビマンに映画なんかつくれるか！っていうのがあって。やっぱり、東映のプライドがあるんですね。それでも担当局長の田中亮吉さん、この方は『東芝日曜劇場』をＴＢＳで立ち上げられた方なんですが、その田中さんが説得の場を何度も設けてくれて、ようやく「やれ！」ということになって、編成開発部は全部「土曜ワイド劇場」班になって始まったんです」

こうして一九七七年七月、編成局の上司・斎藤安代、田中亮吉らのバックアップを得て、その第一作「田舎刑事　時間よ、とまれ」（Ｐ＝中山和記、脚本＝早坂暁、監督＝橋本信也、制作会社＝テレパック）がスタートする。

大分県・日田市警察署の刑事・杉山松次郎（渥美清）が、一五年前の殺人事件の犯人・国崎（小林桂樹）を追って上京。今は顔を名前も変わった国崎の所在を突き止め逮捕する。これはそんな田舎刑事の執念のなかに、戦争が人間にもたらした癒えることない傷を抉って高い評価を得た。（芸術祭優秀賞）

この早坂暁脚本、渥美清主演の田舎刑事シリーズは続く七八年の「旅路の果て」、七九年の「まぼろしの特攻隊」と計三作がつくられる。

「土曜ワイド劇場」といえば、後年のサスペンス路線や混浴等々のショーアップが強くイメージされる。しかしそれは、人間の修羅を深々と抉る早坂暁作品から始まっていたのである。そういった深みのある人間ドラマという意味で、七九年の土曜ワイド劇場「戦後最大の誘拐・吉展ちゃん事件」も忘れてはならない。

「戦後最大の誘拐　吉展ちゃん事件」の衝撃

土曜ワイド劇場は、「時間よ、とまれ」の後、森村誠一、江戸川乱歩、横溝正史、松本清張、赤川次郎、海外作家らのミステリーが主になっていく。そして七九年四月からは、それまでの九〇分枠が二時間枠に拡大され、それに伴って視聴率的な人気も高まっていく。

たとえば先の原作者のうちでいえば、〝江戸川乱歩の美女シリーズ〟天知茂編（Ｐ＝佐々木孟、脚本＝宮川一郎ほか、監督＝井上梅次ほか、製作会社＝松竹、七七〜八五年）が、八〇年代半ばに二〇％台の視聴率を連発した。（最高視聴率は、最終回『黒真珠の美女』《主演＝岡江久美子、八五年》の二六・三％）

こうして、当初のラインナップを見てみると、やはりミステリーやサスペンスのほうが圧倒的に多い。だから、そういった娯楽路線のなかにあっては、第九八回の実録犯罪シリーズ「戦後最大の誘拐　吉展ちゃん事件」（Ｐ

＝福富哲、原作＝本田靖春、脚本＝柴英三郎、監督＝恩地日出夫、製作会社＝S．H．P．七九年）は、シリアス過ぎるほどにシリアスな異色作である。実際、この企画には社内の反対が強かったという。

高橋浩「プロデューサーの福富哲さんが、みんなが反対しているから読んでみてくれって言うので、読んで『いいじゃないか』と思ったんですが……『土曜ワイド』の連中は、僕が道筋をつけたからだいたいのことは聞いてくれるんですが、このときはみんな反対でしたね。それで、編成部長の小田久栄門さんの了解を取って、『土曜ワイド』を休んで特番として「吉展ちゃん事件」をやりたいと言ったら、『土曜ワイド』のみんながそれじゃあしょうがない、冠をつけていいということになったんです」

一九六三年、東京・下谷で起きた幼児誘拐事件を題材とする本田靖春のノンフィクション、『誘拐』を原作とするドキュメンタリードラマである。

この事件の犯人・小原保は、福島県の貧村に生まれた足の悪い男で、上京して時計職人として働いていた。しかし、借金まみれになって営利誘拐を思いつく。そして、四歳の男の子・吉展ちゃんを殺害した上で、身代金を要求し五〇万円を奪って逃走する。

事件の概要はそういったところだが、恩地日出夫が撮ったのは、その捜査過程のサスペンスでもなければ、犯人の家族がどうこうといった二時間ドラマ風なお約束でもない。どうしようもないほどにちっぽけな男・小原保（泉谷しげる）の堕ちていく姿である。恩地はそれをドキュメンタリータッチで、暗く冷え冷えとしたトーンのなかに凝視する。そうすることで、高度経済成長下で壊れていく者の悲哀を体感させようとした。

結果、このどうしようもなく暗い作品が視聴率二六％を記録し、芸術祭優秀賞などを受賞する。

恩地日出夫は、七〇年代にドキュメンタリーに傾倒した監督である。そういった作品歴からいえば、これは彼の代表作といってもいいものであり、もっと言えば〝映画〟の名にふさわしい作品である。そしてそれは、邦画テレフィーチャー「土曜ワイド劇場」を開発した高橋にとっても、そのイメージを満足させるものだった。現に、彼は「出来上がりを見たとき、『激突！』とは違ったショックを受けました」と言っている。

この高橋が受けた衝撃は、視聴率二六％と各賞の受賞といった結果を見る限り、多くの視聴者や専門家にも共有されたものだったと言っていい。もちろん、後継の制作者も例外ではない。

五十嵐文郎「私が入社した八〇年頃は、『土曜ワイド劇場』が視聴率二〇％台を連発するほど勢いがあった。なかでも印象的だったのは、私が入社する前の年の『戦後最大の誘拐・吉展ちゃん事件』ですね。それが二六％を取って、芸術祭優秀賞も取る。つまり、二時間邦画が視聴率も取れれば、良質な作品も出来る時代でした。一方、スタジオドラマは数字が悪くやがて打ち切られる。だから先輩ディレクターはほとんど仕事がなくなり、僕も邦画プロデューサーの道を選ばざるを得なかった」

五十嵐は八〇年にテレビ朝日に入社。八三年に「特捜最前線」（七七〜八七年）でプロデューサーデビュー。二〇〇〇年代に、テレビ朝日の（刑事ドラマではない）〝もうひとつのドラマ〟をつくり始める。

こう言えばうがちすぎかもしれないが、五十嵐自身が言及した「視聴率も取れれば、良質な作品も出来る時代」への思いが、どこかでそのモチベーションとして働いていたのではないだろうか。

しかし放送当時の社内には、あれは例外と冷ややかに見る向きが多かった。「土曜ワイド劇場」の勢いはやはり、先の〝江戸川乱歩の美女〟シリーズなどの娯楽作品にあり、ドキュメンタリードラマを目指す福富の姿勢とは相容れなかったからである。

このテレビドラマにとっての永遠の課題、作品性と商業性については、福富哲と当時の制作担当部長・塙淳一が後年、「テレビがジャーナリズムの一員と自負するなら、ドラマも社会と接点を持たなければいけない。数字がすべてという考え方は、どうしても納得できなかった」（福富哲）、「受け手の望むものを確実に読み取って、ドラマに反映し、それが視聴率につながる。簡単なことではないし、視聴者への迎合でもない」（塙淳一）と、それぞれの見解を語っている。①

やがて、サスペンスを基調とする「土曜ワイド劇場」からは、市原悦子の人気シリーズ「家政婦は見た！」（計二六作）が誕生。計三作つくられた「相棒」が連続ドラマ化され、二〇二二年現在Ｓｅａｓｏｎ21を数えるまでの長寿シリーズとなっている。②、③

そして、「土曜ワイド劇場」を嚆矢とする二時間ドラマ枠が、日本テレビの「木曜ゴールデンドラマ」（八〇〜九二年）、「火曜サスペンス劇場」（八一〜二〇〇五年）。フジテレビの「時代劇スペシャル」（八一〜八四年）、「月曜ドラマランド」（八三〜八七年）。ＴＢＳの「ザ・サスペンス」（八二〜八四年）へと広がっていく。

しかし、テレビ朝日自体にはその人気の一方で、五十嵐が言ったようなスタジオドラマの低迷や多様性の欠如といった負の遺産が残っていく。

①読売新聞芸能部編「土曜ワイド劇場」『テレビドラマの40年』日本放送出版協会、1994年、PP．272〜273
②「家政婦は見た！」シリーズ（1983〜2008年）。P＝塙淳一、関拓也ほか、原作＝松本清張、脚本＝柴英三郎、監督＝富本壮吉、製作会社＝大映。
③土曜ワイド劇場「相棒」（2000〜01年）。P＝松本基弘、脚本＝輿水泰弘、監督＝和泉聖治、主演＝水谷豊、寺脇康文、製作会社＝東映。

「ルーツ」八夜連続放送に始まる柔軟編成

「土曜ワイド劇場」を始めた一九七七年、テレビ朝日はもう一つの画期的な編成を行う。アメリカのミニシリーズ「ルーツ」（原作＝アレックス・ヘイリー、米・ＡＢＣ制作）の八夜連続放送である。

「土曜ワイド劇場」が二時間テレフィーチャーの先駆けだとすれば、この「ルーツ」の八夜連続編成は、ＴＢＳの三時間ドラマ「海は甦える」（原作＝江藤淳、演出＝今野勉、主演＝仲代達矢、七七年）とともに、テレビドラマの〝スペシャル化と柔軟編成〟を、その作品性において鮮烈に示すものであった。

西アフリカから奴隷として連れて来られた黒人少年、クンタ・キンテを始祖（作者自身の先祖）とする親子三代が、南北戦争を経て自由を得るまでの屈辱の歴史を語るものである。アメリカの黒人奴隷問題に真っ向から挑む意欲作で、当地では平均四四・九％という驚異的な視聴率を記録した。

ちなみに、アメリカで八夜連続編成の決断を下したのは、当時〝編成の神様〟と言われたフレッド・シルバーマン（当時、ＡＢＣプライムタイム編成統括者、ＡＢＣエンタテインメント社長）で、「ルーツ」はその編成と作品性でエミー賞九部門受賞の栄誉に輝いている。

高橋浩「黒人の歴史をやっても売れない、といった反対が多かったですね。ただ、編成局長の北代博さんが、アメリカで成功しているのならいけるんじゃないかということで、僕が全部アメリカに倣って編成をしました。古くは『日曜洋画劇場』、邦画テレフイーチャー『土曜ワイド劇場』、ミニシリーズ『ルーツ』など、テレビ朝日にはそういうのを最初に出来る社風がありましたし、『先行逃げきれない型』ですから、そうやって新しいものをやらないと……」

テレビドラマ史を辿ると、七〇年代後半のテレビ朝日には、「土曜ワイド劇場」や「ルーツ」をはじめとして、数多くの注目作や話題作、ヒット作が並んでいる。

七八年の「密約」三部構成（P＝荻野隆史、福富哲、原作＝澤地久枝、主演＝北村和夫、三船プロダクション）、「吉宗評判記　暴れん坊将軍」（P＝小澤英輔、主演＝松平健、東映）、「浮浪雲」（P＝須田雄二、主演＝渡哲也、石原プロ）。七九年の「俺はあばれはっちゃく」（P＝鍛治昇、落合兼武、主演＝吉田友紀、国際放映）、「西部警察」（P＝星裕夫、主演＝渡哲也、石原プロ）、「遠山の金さん」（P＝小澤英輔、主演＝杉良太郎、東映）などがそれで、多くを高橋浩が編成サイドで手がけている。

その高橋の話を聞いていると、そこには斎藤安代、田中亮吉、北代博といった編成トップの名前がいつも登場する。そして最後には「やっぱり大きいのは小田久栄門の力ですね。小田さんはどちらかといえば抑えつけるタイプだったけど、ちゃんと説得すると躊躇なくバックアップしてくれる……日本テレビで失敗した『ドラえもん』だって、小田さんを説得したら『やってみるか』となるわけです。相当苦労しましたけど、それが財産になっているわけですから」と念を押す。

先に、テレビ朝日の報道番組開発事例を上げたが、「木島則夫モーニングショー」（NET・報道プロデューサー時代、一九六四年開始）、「ニュースステーション」（全国朝日放送・報道局次長時代、八五年開始）などは、いずれも小田久栄門が先導している。④

テレビ番組は集団創造の結果である。もちろん、個々の編成マンの発想力や制作者の創作力がなければ始まらないが、それが陽の目を見るのは編成・制作トップのGO！あってのことだ。その意味で、組織的な創作ワークを生かすも殺すも、すべては編成・制作、さらには経営トップの力量であると言ってもいい。

④テレビ朝日株式会社の社名は、１９５８年に日本教育テレビ放送株式会社（略称ＮＥＴ）で始まり、77年に全国朝日放送株式会社（略称テレビ朝日）に改名、２００３年にテレビ朝日株式会社となる。

八〇年代、スタジオドラマの喪失と試行錯誤

これまで、テレビ朝日の七〇年代テレビドラマ開発を編成サイドから見てきたわけだが、そこで明らかなことはその多くが外注番組だったということである。

もちろん、外注作品にも局Pの意向は強く働いている。しかしその間に、局制作のスタジオドラマが後退したことは明らかである。「土曜ワイド劇場」、「吉宗評判記暴れん坊将軍」など外注テレビ邦画の人気と、「ニュースステーション」など報道番組の拡充が先に立っていたからである。

五十嵐文郎「八〇年代になると、局制作のスタジオドラマを何年かやめた時期があって、そうするとディレクターが育たない。結局、いいディレクターがいないと、プロデューサーがいくらいい企画をつくっても実現出来ない。つまり、スタジオドラマの文化が途絶えちゃったんですね。昔は『ポーラ名作劇場』とか、『ナショナルゴールデン劇場』とかがあったんですが」

八〇年代はスタジオ連続ドラマの全盛期で、TBSの「ふぞろいの林檎たち」シリーズ（八三年開始）、「金曜日の妻たちへ」シリーズ（同年開始）などが流行語を生むほどにヒットした。また八〇年代後半から九〇年代にかけては、TBSの「男女7人夏物語」（八六年）がトレンディドラマを生む一方で、長寿連続ホームドラマの「渡る世間は鬼ばかり」（九〇年～）も始まっている。そしてフジテレビでは、「抱きしめたい！」（八八年）、「東京ラブストーリー」（九一年）等々のトレンディドラマや月9の恋愛ドラマなどが一世を風靡していた。

こうした八〇～九〇年代のテレビドラマシーンを顧みると、やはりテレビ朝日にはスタジオドラマが決定的に欠けていたことがわかる。では、テレビ朝日はその欠落をどのように埋めていったのか。

一九九〇年に編成部長となった高橋浩は、そういったスタジオドラマ不在の課題を五十嵐文郎らの若手に託し、木曜ドラマ「七人の女弁護士」（P＝五十嵐文郎、東城祐司《PDS》、主演＝賀来千賀子、九一年）などの連続ドラマをつくらせる。

そしてその五十嵐と黒田徹也、内山聖子らが、経営トップの早河洋（現代表取締役会長兼CEO）に先導されて多様化を果たすのだが、その前に八〇年代のスタジオドラマ状況について少し補足しておきたい。

まず、テレビドラマ史に数々の問題作を残した連続法

廷ドラマ「判決」（木曜、二二時台）が八〇年に終了。続けて、女性向け連続ドラマ枠「ポーラ名作劇場」（六三〜七九年）の後を受けた二二時台の「月曜劇場」も八二年で幕を閉じる。さらに、向田邦子の「だいこんの花」シリーズ（七〇〜七七年）などを放った「ナショナルゴールデン劇場」（六六〜八一年）も、編成的な試行錯誤を経て八五年からは「木曜ドラマ」（二二時台）となるが、それもすぐに不定期編成となる。

まさに、スタジオドラマの総撤退といったところだが、そういった〝失われた時代〟に入社した五十嵐文郎プロデューサー（八〇年入社）は、そこから始まるスタジオドラマ再生への試行錯誤をこう明かす。

五十嵐「スタジオドラマが失われていくなかで、我々もいろいろ企画を出すんですけど、フジテレビのトレンディなドラマの後追いになったりして……何本かはいいものが出来るんだけど継続して出来ない。そういったことを重ねていくなかで、そういう後追いじゃなくて、大人向けの本格的なドラマをつくれば視聴者を獲得出来るのではないかと、大人向けドラマの体制づくりが始まったんですね」

やがて、テレビ朝日は二〇〇〇年代になって、五十嵐の言う大人向けの本格的なドラマをつくり始める。しかしそこに至る九〇年代までは、推理サスペンスや時代劇などテレビ邦画人気がつくったステーションイメージ、〝高齢者メディア〟からの脱却が一番強く意識されていた。なぜなら、フジテレビのF1向け恋愛ドラマ、いわゆる月9路線人気が他局を圧倒していたからである。

黒田徹也「ドラマの即戦力募集の広告を見て応募したのですが、ちょうどその頃、私が共同テレビでプロデュースした『白鳥麗子でございます』《フジテレビ、九三年》がヒットしていて。当時、テレビ朝日が『月曜ドラマ・イン』《九一〜二〇〇〇年》というヤングターゲットのドラマを開発しようとしていたことと、そういった実績がフィットして採用されたんでしょうね」

黒田は、九三年に共同テレビジョンから中途入社したプロデューサーだが、その採用自体がすでにそういったF1、M1向けドラマへの意識をよく表している。

ではこの間、八〇年入社の五十嵐はどのような作品からその一歩を踏み出したのか。後に彼はスタジオドラマ再生の一翼を担うことになるのだが、その第一歩はやっぱりというか、テレビ朝日が得意とするテレビ邦画の「特捜最前線」（主演＝二谷英明、製作＝東映、七七〜八七年）だった。そこでＡＰを経て八四年にプロデューサーデビューを果たすのだが、実はこのときの経験が後の成果を生むことになる。

五十嵐「最初にここに放り込まれて、むしろよかったなと思っています。要するに、本づくりから携われるんです。フィルムものは、毎週、毎週、どういうアイディアを出さなきゃいけないかとか、どういうネタでやるかとか、本直しも平均で四、五回、生原稿でやるんですね。そのときに、あっ、こういうふうに作家と向き合って話をつくるんだっていうのがわかって。だから、責任をもってやらなきゃいけない。それが数字にはね返ってきたりする、といったことが現場的な財産になりました」

二〇〇〇年代以降の五十嵐プロデュースに見られる作家主義は、このときの本づくりから始まっているのだ。

九〇年代、〝もうひとつのドラマ〟への布石

五十嵐文郎は、若者向けドラマは何本かのいい作品を除いて失敗したと言っている。が、その「何本かのいい作品」が、一九九〇年代に瑞々しいドラマを残したことも事実である。

月曜ドラマ・イン（二〇時台）の一連の岡田惠和脚本、「南くんの恋人」（企画Ｐ＝高橋浩太郎、Ｐ＝黒田徹也、主演＝高橋由美子、武田真治、九四年）、「イグアナの娘」（Ｐ＝高橋浩太郎、主演＝菅野美穂、九六年）「君の手がささやいている」（Ｐ＝黒田徹也、演出＝新城毅彦、九七年）などは、当時、おっ、テレビ朝日もやるもんだ！と感心させられたものだ。

それに、「君の手がささやいている」などは、耳の不自由な美栄子（菅野美穂）と、それを支える夫・博文（武田真治）の葛藤を繊細に丁寧に描いて、ＡＴＰ賞'98でグランプリを受賞するなどの評価を得てもいる。

黒田徹也「当時は、やっぱりフジテレビに勢いがあって、フジテレビのような若い人に受けるドラマを、がむしゃらにつくらなきゃあ！っていう思いだけでした。で、テレビ朝日自体もそこに関しては、新しい道だったので好きにやらせていただきました。異を唱えたりする人はあまりいなくて、編成、制作のセクショナリズムを超えて、ドラマの新しいジャンルとして風通しのいい仕事を、奇跡的にやらせてもらったのかもしれませんね」

この風通しのいい編成・制作風土にも注目したいところだが、ここでは当時の黒田プロデュースの多くが岡田

恵和脚本であったことに注目したい。

まず、月曜ドラマ・インのトリガーでもあった「南くんの恋人」だが、これは彼が共同テレビ時代にプロデュースした「白鳥麗子でございます」（原作＝鈴木由美子、演出＝鈴木雅之ほか、主演＝松雪泰子）での出会いがあって生まれたものである。加えて企画の高橋浩太郎である。黒田は「高橋浩太郎さんという非常に企画力のある、ユニークな発想をもっている人と組ませてもらったことも《岡田恵和路線の開発には》大きかった」と言う。

一方、フィルムのほうにいた五十嵐プロデューサーも、九〇年代になるとその頃に台頭してきた若手作家を次々に起用している。九七年「いとしの未来ちゃん」の片岡K（脚本・演出）、九八年「幻想ミッドナイト」の飯田譲治（脚本・演出）、九九年「プリズンホテル」の堤幸彦（監督）らがそれである。

九〇年代前半、片岡Kは、フジテレビ深夜の「音効さん」（九三～九四年）などの非日常的な映像感覚で。飯田譲治はテレビの生理に抗うような「NIGHT HEAD」（九二～九三年）で。堤幸彦は「金田一少年の事件簿」（日本テレビ、九五年）の意外性に富む映像表現で、一躍注目された新人作家である。

しかし五十嵐は、「こういうクリエイターで、おもしろいものをと思ったんですが、『プリズンホテル』なども土曜二〇時台で数字が悪くて」と、そういった新人作家の起用がうまくいかなかったと明かす。

九〇年代、テレビ朝日はこうした挑戦や試行錯誤をしながら、そのドラマづくりの大きな転機を迎える。

五十嵐文郎「早河洋さんが九六年に編成局長になったとき、編成に呼ばれてドラマを担当したんです。そのとき、スタジオドラマが失われた何年かを取り戻すためには、よいつくり手と組んで、他局が出来ないような作品をつくらなければ駄目だ！と言われて。そのとき僕らが頼ったのが鶴橋康夫さんや石橋冠さん、山田太一先生で、そこから本格的なドラマづくりを始めたんです」

やがて二〇〇〇年代に入ると、テレビ朝日は五十嵐があげたような作家たちと、大人向けの本格的なドラマづくりを始める。その第一弾が、九九年の「兄弟」（P＝大山勝美、堀川とんこう《KAZUMO》、一杉文夫、原作＝なかにし礼、脚本＝竹山洋、演出＝石橋冠、主演＝ビートたけし）である。

五十嵐「僕はどっちかというとフィルム系の人間だったんですが、結局、評価が高くなるのはやっぱりいいスタジオドラマをつくったときなんですね。『兄弟』は私じゃないんですけど、大山さん、堀川さん、石橋さん、竹山さんらの企画、プロデュース、演出、脚本で、日本民間放送連盟賞優秀などをいただき、視聴率も二五%ぐらい取ったんですね」

ドラマづくりは作家やスタッフとの関係のなかから生まれるものである。テレビ朝日の二〇〇〇年代は、この作品での堀川とんこう、石橋冠、ビートたけしらとの出会いから始まったと言ってもいい。

事実、五十嵐は、このときのビートたけしと石橋冠で、「菊次郎とさき」（原作＝ビートたけし、脚本＝松原敏春、〇一年）、「張込み」（原作＝松本清張、脚本＝矢島正雄、〇二年）を立て続けにつくる。そして、そういった作家たちと組んだ作品が、テレビ朝日の〝もうひとつのドラマ〟シーンを豊かにしていく。

二〇〇〇年代、作家性を生かしての再生

五十嵐文郎「『菊次郎とさき』は私がやりたいなと思っていた企画で、ＮＨＫの『たけしくん、ハイ！』《原作＝ビートたけし、一九八五年》がおもしろかったので、そういうものをもう一回出来ないかと、オフィス北野の森《昌行》社長に話をして、小説をゲラの段階で押さえて。それで、『兄弟』で主演のたけしさんと深い信頼関係を築かれた石橋冠さんに相談してつくることに」

結果として、この「菊次郎とさき」が次の「張込み」を成立させ、テレビ朝日とたけし、石橋冠の信頼関係が培われていく。そして先の「兄弟」が起点となって、当時、取締役・編成制作本部長となった早河洋（現会長）が、二〇〇〇年代のテレ朝ドラマを先導していく。早河は、久米宏の「ニュースステーション」（八五年開始）の初代プロデューサーだったが、九九年以降はドラマにも積極的に関わるようになっていた。

実際、「流転の王妃」（ＣＰ＝五十嵐文郎、〇三年）、「それからの日々」（企画＝岩永恵、ＣＰ＝五十嵐文郎、〇四年）、「砦なき者」（Ｐ＝黒田徹也、同年）「天国と地獄」（ＣＰ＝五十嵐文郎、Ｐ＝黒田徹也、〇七年）といった作品は、早河が制作統括として企画を実現させている。

五十嵐「僕はこれには関わっていないんですけど、野沢尚さんが最後に書いた『砦なき者』は、鶴橋康夫さんが持ち込んできて、早河洋さんと岩永恵さんが是非やろ

うと言って、早河・制作統括、岩永・企画、黒田Pでつくったんですが、そういった強い思いのあるものがやっぱり評価されるんですね」

黒田徹也「『砦なき者』は、当時、編成制作局長だった早河常務《現会長》が、テレビ朝日のドラマはこういう濃密で重厚なものを、作家性の高いものをやるべきなんだ！と英断して出来たものなんです。早河さんはそうやって、我々がおっかなびっくりでやろうとしている未知の分野への挑戦を支えてくれました」

野沢尚の遺作「砦なき者」は、テレビが生んだ化け物・八尋（妻夫木聡）が報道被害を捏造して、キャスターの長坂（役所広司）を陥れる物語である。

テレビが語り継ぐべきことを語り継がず、視聴者も快楽だけでそれを消費する。演出の鶴橋康夫はそういったテレビの今を、スタジオの長坂にモニターの長坂を重ねて、テレビという虚構の砦を映し出す。そしてそこに、八尋と長坂の真逆な父への想いを重ねる。

そうやって最後に、「多くは望まない。私を見届けてくれないだろうか。そして考えてくれないだろうか」と語りかける。この野沢のテレビへの痛恨な思いと、それを温もりをもって見せた鶴橋の演出が、どれほどテレビの現在を撃っていたことか。

五十嵐の作品に戻れば、「張込み」をプロデュースした翌二〇〇三年、二夜連続の「流転の王妃～最後の皇帝」（脚本＝龍居由佳里、演出＝藤田明二）で、ラストエンペラー・溥儀の弟、愛新覚羅溥傑（竹野内豊）と、その日本人妻・浩（常盤貴子）の夫婦愛を描いて、エランドール賞を受賞する。日中の動乱を背景に、竹野内が演じる妻への情愛、関東軍への屈辱と憎悪、兄・博儀への愛憎が心を打つ大作である。

そして以降、「それからの日々」（作＝山田太一、〇四年）、「天国と地獄」（P＝黒田徹也、原作＝黒澤明、監督＝鶴橋康夫、〇七年）、「警官の血」（P＝同、脚本・監督＝鶴橋康夫、〇九年）、「刑事一代」（監督＝石橋冠、〇九年）、「時は立ちどまらない」（GP＝内山聖子、作＝山田太一、監督＝堀川とんこう、一四年）、「五年目のひとり」（GP＝同、作＝同、演出＝同、一六年）など、重厚で濃密なドラマの数々をCPとして手がける。

これらの作品は語り出したら切りがない。そこでここでは、「それからの日々」から「時は立ちどまらない」、「五年目のひとり」へと続く、山田太一作品に限ってその経緯を述べてみたい。

五十嵐「二〇一一年の三・一一があったときに、これだけの震災があって、震災のドラマをつくらないというのは……と早河さんに言ったら、『震災で大変な思いをしている人たちがいるのに、それをすぐドラマにするというのは……三年待て！』と。山田先生も『すぐには書けない』とおっしゃる。それで、三年後の二〇一四年にやることになったんですね」

五十嵐プロデューサーの山田太一作品は、リストラされた家族の葛藤を描く「それからの日々」（演出＝深町幸男、主演＝松本幸四郎）から、東日本大震災のその後を描く「時は立ちどまらない」へと結ばれる。そしてその五十嵐文郎の下で、八八年入社の内山聖子がそれらを受け継いでいく。いつの時代も、良質な作品は次の世代に大きな刺激をもたらすものだが、この山田太一作品のケースも例外ではない。

実際、内山自身も「時は立ちどまらない」と「ドクターX〜外科医・大門未知子〜」（一二年〜）が、私の仕事の二つのエンジンになっていると言う。

内山聖子「山田太一さんの作品は、山田さんと大先輩の岩永恵さんの信頼関係から始まったもので、それを五十嵐さんが引き継いで私がその後につかせて頂いて……『時は立ちどまらない』は山田太一さんと五十嵐さんと私でお話をさせて頂いて、山田さんのほうから企画が出てきたんですが、これは入り口から出口までびっちり、一緒に取材にも行き、意見も聞いてもらったりして、深くやらせてもらいました」

「時は立ちどまらない」は、東日本大震災で被災した漁師の浜口克己一家（柳葉敏郎ほか）と、高台に住んでいて被災を免れた信用金庫勤務の西郷良介一家（中井貴一ほか）の葛藤を通して、震災が人の心に残したものを見つめるドラマである。当時は、絆とか互助とかがよく口にされた。この作品は、克己と良介の中学時代からのわだかまり（感情）も含めて、そういった言葉では語り切れないものを深々と描いて、震災の外に在った者にもさまざまな思いをもたらした。

ちなみに、二〇〇〇年代のテレビ朝日ドラマを語るとき、必ず出てくる岩永恵（六八年入社）は、山田太一とテレビ朝日の信頼関係を築いたプロデューサーで、「終りに見た街」（八二年）など、七〇年代後半以降の山田作品を一手にプロデュースしていた。（一五年逝去）

二〇〇〇年代の作家性の強い作品はどれも各賞で高く評価されている。そして、そのうちの「流転の王妃」

（二五％）、「それからの日々」（二〇・九％）、「天国と地獄」（二〇・九％）などは多くの視聴者の支持も得ている。かつて、「戦後最大の誘拐―吉展ちゃん事件―」（七九年）は、良質な作品は視聴率も取れることを証明した。それは二〇〇〇年代にも言えることだった。

〝もうひとつのドラマ〟の二つの顔

五十嵐の二〇〇〇年代以降の作品は、どちらかといえば重厚な社会派作品や濃密な人間ドラマが多い。一方、後輩の黒田徹也と内山聖子には、そういったもの以外にも軽快に楽しめるエンタテインメントがある。

たとえば黒田作品でいえば、金曜ナイトドラマの「特命係長　只野仁」（主演＝高橋克典、〇三年）、「スカイハイ」（主演＝釈由美子、同年）、「時効警察」（主演＝オダギリジョー、〇六年）などがいい例である。これらの作品には、「反乱のボヤージュ」（CP＝黒田徹也、P＝内山聖子、脚本＝野沢尚、監督＝若松節朗、主演＝渡哲也、岡田准一、〇一年）や「砦なき者」などにはないおもしろさがある。

黒田徹也「深夜というと先鋭とか作家性とかがイメージされますが、僕たちが『金曜ナイトドラマ』の初期にやっていたのは、ベタなサスペンス、ベタな昼メロのようなものを、いかに深夜で常識とかをぶち破ってやるかっていうことだったんです。『特命係長　只野仁』のように大人のお色気を楽しませるものとか、『スカイハイ』のように〝怨みの門〟の門番・イズコを描くものとか、そういったゴールデンタイムでは出来ないものをやりました」

「金曜ナイトドラマ」は二〇〇〇年に始まった深夜連続ドラマの先駆けで、二〇一〇年代に勢いづいたテレビ東京の「ドラマ24」（〇五年〜）は、「特命係長　只野仁」などに刺激されて始まったものでもある。⑤

その金曜ナイトドラマの黒田作品では、「時効警察」（脚本・監督＝三木聡ほか）のおもしろさが光る。変わり者の刑事（オダギリジョー）が、〝誰にも言いませんよカード〟を見せながら、飄々と時効が成立した事件を解決していく。そんな作家性の強いゆる〜い刑事ドラマだが、そこには黒田の次のようなセーブが働いていた。

黒田「三木聡さんという奇才とオダギリさんという奇才が合わさると、テレビの枠を超えちゃってお客さんにはわかりにくくなる。それで、何処へ行っちゃうかわからないようなものはやめよう！最もベタで当たり前の刑事ドラマ、警察官が犯人の真相を暴いて捕まえるというオーソドックスなフォーマットにして、そのなかで奇才を存分に発揮してもらうおうと」

黒田にはもう一つ、自らエポックと言うドラマがある。井上由美子にいきなり電話をして、三年の歳月をかけて実現させた「同窓会～ラブアゲイン症候群」（監督＝藤田明二、一〇年）である。四五歳の男女（三上博史、黒木瞳ほか）の恋模様を描くものだが、そこには人生半ばで自らの生き方に逡巡する者の苦悩が色濃く滲んでいる。

内山聖子では、なんといっても「ドクターX～外科医・大門未知子～」（脚本＝中園ミホ、演出＝田中直巳、松田秀知、主演＝米倉涼子、一二年～）である。

内山は、「ガラスの仮面」（主演＝安達祐実、九七年）、「つぐみへ～小さな命を忘れない～」（主演＝鶴田真由、二〇〇〇年）で、プロデューサーとしての手応えを得て、野沢尚や山田太一の作品を手がけるようになる。そしてその間に、「黒革の手帳」（脚本＝神山由美子、演出＝松田秀知、〇四年）で米倉涼子と出会う。

内山「起点は二〇〇四年の米倉涼子さんと初めてやらせて頂いた『黒革の手帳』で、これが私にとってのターニングポイントになりました。私自身、北九州出身で、松本清張の小説は全部読んでいて大好きだったということもあって、五十嵐さんから米倉涼子で連続ドラマをやるんだけど、君がやりたがっていた『黒革の手帳』をやらないかというお話を頂きまして、五十嵐さんとタッグを組んでプロデュースしました」

この米倉涼子と組んだことが「ドクターX」への流れをつくり、内山プロデューサーが企画メモを中園ミホに渡して、あの一匹狼のフリーター外科医が出来上がる。「私、失敗しないので！」と言い放って難手術をこなし、大学病院のヒエラルキーを嘲笑って斬って捨てる。内山の企画力、中園の脚本力、そして米倉が演じた上から目線のヒロイン像が、このスカッとした娯楽作品をつくり上げたと言っていいだろう。

「時は立ちどまらない」と「ドクターX」は私の仕事の二つのエンジン。内山はそう言ったが、そこには芸術か娯楽かの区別はない。「要は、おもしろいか、おもしろくないかで、そのおもしろいなかに二つの顔がある」と言う。ジャンルと質の多様化を考えるとき、この〝二つの顔〟はきわめて示唆に富む。

編成・制作トップとプロデューサーの志と決断、そして作家性を生かしたドラマづくりが、長い年月をかけてテレビ朝日ドラマのこうした多様化を質的に高めてきたと言っていいだろう。そしてそれがさらに、シルバー世代による、シルバー世代のための、シルバー世代の帯ドラマ、倉本聰の「やすらぎの郷」（CP＝五十嵐文郎、演出＝藤田明二ほか、出演＝石坂浩二、浅丘ルリ子ほか、二〇一七年）へと継承されていく。

　この「やすらぎの郷」が始まったちょうどそのとき、NHKでプロフェッショナル・仕事の流儀「いつだって、人間は面白い　脚本家・倉本聰」（二〇一七年二月六日）という番組が放送された。

　倉本聰の衰えるところのない創作欲を伝えるもので、ここではその証として二つの活動が紹介されている。富良野GROUP公演2017冬「走る」（一月一五日初演）と、四月開始の「やすらぎの郷」である。

　倉本がそれぞれの稽古で見せる激しさもそうだが、NHKがあえて他局のドラマを取り上げたことにも驚かされる。当時、八二歳の脚本家が挑む〝生と死（老い）の帯ドラマ〟と、その挑戦を受けて立つテレビ朝日の編成が、それほど注目されていたということだろう。

⑤「ドラマ24」の創設経緯については、「テレ東ドラマの番外地史」編P．161に詳述。

《証言者プロフィール》

高橋浩　1943年広島県福山市生まれ。67年上智大学文学部英文学科卒業、日本教育テレビ（NET＝現テレビ朝日）入社。編成局考査部考査課に配属され、68年に外画部に異動し、「日曜洋画劇場」などの外国映画購入を担当。編成開発部を経て、75年から編成部で編成企画に従事する。編成部長（90年）、広報局長（97年）を経て、2002年に東映アニメーションに移り、専務取締役、代表取締役社長（03～12年）、同会長、相談役を歴任。13年に退社。編成で携わった企画は、「土曜ワイド劇場」（77年）創設、「ルーツ」編成（同年）、「ドラえもん」（79年）、土曜ワイド劇場「戦後最大の誘拐　吉展ちゃん事件」（同年）、「クレヨンしんちゃん」、「セーラームーン」、「スラムダンク」、「南くんの恋人」、「7人の女弁護士」、「ミュージックステーション」（90～93年）など。2016年12月17日インタビュー

五十嵐文郎　1955年東京生まれ。80年東京大学文学部仏文科卒業、テレビ朝日入社。83年「特捜最前線」（77年開始）でプロデューサーデビュー。2003年編成制作局制作2部長。13年役員待遇エグゼクティブプロデューサー。主なプロデュース作品は、「七人の女弁護士」（91年）、「味いちもんめ」（95～98年）、「想い出かくれんぼ」（2000年）、「菊次郎とさき」（01年）、「張込み」（02年）、「アシ」（21世紀新人シナリオ大賞＝古沢良太、03年）、「流転の王妃」（同年）、山田太一ドラマスペシャル「それからの日々」（04年）、「黒革の手帳」（同年）、「弟」（同年）、「けものみち」（06年）、「点と線」（07年）、「天国と地獄」（同年）、「警官の血」（09年）、「刑事一代」（同年）、「オリンピックの身代金」（13年）山田太一ドラマスペシャル「時は立ちどまらない」（14年）、同「五年目のひとり」（16年）、「やすらぎの郷」（17年）、「女系家族」（21年）ほか。2016年12月19日インタビュー。

黒田徹也　1959年東京生まれ。82年慶応大学卒業。流通業、共同テレビビジョン（85年入社）を経て、93年テレビ朝日入社。「愛してるよ！」（93年）を皮切りに、数多くのドラマをプロデュースして現在に至る。主なプロデュース作品は、「白鳥麗子でございます」（フジテレビ、93年）、「南くんの恋人」（以下テレビ朝日、94年）、「君の手がささやいている」（97年）、「反乱のボヤージュ」（2001年）、「眠れぬ夜を抱いて」（02年）、「特命係長　只野仁」（03年）、「砦なき者」（04年）、「時効警察」（06年）、「天国と地獄」（07年）、「警官の血」（09年）、「同窓会～ラブアゲイン症候群」（10年）、「陽はまた昇る」（11年）「DOCTORS」（同年）、「おトメさん」（13年）、「緊急取調室」（14年）、「坂道の家」（同年）、「陰陽師」（15年）、「はじめまして、愛してます」（16年）、「狙撃」（同年）、「就活家族」（17年）、「となりのチカラ」（22年）ほか。2017年1月5日インタビュー。

内山聖子 1965年福岡県生まれ。88年津田塾大学卒業、テレビ朝日入社。秘書室、音楽番組のAD、Dを経て、95年「MISSダイヤモンド」でプロデューサーデビュー。2020年役員待遇エグゼクティブプロデューサー。総合編成局GP。主なプロデュース作品は、「ガラスの仮面」（97年）、「つぐみへ」（2000年）、「反乱のボヤージュ」（01年）、「眠れぬ夜を抱いて」（02年）、「それからの日々」（04年）、「黒革の手帳」（同年）、「家政婦は見た！」（同年）、「終りに見た街」（05年）、「けものみち」（06年）、「交渉人」（08年）、「13歳のハローワーク」（12年）、「ドクターX」（同年）、「時は立ちどまらない」（14年）、「死神くん」（同年）、「遺産争族」（15年）、「グ・ラ・メ」（16年）、「家政婦のミタゾノ」（同年）、「五年目のひとり」（同年）、「鬼畜」（17年）、「モコミ　彼女ちょっとヘンだけど」（21年）、「津田梅子」（22年）ほか。2017年1月5日インタビュー。

テレ東ドラマの番外地史（一九七〇〜二〇一〇年代）

テレビ東京ドラマの反骨精神

〜「ハレンチ学園」から「ドラマ24」へ〜

テレビ東京ドラマの反骨精神

二〇〇〇年代の半ば頃からだろうか。気がつけば、いつの間にかテレビ東京のドラマにはまっていた。特に、深夜の「ドラマ24」（金曜深夜）がおもしろく、プライムタイムにはない弾けた企画が次々に打ち出されていた。

キャバクラ嬢を描く第一作「嬢王」（〇五年）にしてもそうだが、「怨み屋本舗」（〇六年）、「湯けむりスナイパー」（〇九年）、「モテキ」（一〇年）、「勇者ヨシヒコと魔王の城」（一一年）、「みんな！エスパーだよ！」（一三年）、「アオノホノオ」（一四年）等々、当時、そのラインナップからはビビッドな息吹が感じられたものだ。

さらに、他の曜日、時間帯にも、それを感じさせる作品が徐々に増えていっている。

単発ドラマの山田太一ドラマスペシャル「本当と嘘とテキーラ」（〇八年）や「シューシャインボーイ」（一〇年）、「明日をあきらめない　がれきの中の新聞社～河北新報のいちばん長い日～」（一二年）。連続ドラマの「ケータイ捜査官7」（水曜一九時台、〇八年）、「鈴木先生」（月曜二二時台、一一年）、「孤独のグルメ」（水曜二四時台、一二年）などがそれである。

また、一三年に始まった金曜夜八時のドラマでも、「三匹のおっさん」（一四年）、「釣りバカ日誌　新入社員浜崎伝助」（一五年）など、これぞカウンタープログラミングと言える編成・制作を見せてくれている。刑事ドラマやサスペンス、難病・恋愛ドラマなど、暗いドラマが並ぶプライムタイムのなかで、この金曜夜八時の痛快さと明るさがどれほど気持ちいいものであったことか。

それにしても、これらのドラマを見るにつけ思うのは、その個性的な挑戦と生真面目なドラマづくりのバランスである。実際、歴代の編成マンやプロデューサーも、そこに一貫する信念を次のように吐露する。

まず、テレビ東京が東京12チャンネルとして開局した一九六四年に入社した編成マン・植村鞆音は、「視聴率を上げようとかいう以前に、番組のクォリティを少しずつでも上げていこう、いいものをつくろう」という姿勢で編成開発を行ったと強調する。

また、「山田太一ドラマスペシャル」五作をプロデュースした佐々木彰（七一年入社）は、「プロデューサーが自分の個性ややりたいことを主張できるのは本づくりですから、脚本家を大切にしなければならない」ということを、山田信夫①や山田太一の作品で学んだと言う一方、深夜の連続ドラマ「ドラマ24」の初代プロデューサー・岡部紳二（八八年入社）は、「テレビ東京らしい尖ったもの、ゲリラ的なものをやって、いい意味でも悪い意味でも目立たないと、埋没してしまう」と、立ち上げ時のコンセプトを明かす。

テレビ東京は、「東京12チャンネル」の呼称で開局し、七三年に教育放送局から総合放送局へと移行した。しかしそうやって、日本テレビやＴＢＳなどと同じような番組を放送するようになっても、その番組はごく一部を除いて、ほとんど注目されることはなかった。ドラマも例外ではなく、連続ドラマにいたっては、つくっては消えつくっては消えを繰り返している。

視聴率的にいっても、「三強一弱」の外、「番外地」②と言われる時代が長く続いている。ちなみに、三強は当時の日本テレビ、ＴＢＳ、フジテレビ、一弱はテレビ朝日である。では、そんな「番外地」局が、どのようにして現在のような「個性」と「挑戦」を培ってきたのか。

①山田信夫。佐々木彰プロデュースの「りつ子・その愛、その死」（１９９２年）などの脚本家。

②「番外地」。１９８０年代にテレビ東京の編成局長だった石光勝は、その著書『テレビ番外地』（新潮新書、２００８年）の冒頭で、同局が経営的に軌道に乗り始めた80年代になっても、テレビ業界で「番外地」と称されていたことをつぶさに披歴している。

「番外地」のチャレンジ精神

科学教育局・通称「東京12チャンネル」（日本科学振興財団テレビ事業本部）が開局したのは、前の東京オリンピック大会が開催された年、一九六四年四月一二日のことである。

当時、私は大学生だったが、この開局当初の番組はほとんど見ていない。実際、今、番組表を見直してみても、そこに並んでいるのは科学教育局ならではの教育番組が大半を占めている。これでは、大学生の私が見るわけもない。わずかに、「題名のない音楽会」（六四〜六六年）や、「戦争と平和を考えるティーチイン」の途中打ち切り（六五年）などに覚えがあるくらいだ。

ただ、開局当初の番組表を調べてみると、開局特番では「孤愁の岸」（原作＝杉本苑子、脚本＝久板栄二郎、演出＝岡本愛彦、主演＝山村聰）という時代劇を放送。同年七月には夜八時台の連続ドラマ「ゴールデン劇場」（月〜金、

〜同年九月）をベルトで編成している。

　このゴールデン劇場には、高見順の「今ひとたびの」、水上勉の「三条木屋町通り」、阿川弘之の「雲こそわが墓標」などの文芸作が並んでいるが、当時、ゴールデンタイムの帯ドラマ枠はきわめて画期的なものだった。「挑戦」ということでいえば、ここにその兆しの一端がすでに表れている。

　しかし、こうした挑戦も経営悪化で頓挫し、六六年から六七年にかけてのタイムテーブルはほとんど白紙に近い状況に陥る。そこで、さまざまな再建策を講じ、六七年に営業活動を再開。「（株）東京十二チャンネルプロダクション」の設立（六八年）、日経新聞の経営参加（六九年）、一般総合局・株式会社「東京12チャンネル」としての再スタート（七三年）などを経て、ようやく番組活動も再生へと向かい始める。

　そして、「ローラーゲーム」（六八〜六九年）、「プレイガール」（六九〜七六年）、「ハレンチ学園」（七〇〜七一年）、「おさな妻」（七〇〜七一年）、「大江戸捜査網」（七〇〜九二年）などが人気を集め、「ドキュメンタリー青春」（六八〜七一年）の前衛的なドキュメンタリー、「金曜スペシャル」（七〇〜八四年）の硬軟織り交ぜた問題作にも注目が集まるようになる。実際、私自身もこれらの番組をリアルタイムでチラチラ見ている。

　いずれも、お色気あり、実験ありの番組群だが、テレビ東京の遺伝子ということでいえば、ここにその萌芽がすでに始まっていると言えるだろう。

　たとえば、「ハレンチ学園」（プロデューサー＝丹野雄二《ピロ企画》、近藤伯雄《東京12チャンネル》、脚本＝鴨井達比古ほか、監督＝丹野雄二ほか）である。これは永井豪の漫画が原作だが、中学生（原作では小学生）のスカートめくりが話題となり、教育ママたちの非難が殺到したといわれている。

　しかし見直してみると、これがなかなか興味深い。スカートめくりなどより、生徒らがダメ教師を徹底的にやっつけるというカリカチュアのほうが強烈なのだ。

　それは第1回の〝トイレット作戦〟からすでに炸裂していて、主人公の十兵衛（児島美ゆき）や山岸（小林文彦）らは、生徒の弁当を取り上げる教師・ヒゲゴジラ（大辻伺郎）を、弁当にナメクジや唐辛子を入れたり、水道に下剤を混ぜたりして、トイレに閉じ込めてしまう。そういったあの手この手で教師を痛めつける描写が、スカートめくりなどよりはるかに痛快なのである。

当時、編成課長だった石光勝も、これがなんとも言い得て妙なタイトルだが、著書『テレビ番外地』（新潮新書、２００８年）で、「奇想天外な先生たちと自由闊達な子どもたちの底抜けに明るい戦い。いうなれば受験本位の押し付け教育に対するアンチテーゼという一面もあった」と振り返っている。（同書、P．44）

この「ハレンチ学園」と、二〇一一年の「鈴木先生」（CP＝岡部紳二、原作＝武富健治、脚本＝古沢良太ほか、監督＝河合勇人ほか）を比較するのは、乱暴過ぎるかもしれない。しかし両者には、どこか相通じるところがある。鈴木先生（長谷川博己）の教師としての使命感や計算、男の生理（性衝動）。そして教師のストレス、コンプレックス、嫉妬がもたらす〝壊れることと踏みとどまること〟のデフォルメと、生徒らのリアルな鬱屈描写を見ていると、なぜかそんな思いが過る。

一九八〇年代、ドラマ復活への苦闘

少し七〇年代史が長くなったようだ。先を急げば、そういったヒット作があっても、視聴率の「番外地」はその後も続く。一九八〇年代に入っても、ドラマで注目されるのは、八一年の「それからの武蔵」（プロデューサー＝神山安平ほか、原作＝小山勝清、主演＝萬屋錦之介）に始まる新春12時間ドラマぐらいしか見当たらない。

テレビ東京（八一年に東京12チャンネルからテレビ東京へ社名変更）のドラマが、真の意味で活性化し始めるのは九〇年代に入ってからである。

私がそういった番外地のドラマに注目するようになったのもその頃からで、「リツ子・その愛、その死」（原作＝檀一雄、脚本＝山田信夫、演出＝久野浩平、主演＝今井美樹、九二年）、日本名作ドラマ「雁」（原作＝森鷗外、脚本＝金子成人、演出＝久世光彦、主演＝田中裕子、九三年）、山田太一ドラマスペシャル「せつない春」（監督＝松原信吾、主演＝山崎努、九五年）などが入り口となっていた。

いずれも、七一年入社の佐々木彰がプロデュースした作品で、日本民間放送連盟賞やギャラクシー賞などで高い評価を得た作品である。しかし、テレビ東京のドラマが、佐々木のドラマが、こうした評価を得るまでには数々の苦闘が続いていた。

佐々木は入社後、テレビ東京の番組を活性化させた編成の先達・植村鞆音（六四年開局時入社）の下で「金曜スペシャル」（七〇～八四年）などの企画に携わり、七九年に演出部に異動。八六年に、スタジオドラマ復活のためにつくられたプロジェクトチームに、遠藤慎介チーフから誘われてドラマのプロデューサーとなる。その佐々木がプロジェクトチームに参加した頃の夢が、テレビ東京ドラマの苦難の歴史を切実に物語っている。

佐々木彰「この頃は、テレビ東京にドラマを定着させたいっていうのが、正直に言って一番の願いでしたね。七七年に始まった月曜二一時の連続ホームドラマ『愛のドラマシリーズ』が七九年に、七〇年から続いた『大江戸捜査網』も八四年にいったん打ち切られるなど、マ枠がだんだん萎んでいった時代ですね。「愛のドラマシリーズ」のようなVTRのホームドラマも結局、七年間まるまるなくなったわけですからね」

「ドラマを定着させたい」。なんとささやかな夢なのだろう。八〇年代といえば、日本テレビの「池中玄太80キロ」シリーズ（八〇年開始）やフジテレビの「北の国から」シリーズ（八一年開始）、ＴＢＳの「ふぞろいの林檎たち」シリーズ（八三年開始）、「金曜日の妻たち」シリーズ（八三年開始）など、連続ホームドラマが一世を風靡した時代である。

それを考えると、他局から見ればささやかであっても、テレビ東京にとっては、佐々木にとっては、実に大きな夢だったと言えるだろう。

レギュラーのドラマ枠がなくなれば、作家や制作会社との人間関係が失われる。ドラマを復活させるためには、それを一から築かなければならない。そこで、佐々木らがとった方策が単発のレギュラー枠の創設である。

佐々木「なるべく多くの人と接するためには、一枠しかつくれないのだから、一回一回いろんな人と接するために単発にしようと。で、日経新聞グループとの連携という大義名分を掲げ、雑誌『日経ウーマン』が公募した『手記大賞』をドラマ化するという形で、『ドラマ女の手記』シリーズをスタートさせたんです。そこを成功させたいというのが一番でしたね」

やがて、この月曜の一時間ドラマ枠「女の手記」（八六～八七年）は、「女の四季」（八七～八八年）へとシリーズタイトルを変えて続けられるが、視聴率が全然伸びない。そこで、八八年からはサスペンス路線に変えて、「月曜・女のサスペンス」として九三年まで続けられる。サスペンスのほうが数字が固いんではないか、という思惑による路線変更である。

この間、佐々木はサスペンスのもっている日本的な人間描写に関心を抱くが、それを人間ドラマとして結実させて高く評価されるのはもう少し先、植村鞆音が編成局長として新たな番組を次々と開発した九〇年代のことである。

作家主義で果たした番組の活性化

植村鞆音「編成局長になったのは一九九一年の六月だったんですが、それ以前の四月編成の視聴率がメタメタだったんです。ゴールデンタイムに六％を切るかどうかという状況で。そこでその原因を考えたとき、これは視聴者の信頼を失っているんじゃないかと思ったんです。それで、視聴率を上げようとか言う以前に、番組のクオリティを幾らずつでも上げていこうと。制作費のことも含めて、質を考えよう！いいものをつくろう！と掛け声をかけるのを私の主要任務にしようと」

植村鞆音は開局時（一九六四年）に入社以来、編成一筋に歩んでいる。いわば、根っからの編成マンである。先に、テレビ東京の活性化は九〇年代に入ってからと述べたが、それは植村が編成局長時代に始まったと言ってもいい。彼が編成企画として放った番組の数々を見れば明らかである。

「ドキュメンタリー人間劇場」（九二〜九四年）、「浅草橋ヤング洋品店」（九二〜九六年）、「日本名作ドラマ」（九三〜九六年）、「開運！なんでも鑑定団」（九四年〜）、「出没！アド街ック天国」（九五年〜）など、多くがテレビ東京の看板番組となっている。

その植村が「番組のクオリティを上げる」ためにとった方針が「作家性」の重視である。

植村「《入社する前は》映画会社にいたもんですから、作家主義なんですね。同じテーマであっても、誰に撮らせるかで中身はまるで違ったものになる。久世光彦が撮るのか、大山勝美が撮るのか、田原総一朗が撮るのかで、全然違うわけですからそこのところを大事にしようと。別の言葉で言うと、作品の署名性を大事にしよう！というふうになっていったんですね」

少しドラマを離れるが、「ドキュメンタリー人間劇場」がいい例で、植村鞆音の作家主義はアバンタイトル一つ取ってもよくわかる。最初に監督名が強調されて始まるのである。

実際、それは私のなかでも強い印象を残している。「心象スケッチ　それぞれの宮沢賢治」（九三年）がその一つで、そこには取材対象に対する是枝裕和監督の関心が、その構成を破綻させるほどにあらわになっている。

最初に、宮沢賢治の世界を生きる四、五人の人たちを紹介するのだが、いつの間にか粘土をこねる少年のドキュメンタリーになっている。いじめで登校拒否となり、人を殺す映画が好きだと言う少年に惹かれ、他の人たちはどこかへいってしまっているのだ。

こうした作家性の重視は、実は「金曜スペシャル」を担当していた七〇年代にすでに始まっている。今村昌平(『未帰還兵を追って』七一年)らの映画監督を引っ張り込んで、ドキュメンタリーを撮らせていたのである。言ってみれば、筋金入りの作家主義者なのである。

だから、情報バラエティも例外ではない。「浅草橋ヤング洋品店」はテリー伊藤に、「出没！アド街ック天国」はハウフルスの菅原正豊に頼んで、それぞれの発想にまかせて始めたのだと言う。

「ドキュメンタリー人間劇場」に戻ると、もう一つ見逃せないことがある。火曜二一時台に編成したことである。

植村「視聴率を取ろうというよりも、いいものをつくろう！と呼びかけて、それが徐々に浸透して『ドキュメンタリー人間劇場』が始まったんですね。それでその際、ドキュメンタリーは視聴率が取れないと決めつけてゴールデンからはずしていくよりも、人間というものは興味の尽きないものですから、人間を描くドキュメンタリーをゴールデンのど真ん中でやったらいいじゃないか、と思って夜九時台にもってきたんです」

一九六〇年代には、「ノンフイクション劇場」(日本テレビ、二二時台、六二〜六八年)、「カメラルポルタージュ」(TBS、二二時台、六二〜六九年)、「現代の映像」(NHK、一九時台、六四〜七一年)、「ドキュメンタリー青春」(東京12ch、一九時台、六八〜七一年)など、各局にはドキュメンタリー枠が夜七時、一〇時台に揃っていた。それが次々に姿を消し、九〇年代の民放では深夜にそれを見るのみとなっている。

そんな時代に、テレビ東京は夜九時台にドキュメンタリーをぶつけたのである。

こうしたカウンタープログラミングは、昔はごく普通に考えられていた。それが今ではすっかり横並びになっている。いい例が、どこもかしこもひな壇バラエティを並べる編成がそれだ。それを考えると、「ドキュメンタリー人間劇場」の編成は勇断の一言に尽きる。

九〇年代のドラマ再開発とその発想

ドキュメンタリーや情報バラエティの話に終始したが、植村鞆音の作家主義やカウンター発想はドラマ編成にも一貫している。そして、それが佐々木彰らのドラマの質を高める契機にもなっていた。

一九九〇年代に入るとすでに述べたように、「リッツ子・その愛、その死」（九二年）、「日本名作ドラマ」シリーズ（九三〜九六年）、「山田太一ドラマスペシャル」シリーズ（九五〜二〇〇八年）など、テレビ東京のドラマが徐々に注目されるようになり各アウォードでも高く評価されていた。いずれも、植村鞆音編成局長時代のドラマ開発で、「日本名作ドラマ」シリーズについてはこんな発想で始めたと言う。

植村鞆音「いつも他局が手出ししないことをやろうと思っていましたから、僕がどちらかというと文学青年だったこともあって、明治以降の文芸名作を、『日本名作ドラマ』シリーズとしてやったらいいんじゃないの！ってことで始めたんです。もちろん、このシリーズでも誰がつくるかを重視しました。テーマを決めてしまったら、あとはもう久世光彦さんや大山勝美さん、深町幸男さんなど、優れた演出家にまかせてしまおうと」

フジテレビの「東京ラブストーリー」（九一年）、「101回目のプロポーズ」（同年）、「ロングバケーション」（九六年）など、F1層向けのいわゆる月9路線が全盛の頃である。そんな時代に、明治以降の文学を原作とする「日本名作ドラマ」を始めたことにまず驚かされる。普通ならとても通らない企画だが、植村は言う。

植村「もともと、視聴者の信頼を得たいという思いが強く、当てようなんて思っていませんでした。『ドキュメンタリー人間劇場』にしても、『日本名作ドラマ』にしても、『出没！アド街ック天国』にしても、それほど視聴率は期待できませんが番組の質は重視しました。ういう番組が幾つかあって、いくらかテレビ東京への信頼が回復していって、トータルの視聴率もクールを追うごとに上がっていったんです。運もよかったんでしょうが、視聴率なんてそんなもんじゃないんですかね」

植村の話を聞いていると、〝新たな種を蒔く〟ことの大切さをつくづくと思い知らされる。目先の視聴率ばかりを追っていると、過去の視聴者把握やヒットフレーム、キャスティングなどにとらわれ、どうしても既視感がつきまとう。結果、視聴者に見放される。その意味で、植村の「いいものを」、「視聴率にとらわれずに」やれば、「信頼が得られる」という実績は含蓄に富む。

「日本名作ドラマ」に戻れば、そこには植村のそういった考え方の他にも、もう一つの思惑があった。

佐々木彰「『日本名作ドラマ』は植村さんの発想だったんですが、当時は作家性の重視ということと、ビデオ販売、学校の図書館に販売しようっていうことを前提としていたんですね。一〇万円以下ならいいとかいろんなことを計算して、最初の予定ではパッケージになる日本の名作二六本を選んで、ドラマ化しようっていう発想で始まったんですね」（放送作品は二〇本）

この頃、佐々木は先にあげたような文芸ドラマを次々にプロデュースしていたが、ここで注目したいのは二人の話のなかにうかがわれる作家性、カウンター発想、ビデオ販売である。テレビ東京ドラマのその後を見ていると、この三要素がしっかりと受け継がれている。

作家性でいえば、「ドラマ24」の一連の大根仁監督作品（脚本・演出）、「湯けむりスナイパー」（漫画原作＝ひじかた憂峰、〇九年）、「モテキ」（漫画原作＝久保ミツロウ、一〇年）、「まほろ駅前番外地」（小説原作＝三浦しをん、一三年）がいい例である。そこに共通する男と女の情念の美は大根監督抜きでは語れない。

カウンター発想については、この後であらためて述べることだが、「ドラマ24」（〇五年～）のＭ1、Ｍ2路線や、「金曜8時のドラマ」（一三年～）のシニア路線にそれがよく表れている。

また最後の「ビデオ販売」は、番組の二次利用に活路を見いだそうとしたもので、「ドラマ24」が製作委員会方式で始まったことへとつながっている。

そして、このテレビ東京の個性とも言える三要素は、開局以来の人、金、物のハンデが生み出したものでもある。九〇年代の植村鞆音も、二〇〇五年に「ドラマ24」を始めたプロデューサー・岡部紳二（取材当時、ドラマ制作部長）も、そのことを等しく口にしこう続ける。

植村「テレビ東京は、物量もないしスタッフの数も限られていますから、外部の制作者に依存するということが多かった。だから外部の制作者にも、僕は発注者／受注者という関係をなるべくもちこまず、パートナーだという考え方を徹底させたいと。そうやって、視聴率を取ろうというよりも、いいものをつくろうじゃないかと呼びかけて、それが徐々に浸透していったんですね」

岡部紳二「小規模、後発というテレビ東京の特徴があって、外の制作会社の力を借りて一人前みたいな思いがありましたので、決してきれいごとではなくイコールパートナーとして制作会社の力を借りてきましたし、これからも借りるだろうと思います。『ドラマ24』は、深夜ドラマ枠として予算規模が小さかったため、それを補う意味でもDVDの二次利用を狙った製作委員会方式にチャレンジして、個性的な部分でアピールできればと思っていました」

「山田太一ドラマスペシャル」の誕生

こうしてテレビ東京の文芸ドラマやオリジナルドラマが始まるわけだが、ここで特筆したいのは佐々木彰がプロデュースした「山田太一ドラマスペシャル」の五作である。テレビ東京のドラマは原作ものを伝統としている。そのなかで、佐々木は、山田太一のオリジナルドラマを五作も続けたのである。（一九九五〜二〇〇八年）

彼はそれ以前にも、「リツ子・その愛、その死」（九二年）や、日本名作ドラマの「雁」（九三年）、「真実一路」（原作＝山本有三、脚本・監督＝市川崑、主演＝清水美沙、同年）などで高い評価を得ていた。

しかし、〝企業と家族〟という切り口、佐々木のプロデューサーとしての自負、テレビ東京ドラマ史に稀有なオリジナル脚本といった点においては、やはり「山田太一ドラマスペシャル」が一番である。

佐々木彰「『リツ子・その愛、その死』が放送されたときには、脳梗塞で入院していたんですよ。それで、あとどれくらい仕事が出来るかっていう危機感を抱いていましたから、やっぱり、自分のやりたいことを、やりたい人と、やりたいなと思って、もともと尊敬していた山田太一さんにお願いしたんです。で、山田さんとやるときには、誰かに託すんではなくて、全部うちでやることにして、最初の自社制作ドラマが出来たんです」

佐々木彰と山田太一が企画を詰めて、制作会社に委託せずにつくる。そういった意味での自社制作は、テレビ東京としては初めての試みであった。この佐々木の思い入れによって、総会屋担当・総務を主人公とする第一作、「山田太一ドラマスペシャル　せつない春」（監督＝松原信吾、九五年）が誕生するわけだが、それはいかにも日経新聞との関係を思わせる企画であった。

佐々木「当時、企業の不祥事の隠蔽などが問題になっていて、企業にいると会社の方針にスポイルされちゃうといった話になって、じゃあ、総会屋担当の話がおもしろいんじゃないですかって、山田さんがおっしゃって。多分、山田さんは、テレビ東京は日経新聞系だから働く人を描こうと、気を遣ってくれたんだと思います」

物産会社の総務・武藤（山崎努）は、総会屋に金銭を掴ませるなどして懐柔してきた。それが商法改正で総会屋の徹底排除が打ち出され、武藤はお払い箱になる。

こう書けば、会社への忠誠心をズタズタにされた武藤の屈辱と怒り、その再生が初めから想定される。しかし、山田脚本はそういった一面的な人間描写はしない。武藤が酔っ払って会社への復讐を口にしたときの妻（竹下景子）とのやり取りに、それがよく表れている。

夫が会社にズタズタにされたことを知って、妻は「怒って当然よ。裏切って当然よ。そんな会社！」と何度も悔しさをぶちまける。と、武藤「うるさい！冗談じゃねえ！簡単に言うな!!三六年勤めてきた会社だぞ！俺の人生、ひっくり返せってことだぞ！」とぶち切れる。そして、「俺は裏切れない。情けない。裏切れない。理屈じゃない。会社が好きなんだ」と肩を落とす。

ふと、「半沢直樹」（TBS、一三年）の決め台詞、「やられたらやり返す、倍返しだ！」が響いてきた。組織に生きる者の鬱憤を見事に晴らしてくれたエンタテインメントで、テレビには常にそういったものが求められる。が、一方では、リアルな人間ドラマもあって欲しいと思う。これはそのもうひとつの企業人間ドラマである。

山田太一ドラマスペシャルはこの「せつない春」の後、佐々木彰プロデューサー、松原信吾監督とのトリオで「奈良へ行くまで」（主演＝奥田瑛二、安田成美、九八年）、「小さな駅で降りる」（主演＝中村雅俊、樋口可南子、二〇〇〇年）、「香港明星迷」（主演＝薬師丸ひろ子、〇二年）、「本当と嘘とテキーラ」（主演＝佐藤浩市、樋口可南子、〇八年）の計五作がつくられる。（『せつない春』と『本当と嘘とテキーラ』は日本民間放送連盟賞最優秀ほか、『奈良へ行くまで』と『小さな駅で降りる』は同・優秀ほか）

いずれも〝企業と家族〟を描くもので、佐々木はその点について「単なる企業ドラマではなく、企業によってスポイルされながらも、家族との関係のなかで再生していく、生きていくっていう姿を見つめていきたかった。そこは五作品ずっと一貫している」と強調する。そして、こう続ける。

佐々木「当時、山田太一ドラマスペシャルに関わった若手も、いろんな意味でいい勉強になったと思います。

結局、現場は監督の世界でまかせるしかないので、局のプロデューサーが自分の個性ややりたいことを主張できるのは本づくりですから、本づくりに全精力を注ぎこむ。そういった意味で、脚本家を大切にする精神を、山田信夫さん《『リツ子・その愛、その死』》や、山田太一さんの作品をプロデュースする過程で身につけましたね」

二〇〇〇年代、連続ドラマの復活

一九九〇年代、テレビ東京のドラマは、「日本名作ドラマ」や「山田太一ドラマスペシャル」などで、その作品性を認められ信頼を得る。またそれらの作品によって、ドラマ制作の精神とノウハウを学びもした。

しかしテレビ東京のドラマには、まだ決定的に欠けるものがあった。開局以来、挑戦しては消え、挑戦しては消えを繰り返していた連続ドラマである。

七〇年代の人気シリーズ「プレイガール」（六九～七四年）はとっくに終わり、長寿時代劇シリーズ「大江戸捜査網」（七〇～八四年）も、九〇年に再開したものの結局は九二年に幕を閉じている。

開局当初の帯ドラマ「ゴールデン劇場」（六四年）はもちろんのこと、その後の連続ホームドラマ「愛のドラマシリーズ」（七七～七九年）にしても二年で打ち切られている。また、二〇一〇年に始めた「月曜二二時の現代劇」（～一一年）も一年ほどで終わっている。

こうしたなか、テレビ東京は九〇年代ドラマの実績の下、ドラマ強化方針を打ち出し、連続ドラマの再開発に取り組み始める。そして、二〇〇五年に深夜の連続ドラマ「ドラマ24」、を立ち上げ、翌〇六年にはゴールデンタイム（金曜夜八時台）の連続時代劇「逃亡者おりん」をスタートさせる。また組織的にも、〇六年に制作局ドラマ制作部を「ドラマ制作室」に格上げして、その意気込みのほどを示している（現在は、制作局ドラマ室）。

佐々木彰「連続ドラマをやりたいっていうのは、もうずっとテレビ東京の悲願ですから。連ドラはいつもゴールデンでやってだいたい二年くらいで終わってしまう、という繰り返しをずっと二〇〇〇年代に入ってもやっているんですね。それで、深夜でDVD販売との連携がある程度可能になるならばっていう想定のなかで、じゃあ、深夜から連続ドラマを始めてみようということに」

この深夜の「ドラマ24」がテレビ東京ドラマの名を高めていくのだが、続くゴールデンの連ドラ「逃亡者おりん」（CP＝佐々木彰、P＝瀧川治水、山鹿達也、脚本＝藤井邦夫ほか、監督＝上杉尚祺ほか、主演＝青山倫子、『逃亡者おりん』製作委員会、〇六〜〇七年）はやはり一年で終わっている。ゴールデンの連ドラが再開されたのは一三年の「金曜8時のドラマ」からである。

当時、佐々木彰はドラマ制作部長（〇六年にドラマ制作室長）で、その下で「ドラマ24」を実際に立ち上げたのが、岡部紳二プロデューサーである。以来、岡部はこの深夜枠を舞台に数々の快作や問題作を手がけるのだが、その狙いはどんなところにあったのだろうか。

岡部紳二「連ドラがゴールデンで根付かないという状況のなかで、当然、僕より若いスタッフには連ドラの経験者そのものがいなかった。そこで、枠を立ち上げるに当たっては若いスタッフで話し合って、テレビ東京らしい尖ったものゲリラ的なものをやって、いい意味でも悪い意味でも目立たなきゃ埋没しちゃうということで始めたんです。そうやって、連ドラのいろんなノウハウをみんなで経験しようと」

やはり、テレビ東京が開局以来抱えている〝人・金・物のハンデ〟をバネとする反骨精神と創意は、今なおしっかりと受け継がれている。

「テレビ東京らしい尖ったもの」がそれで、岡部はその例として『開運！なんでも鑑定団』（九四年〜）、『出没！アド街ック天国』（九五年〜）などをあげる。そして、DVDセールスを前提とする製作委員会方式を取り入れて、その尖った深夜ドラマを始めたのである。

すでに述べたように、岡部が例示した番組は九〇年代に植村鞆音らが開発したもので、その〝種〟が今、岡部らのモチベーションになっているのだ。

ただ、「テレビ東京らしい尖ったもの」といっても、それだけではドラマの実像は見えない。そこには制作者個人の思い入れがあるはずだ。岡部らは深夜の連ドラ第一弾に、どうしてキャバクラ嬢をヒロインとする「嬢王」（漫画原作＝倉科遼、紅林直、主演＝北川弘美、製作・著作＝『嬢王』製作委員会、〇五年）を選んだのか。

岡部紳二「ドラマに関わり始めた頃は、自分が仕事としてやるのなら、自分が見ておもしろいもの、同年代が見ておもしろいものをつくりたいっていう思いがありました。そうすると、三〇代、四〇代のサラリーマンがターゲットになりますから、青年誌の漫画原作をベースにおもしろいものを探して……『嬢王』は、華やかで若い女性がいっぱい出てお色気もあって、自分で見たいなと思うテイストの作品でしたね」

岡部紳二は、報道志望でドラマに関心がなく、入社（八八年）してからも、テレビ東京のドラマはまったく見なかった。ただ、テレビ朝日がやっていた金曜ドラマナイトの「トリック」（二〇〇〇年）とか、「特命係長 只野仁」（〇三年）は結構見ていたと言う。なるほど、そう言われれば、お色気あり、女のバトルありの「嬢王」は、「特命係長」を思わせるテイストの作品だ。

やがてこの漫画原作路線が、これも尖ったと言っていいかもしれないが才気溢れる監督を起用して、大根仁監督の「モテキ」（一〇年）や園子温監督の「みんな！エスパーだよ」（一三年）等々の快作を生み出していく。

「ドラマ24」が彩ってきたドラマシーン

岡部紳二「最初の『嬢王』や四作目の『怨み屋本舗《〇六年》』なんかはそこそこの反響があったので、反響が大きいなってていう手応えは感じていました。ただ、世の中にメジャーな形でアピールできたっていうのは、やっぱり五年後、二〇作目の『モテキ』でしたね。これは大根仁監督の力で映画にもなったんですけども、ちょっとワンランク、アップできたかなって」

確かに、「モテキ」（CP＝岡部紳二、P＝市山竜次、阿部真士、原作漫画＝久保ミツロウ、脚本・監督＝大根仁ほか、制作会社＝オフィスクレッシェンド、製作・著作＝『モテキ』製作委員会、一〇年）は、その男と女の描写に、おっ！と思わせるものがあった。

冴えない三〇歳の男（森山未來）が突然モテ始める。が、内向的で自虐的な男だから、女の気持などわかるはずもなく空回りばかりしている。「モテキ」はそんな彼を通して、男の性衝動と怯えの妄想を、女たち（野波麻帆、満島ひかり他）との温度差のなかに生々しくはじけさせる。この切れば血の出るような生な人間描写こそが「モテキ」の魅力で、それはその頃の他局のドラマにはあまり感じられないものだった。

ちょうど、二〇〇六年八月のことである。私は東京新聞の特集「夏の民放連ドラ　視聴率低空飛行」に、「人間の苦悩や喜びを描き込まず、目先の視聴率を稼ぐため、バラエティっぽいドラマを多く作り続けて、そのつけがきた……」（06年8月26日朝刊）といったコメントをしたことがある。今思うと、それほど民放の連ドラにうんざりしていたということだろう。

二〇〇〇年代後半以降、そんなもの足りなさを埋めてくれたのが、テレビ東京の「ドラマ24」であり、それに続く他の時間帯の連ドラである。実際、この頃からのものですぐに思い出されるのは、「モテキ」をはじめとする以下のようなドラマである。

ドラマ24では、「湯けむりスナイパー」（P＝岡部紳二ほか、脚本・監督＝大根仁ほか、〇九年）、「みんな！エスパーだよ！」（CP＝岡部紳二、脚本・監督＝園子温ほか、主演＝染谷将太、一三年）、「アオイホノオ」（CP＝中川順平、P＝山鹿達也、脚本・監督＝福田雄一、主演＝柳楽優弥、一四年）等々。

ドラマ24以外では、水曜一九時台の「ケータイ捜査官7」（P＝森下勝司ほか、監督＝三池崇史ほか、主演＝窪田正孝、〇八年）、月曜二二時台の「モリのアサガオ」（CP＝岡部紳二、監督＝古厩智之ほか、主演＝伊藤淳史、井浦新、一〇年）、「鈴木先生」（CP＝同、脚本＝古沢良太、監督＝河合勇人、主演＝長谷川博己、一一年）など、その都度ビビッドに刺激された作品は数え切れない。

いずれも、製作委員会方式でつくる漫画原作のドラマだが、そこに一貫して見られるのは生身の人間の情念、熱っぽさである。たとえば、ヌード満載のサスペンス「湯けむりスナイパー」と学園ドラマの「鈴木先生」は、真逆と言ってもいいドラマである。しかしどちらも、生身の人間の熱さを感じさせる点では共通している。

「湯けむりスナイパー」は、秘境の温泉宿で働く元殺し屋（遠藤憲一）を描くものだが、そこには覚悟を決めた男と女の情念が生々しく滲み出ている。一方、「鈴木先生」の教師（長谷川博己）の使命感、計算、性衝動のデフォルメにしてもそうで、変態チックではあっても教師の心の内を生々しく突いている。対する生徒たちの鬱屈描写もリアル過ぎるほどにリアルだ。

テレビ東京の「ドラマ24」をはじめとする連続ドラマは、こうした人間描写の魅力で二〇〇〇年代後半以降のドラマシーンを彩ってきた。そして二〇一三年、再びゴールデンへの挑戦を始める。「刑事吉永誠一　涙の事件簿」を第一作とする金曜8時のドラマである。

岡部『月曜一〇時のドラマ』も一年で終わっちゃいましたから、もう一度ゴールデンタイムで連続ドラマにチャレンジしようと、幾つかの枠を探したなかで、ここに一つ活路が見いだせるんじゃないかということで、編成が提案してきたのが『金曜8時のドラマ』ですね。『ドラマ24』は若い層を意識していますが、『金曜8時のドラマ』はファミリーがターゲットで、メインとなるのは六〇代以上のシニア層、それも女性の方かなと思っています」

若年層向けのバラエティが並ぶ時間帯に、シニア層向けドラマをぶつける。ここにも、テレビ東京らしい腰の座わったターゲットの絞り方が感じられる。そして、それが暗いドラマが多いなかでスカッとした気持よさを生んでいる。

「三匹のおっさん～正義の味方、見参!!～」（CP＝岡部紳二、監督＝猪原達三ほか、主演＝北大路欣也、泉谷しげる、志賀廣太郎、一四年）のチャンバラ時代劇仕立てのおもしろさや、「釣りバカ日誌　新入社員浜崎伝助」（CP＝岡部紳二、監督＝朝原雄三ほか、主演＝濱田岳、西田敏行、一五年）の明るさなどがそれだ。

視聴率的に言えば、これらのテレビ東京ドラマに大ヒット作はない。しかし二〇〇〇年代後半以降、その個性が際立っていたことだけは確かなことである。

佐々木彰は「テレビ東京のプロデューサーはみんな真面目で、それがテレビ東京の良さだ」と言う。

ＤＶＤセールスが落ち込み、ネット同時配信が趨勢となるなか、テレビドラマ制作にはさまざまな困難と課題が待ち受けている。それでも、テレビ東京はハンデをバネにしてきた局である。代々の反骨精神と生真面目さで難局を乗り越え、その個性をさらにグレードアップしていって欲しい。

《証言者プロフィール》

植村鞆音　1938年愛媛県松山市生まれ。62年早稲田大学第一文学部卒業、東映入社。64年東京12チャンネル入社、編成部に配属。92年取締役編成局長、94年常務取締役を歴任し、2002年「テレビ東京制作」代表取締役社長、04年退任、文筆活動に入る。編成局長時代に、「ドキュメンタリー人間劇場」(92 ～ 94年)、「浅草橋ヤング洋品店」(92 ～ 96年)、「日本名作ドラマ」(93 ～ 96年)、「開運！なんでも鑑定団」(94年～)、「出没！アド街ック天国」(95年～）などを企画開発する。06年に『直木三十五伝』で尾崎秀樹記念大衆文学研究賞、07年に『歴史の教師　植村清二』で日本エッセイスト・クラブ賞を受賞。12年に『テレビは何を伝えてきたか』を上梓。2016年10月4日インタビュー

佐々木彰　1947年生まれ。71年慶応義塾大学経済学部卒業、東京12チャンネル入社。編成部に配属され、編成企画に8年携わる。79年演出局に異動、情報バラエティーなどのディレクターを務める。86年スタジオドラマ復活のためにプロジェクトチームが結成され、そこに参加したのを機にドラマのプロデューサーとなる。98年ドラマ制作部長、2006年取締役ドラマ制作局長、14年退職。主なプロデュース作品は、「月曜・女のサスペンス」の諸作品、(88 ～ 93年)、「リツ子・その愛、その死」(92年)、「日本名作ドラマ」の諸作品（93 ～ 95年)、「せつない春」など山田太一ドラマスペシャル5作（95 ～ 08年)、「小石川の家」(96年)、「女と愛とミステリー」の諸作品（01 ～ 05年)、「黄落、その後～命輝くとき～」(05年)、新春ワイド時代劇の諸作品（05 ～ 15年)。2016年9月23日インタビュー

岡部紳二　1963年東京生まれ。88年東京都立大学経済学部卒業、テレビ東京入社。人事部、ニュース報道部、編成局編成部を経て、制作局に異動。情報番組などのディレクターとプロデューサーを務めて、2001年に女と愛とミステリー「寺田家の花嫁」でプロューサー・デビュー。05年に深夜の連続ドラマ「ドラマ24」を立ち上げる。編成局次長兼ドラマ制作部長、制作局専任局長を経て、22年「テレビ東京制作」取締役。主なプロデュース作品は、「上を向いて歩こう～坂本九物語」(05年)、「湯けむりスナイパー」(09年)、「モテキ」(10年)、「モリのアサガオ」(同年)、「鈴木先生」(11年)、「IS」(同年)、「明日をあきらめない　がれきの中の新聞社～河北新報のいちばん長い日～」(12年)、「まほろ駅前番外地」(13年)、「みんな！エスパーだよ！」(同年)、「三匹のおっさん」(14年)、「永遠の0」(15年)、「釣りバカ日誌　新入社員浜崎伝助」(同年）など。2016年9月13日インタビュー

CBCドラマの作家発掘史（一九六〇〜二〇一〇年代）

作家の新たなステージをつくる

〜北川悦吏子の「月」シリーズへの継承〜

CBCドラマの伝統とその継承の行方

中部日本放送（CBC）は、一九五六年（一二月一日）のテレビ放送開始当初から、積極的にテレビドラマに取り組んでいた。放送開始四か月後には、技能研修を兼ねた初のテレビドラマ「将監さまの細道」を制作。五七年一〇月には、東芝日曜劇場（ラジオ東京テレビジョン、六〇年にTBS）で「古瀬戸」（演出＝大脇明）を放送し、いち早く芸術祭に参加する。

そして翌五八年の「海の笛」、「出所」（劇団CBCの集団演技）の二作から、「壁」（大脇明の演出、五九年）、「刑場」（六一年）、「子機」（六三年）へと芸術祭奨励賞の受賞を重ね、六四年の「父と子たち」で芸術祭賞に輝く。

さらに七〇年代になっても、「海のあく日」、（七〇年）、「灯の橋」（七四年）で芸術祭大賞。「おりょう」（七一年）、「祇園花見小路」（七三年）で日本民間放送連盟賞最優秀を受賞するなど、作品性に重きを置くドラマへの評価を揺るぎないものにする。そして、その〝ドラマのCBC〟の伝統は八〇年代以降も受け継がれていく。

しかし一九九三年、TBS系列の基幹四局、北海道放送（HBC）、中部日本放送（CBC）、朝日放送（七五年からは毎日放送）、RKB毎日放送の単発ドラマ枠でもあった東芝日曜劇場が連続ドラマ枠となり、ローカルドラマの全国ネットは打ち切られる。

それでもCBCは七一年以降、全国ネットの昼の帯ドラマ（一五分）を一九九一年まで計八〇作、制作。九二年からはそれを三〇分枠の「ドラマ30」（毎日放送との交互制作）として継承していく。ただ、その「ドラマ30」も二〇〇八年には消滅する。

以降、CBCは年に一度のスペシャルドラマで、相伝の作品性をなんとか問い続けている。

本著の北海道編では、テレビドラマ史に数々の秀作を残してきた北海道放送（HBC）や北海道テレビ（HTB）が、全国ネットの場を失ってそのドラマ史を閉じたと述べた。では、CBCはそういった環境下で、それをどのように継承しようとしているのか。

一度やめるとつくれなくなる「ドラマ30」が遺したもの

堀場正仁「ローカル局が全国ネットで勝負出来る東芝日曜劇場、ドラマ30という場がなくなったことはやっぱり大きいですね。会社でもよく言っていることですが、ドラマは一度やめるとつくれなくなる。スタッフがいなくなるし、ノウハウも受け継がれなくなる。だから今は会社のバックアップもあるので、やめたらつくれなくなるんだぞ！つくれるうちはつくろう！という根性みたいなものでつくっているという感じです」

二〇一九年当時、CBCドラマを牽引していたのは、東京制作・情報部の堀場正仁である。一九八七年に入社した堀場は、報道、ラジオ営業、ラジオ制作を経て、九九年にテレビ制作部へ異動。お昼の帯ドラマ枠・ドラマ30で、「アゲイン」（九九年）を皮切りに、「キッズ・ウォー」シリーズ（二〇〇〇〜〇三年）、「幼稚園ゲーム」シリーズ（〇一〜〇三年）等々を演出する。

堀場が抱く危惧「一度やめるとつくれなくなる」は、このドラマ30の放送期間中にも現実のものとなっていた。スタートしてから一年後に（九三年四月編成）、それを東京制作（プロダクション委託）にしたからである。（九九年からCBC・名古屋制作に戻す）

堀場「この間、名古屋でつくっていないので、名古屋でドラマをつくっていたスタッフが社員を含めていなくなってしまって。で、『直子先生の診療日記』《九九年四月編成》で名古屋に戻したときに、スタッフのことが一番問題になって。それで、どんどん新しい社員を人事異動させて一から教育したり、ドラマ経験のあるプロダクションのスタッフを呼び戻したりして、昼ドラ制作の新たな体制をつくり直したんです」

堀場もそこに異動してきた一人だが、ドラマ30はこうして山本恵三（後述）を中心にスタッフの再構築をはかり、CBCホームドラマの伝統に新たな息吹を吹き込んでいく。

堀場「東京制作の頃にはいろんなプロダクション企画があって、どちらかといえばシリアスで暗めな話が多かった気がしますが、名古屋に戻ってきてからはわりと明るめのホームドラマにシフトしていきました。名古屋回帰の二作目『キッズ・ウォー〜ざけんなよ』《九九年》が当たったのが大きかったと思います。それと、子どもが見るんだ！っていうのが衝撃的な発見でした。昼ドラって子ども向きにはつくっていなかったので」

ここで詳しく名古屋制作と東京制作の作品傾向を述べる余裕はない。ただ、CBCらしさということでいえば、やはり名古屋制作のほうがそのドラマ風土の特色を感じさせる。具体的にいえば、「キッズ・ウォー」シリーズに象徴される子どもの描写である。

山本恵三（企画制作）、畑嶺明（脚本）、小森耕太郎（演出）、堀場正仁（演出）らが手がけたシリーズだが、そこには今どきの母と子が〝一人の人間として〟生き生きと活写されている。

これは子連れ再婚夫婦（生稲晃子・川野太郎）と子どもたちの葛藤を描くホームコメディだが、その子どもたちの描写が実にリアルである。

たとえば「キッズ・ウォー3」の中学生一年生・茜（井上真央）だが、彼女は初恋の相手への想いをもてあますなかで、教師のいじめに耐え、兄や弟のトラブルの解決に奔走し、同級生の家庭の崩壊に心を痛める。このドラマが衝撃的だったのはここのところで、茜は〝子どもらしさ〟といった括弧で括った子どもではなく、さまざまな人間関係の悩みをもつ一人の人間として描かれていたのである。

それがどれほど現実の子どもに近いかは言うまでもないが、ここでふと思い出されるのがCBC初の芸術祭賞作「父と子たち」（作＝井手俊郎、演出＝山東迪彦、六四年）である。

妻の三回忌を迎えた初老の男（宇野重吉）が、息子（高橋幸治）や彼が捨てた恋人らのドライさに一抹の寂しさを覚える。これはそういったホームドラマだが、ここから「キッズ・ウォー」へと至る系譜を見ていると、CBCには家族のなかに新世代感覚を描くという風土が見て取れる。

名古屋という土地柄や、民放第一声を発した中部日本放送の進取の気質からくるものと思われるが、それを述べる前にCBCドラマがどのようにして始まったのかをまず見ておきたい。

CBCドラマの始まり

堀場正仁「ドラマをやり始めて、東京でいろんな人に会って一番名前を聞くのは、山本恵三さんと伊藤松朗さんです。松朗さんは、CBCドラマの創始者の一人で、『東芝日曜劇場』の作品をつくっている頃に石井ふく子さんとの信頼関係を築いて……東芝作品でいいキャスティングが出来ているのはやっぱり松朗さんの力だし、石井さんと仲が良かったというのもあった。その頃につくられたCBCドラマの作風を恵三さんらが受け継ぎ、それをさらに僕らが受け継いでいる気がします」

ＣＢＣのドラマが世の中に知られるようになったのは、東芝日曜劇場（ＴＢＳ系）という全国ネットの場があったからである。では、ＣＢＣはそこでどのようなドラマを創り上げていったのか。

村上正樹「私が入社した頃はラジオドラマの最盛期で、そこからテレビ制作に移ってきた人たちに、伊藤松朗、大脇明、山東迪彦という三人の侍がいまして。ＮＨＫから来て草創期のラジオドラマを演出しテレビ制作部長となった中川一男が、彼らに『ＮＨＫなんかに負けるものか！芸術祭賞を取りたまえ！』と激を飛ばし、秋の芸術祭企画の話ばかりしていました。そこからＣＢＣのテレビドラマは始まったんですね」

村上正樹は、一九五八年にＣＢＣに入社。テレビ制作部演出課に配属され、東芝日曜劇場の「露玉の首飾り」（七九年）で日本民間放送連盟賞優秀、「鼓の女」（八一年）、「元禄サラリーマン考　朝日文左衛門の日記」（八六年）で同最優秀などを受賞したＣＢＣドラマ中興のディレクターである。＊（　）内は放送年

その村上は当取材の少し前ぐらいから、「『名古屋芸能文化としてのテレビ局草創期ドラマ制作』の基礎的研究」を『名古屋芸能文化』誌に寄稿し、中部日本放送（ラジオ）入社一期生の伊藤松朗、山東迪彦（六七年『父と子たち』ほか）、二期生の大脇明（五七年『古瀬戸』ほか）の業績を論じている。①

ここではそのうちの伊藤松朗に絞って、ＣＢＣドラマがどのように築かれたのかを確かめておきたい。

伊藤松朗は、五八年の東芝日曜劇場「海の笛」（脚本＝中江良夫、主演＝清川虹子）で、北海道の漁港を舞台に薄幸な女が健気に生きる姿をてらいなく描いて、芸術祭奨励賞を受賞する。そして、テレビ舞踊劇「物怪の女」（五八年）や、フォーク・ミュージカルス「はげやまちゃんちき」（五九年）などで、テレビドラマの可能性に挑んでいく。

しかし、東芝日曜劇場の石井ふく子プロデューサーの影響もあって、その後はプロデューサーに転身し、企画や本づくり、キャスティング、後進ディレクターの育成などに専念する。

村上「伊藤松朗さんは常々、プロデューサーの大きな責任と役割は、新しい人材と素材を発掘、育成すること、と言っていました。実際そのためにＮＨＫや東京キー局の番組を始終ウオッチしながら、デビューしたばかりの俳優や脚本家の才能に目をつけ、近藤正臣さんや関根恵

子さんを抜擢したり、市川森一さんとは運命を共にする覚悟で書かせて、CBCドラマといえば市川森一という信頼関係をつくり上げました」

やがてこの伊藤松朗の下で、千野栄彦（六一年『刑場』ほか）、住田明美（六七年『赤井川家の客間』、七一年『おりょう』ほか）、村上正樹らが育ち、そのなかの住田に山本恵三（九八年『幽婚』、九九年『キッズ・ウォー』ほか）がつき、山本に堀場正仁がつく、という形で伊藤の薫陶が継承されていく。

①村上正樹、飯塚恵理人「『名古屋芸能文化としてのテレビ局草創期ドラマ制作』の基礎的研究　演出家・伊東松朗の仕事」『名古屋芸能文化』第26号、平成28年、PP．90～81。「同　テレビ演出家・山東迪彦」『同』第27号、平成29年、PP．140～133。「同　テレビ演出家・大脇明」『同』第28号、平成30年、PP．148～142。

風土をモチーフとせず
作家の世界をスタジオドラマで

堀場正仁「スペシャルドラマは作家性を生かしたい枠でもあるので、市川森一さんの作品などもそうですが、こっちの都合であれこれと注文をつけるということはしませんでした。そういったこともあって、土、日の午後というそんなにいい時間でもないですけど、作家さんがある程度自分の想いを書ける枠みたいな浸透のしかたはあったみたいですね」

東芝日曜劇場での単発ドラマ制作がなくなって（最終話『センチメンタル無宿』一九九二年）、CBCは一九九八年からそれを年に一回のスペシャルドラマとして再開する。そしてそこに、伊藤松朗と市川森一の信頼関係に象徴されるような作家主義を継承していく。

市川森一の「幽婚」（PD＝山本恵三、九八年）、中島丈博の「楽園に逃れて」（PD＝同、二〇〇三年）、山田太一の「いくつかの夜」（PD＝同、〇五年）等々ベテラン作家を重用した企画がそれで、堀場正仁もそれを受け継いで市川森一の「花祭」（二〇〇九年）、「旅する夫婦」（一〇年）のPDからスペシャルドラマを始めている。

こういったCBCドラマの作家関係で、特に注目すべきは市川森一である。伊藤松朗プロデューサーに「冬の時刻表」（演出＝辻道勇、七五年）を依頼されて以来、堀場の「旅する夫婦」（二〇一〇年）まで、「CBCドラマといえば市川森一」と言われるほど数多くの作品を残している。

伊藤松朗の門下生、村上正樹の代表作も例外ではない。というより、泉鏡花の幽玄な世界が好みだったと言う村上と、夢幻のメルヘンを真骨頂とする市川森一はとても相性のいい創造関係にあった。とりわけ、「ラスト・ダンス」（七七年）に続く、市川脚本の二作目「露玉の首飾り」（七九年）が、今見ても幽美な味わいがある。

岐阜県郡上八幡。これはこの郡上踊りで知られる町を舞台に、木偶師の幼妻（夏目雅子）に潜む菩薩と夜叉を、そのすべてを黙って受け入れる木偶師（萩原健一）を通して幻想的に物語るドラマである。

信州・戸隠山の鬼女伝説をモチーフとするいかにも市川森一らしい幻想劇だが、女が秘める二つの顔をスタジオのなかに凝縮させた演出が、静かななかにも幽玄な余韻を残している。

村上正樹「この作品では閉塞空間を意識したドラマづくりをしました。オールスタジオで密室の雰囲気を醸し出すような演出をしたのです。舞台は郡上八幡だったのですが、名高い盆踊りのロケなどせずに、お囃子を遠くに聴かせるだけにし、男と女の愛憎劇を木偶師の作業場と朝霧の立ち込める川縁だけに閉じ込めて描いたのです。今は亡き夏目雅子さんが菩薩と夜叉の二つの顔をもつ妖艶な女を演じ、凄絶なドラマに仕上がりました」

ＣＢＣドラマの遺伝子とでもいったらいいだろうか。この「露玉の首飾り」には、ＣＢＣに一貫する幾つかの要素が散りばめられている。作家主義、オリジナルドラマ、スタジオドラマ、抑制的な風土描写といった伝統である。

堀場の言う「作家性を生かしたい枠」ということは、言い方を変えればオリジナルドラマで勝負するということで、東芝日曜劇場、ドラマ30、スペシャルドラマの歴代作品はほとんどがオリジナルドラマである。

次に、スタジオドラマと抑制的な風土描写には、名古屋ならではの事情が大きく関係している。これは北海道放送（ＨＢＣ）のドラマと比較してみるとわかりやすい。北海道には自然や風土に劇的な要素があるが、ＣＢＣの名古屋にはそういった風土色は薄い。

村上「ＨＢＣのように風土の外景（ロケ）に頼らないで、スタジオという閉鎖空間で演劇的要素に特化したドラマづくりをする、というのが一つの伝統になっていました。実際、草創期の先輩たちもそうでしたが、地域から題材を選ぶ発想は誰にもありませんでした。つまり、地域性を前面に出したロケーションドラマではなく、質の高い演劇的なスタジオドラマに徹する、というのがその後のＣＢＣドラマの基軸になっていったと思います」

やがてこうしたＣＢＣドラマの伝統のなかで、市川森一の残した秀作が、数々の賞に輝いたスペシャルドラマ第一弾「幽婚」（ＰＤ＝山本恵三、九八年）である。②

名古屋の霊柩運送会社運転手、元ヤクザの岩淵（役所広司）があるとき、若い男に急死した婚約者・佐和（寺島しのぶ）を郷里の村まで運んでほしいと頼まれる。そして四国の秘境・祖谷渓で、村に残る風習・幽婚の新郎役をつとめる羽目に陥る。

しかしその新婚初夜、彼は恐怖に慄きながらも床に横たわる花嫁・佐和にそっと、「夕べから、お互い長い一日でしたね」と語りかけ愛しむ。元ヤクザの死人への労りと愛しみが、幻想的な秘境に包まれて現実の渇きを潤して余りある。

風土ということでいえば、「幽婚」の自然と風習は濃密な風土色を感じさせる。しかし、これは東海地区の風習をモチーフとするものではなく、中国の地方に伝わる「幽婚」を題材に、四国の祖谷渓でロケしたものである。村上の言葉を借りれば、作家の精神世界、ここでいえば市川森一の世界を閉塞空間に浮かび上がらせたからこそ、その夢幻が愛おしいのである。

② 「幽婚」（98年）は、ギャラクシー賞選奨、日本民間放送連盟賞優秀、芸術祭優秀賞、モンテカルロ国際テレビ祭最優秀脚本賞などを受賞する。

作家の新たなステージをつくる
～北川悦吏子の「月」シリーズ～

現役の堀場正仁もまた、昼の帯ドラマ「ドラマ30」の終了後、スペシャルドラマで市川森一の「花祭」（二〇〇九年）、「旅する夫婦」（一〇年）などを企画・演出している。このうち、先に述べた〝家族のなかに世代感覚を描く伝統〟ということでいえば、「花祭」を若者の視点から描いたことが注目される。

「花祭」は愛知県の奥三河、東栄町の布川花祭を題材としている。僻地の祭りの多くがそうであるように、この祭りも若者不足で開催が危ぶまれている。これはその花祭をなんとか存続させようとする高校生・白山茜（高畠華澄）の想いに、若い男女の恋模様と家族模様を織り込んで綴る作品である。

茜の実家・白山酒造に後継者問題を凝縮させ、そこから花祭でつかう榊鬼（お面）の盗難、青年たちの鬱屈と恋模様、中学校の部活への祭踊りの導入、祭の鬼役をつとめる爺さんが倒れる等々へと話は進む。

その間、何よりも好感がもてるのは祭りの準備の丁寧な描写である。それが**「その土地を存続させるためにというか、お祭りのもつ人を呼び寄せる力をドラマに反映してもらおうと」**（堀場正仁談）という意図もしっかりと伝えている。

そして四年後、二〇一三年に始まる「月に祈るピエロ」から、「月に行く舟」（一四年）、「三つの月」（一五年）へと続く北川悦吏子の「月」三部作が、ＣＢＣドラマの祖・伊藤松朗の掲げたプロデューサーの責務「新しい人材と素材の発掘・育成」を思い起こさせる企画・制作・演出としてクローズアップされる。

堀場正仁「スペシャルドラマの放送枠《土曜日一四時〜一五時三〇分》を考えたときに、メイン視聴者はアラフォー世代かなと思って、じゃあ、四〇代女性の恋愛ドラマをやろうと。で、北川悦吏子さんが岐阜の出身なんですよね。しかも、田舎を舞台にしたドラマはお書きになっていないと思ったので、地元の岐阜を舞台にした四〇代女性の恋愛ドラマを！とお願いしたんです」

北川悦吏子は、「素顔のままで」（九二年）、「愛していると言ってくれ」（九五年）、「ロングバケーション」（九六年）、「ビューティフルライフ」（二〇〇〇年）など、記憶に残る恋愛ドラマを数多く書いてきた。しかし闘病生活が長く、前年には左耳も聴こえなくなっていた。それでも、北川はその依頼に応える。

北川悦吏子「あの頃、体調もあんまりよくなく、長いものはまだ早いというか、なんか踏み切れない事情があって。でも、オリジナルで九〇分というＣＢＣのスペシャルドラマ枠が新鮮で、二時間だと二回ぐらいヤマがあって最後に派手に終わるんですが、九〇分だとぎゅっとしてわりとこぢんまりしたいい話が出来るんじゃないかと。それに、わりとその世代は書いていなくて、アラフォーをずっと書きたかったんですよね」

一時間の単発ドラマ枠「東芝日曜劇場」は九三年に連続ドラマ枠となり、二時間ドラマの最後の砦「月曜名作劇場」も二〇一九年に幕を閉じ、単発ドラマのレギュラー枠は皆無となる。しかし、東芝日曜劇場が作家性に富む秀作を数多く残してきたように、単発ドラマは作家の世界を問う場でもある。

北川はその単発ドラマ、九〇分のスペシャルドラマを依頼されて、「出逢ったところで終わる話を書きたい！」、「一回ぽっきりの宝石みたいな物語を書きたい！」と新たな意欲を燃やす。そして、「月」シリーズ第一作「月に祈るピエロ」で、岐阜県郡上八幡を舞台に四〇代独身女性のひと時の夢を描く。

病院の事務職・玉井静流（常盤貴子）が、ネットオークションで購入した絵本『月に祈るピエロ』をきっかけに、元の持ち主である商社マン・戸伏航（谷原章介）とメールのやり取りを始める。これはそのやり取りにひと時の夢を見させるものだが、北川が描く田舎の四〇代女性ということでいえば、静流の日々の描写がその世代ならではのリアルな心象を浮かび上がらせている。

「誰も歩いてないのね」、「な〜んもいいことない」、「嫌なことばっか溜まってく」……静流はそんな田舎暮らしに煮詰まっている。が、「月」シリーズには川がしょっちゅう出てくるのだが、その川のせせらぎで水を蹴って月を見上げ、戸伏に電話するときにはどこか素直になっている。

やがて盆踊りの夜、戸伏が電車でやってきて、「はじめまして」と挨拶を交わしてドラマは終わる。続く二作も基本的には同じつくりで、「月に行く船」は駅で好きな人を待つ女性（和久井映見）が、「三つの月」は家族の面倒をみることで精一杯精の妻（原田知世）が、都会からやってきた異性（いずれも谷原章介）にひと時の安らぎを得る。

北川「二〇代、三〇代の頃は田舎が嫌でたまらないと思うんですね。私も若い頃は故郷のことは書きたくなかった。標準語に憧れていて、東京へ出てきたのも東京の話を書きたかったからで。ただ、四〇代は《静流のように》故郷と折り合いをつけるのが微妙な時期で、もうお嫁にはいかないのねって言われ始めたりして。五〇を過ぎるとそんなことは誰も思わなくなって、田舎がいいよって岐阜に帰る人もいて」

北川は「月」シリーズ（二〇一三〜一五年）終了後、同じく故郷・岐阜の物語、連続テレビ小説「半分、青い。」（NHK、一八年度上半期）③を書き残す。つまりCBCの「月」シリーズは、「故郷のことは書きたくなかった」北川悦吏子のドラマ史において一つのエポックでもあったのだ。

③連続テレビ小説「半分、青い。」（演出＝田中健二ほか、制作

統括＝勝田夏子、ＮＨＫ、２０１８年度上半期）は、作者・北川悦吏子の故郷・岐阜県で生まれたヒロイン（永野芽郁）が、作者と同じように左耳の失聴にもめげず人生をたくましく切り拓いていく半生記。

明日の全国展開に向けて

北川悦吏子『『月』シリーズは自分でも気に入っていて、大好きだって言う人も結構いて。ゴールデンの連ドラ『ロングバケーション』とかはファンの人が騒いでくれたんですが、『あゝ、私、こういうことじゃなくていいんだな』っていうのがすごく実感できたんです。視聴率とか、雑誌の激賞とかとは違う喜びがきっちり見えてきて。自分が書きたいものがちゃんと作品になって誰かに届く、ということが循環するのが一番大事なことなんだ！ということがひしひしと……」

ＣＢＣに話を戻せば、こう言ってもいいかもしれない。堀場正仁らが〝根性〟で続けている年に一度のスペシャルドラマは、その作家主義によって北川悦吏子の次のステージをつくった、と。

では、ＣＢＣドラマは年に一度のスペシャルドラマに終始するものなのか。次なるステージはどのように展望されているのか。

堀場正仁「二〇一七年ぐらいから若いスタッフに、深夜ドラマ『金の殿～バック・トゥー・ザ・ＮＡＧＯＹＡ』《一七年》などをつくってもらっています。また、地上波だけで勝負する時代でもないので、一九年には劇団ＯＮＥＯＲ８の舞台をドラマ化した『ゼブラ』を、Ｐリニア配信サービスでも同時配信するという試みもしています。そうやって少しずつとではありますが、ＣＢＣドラマの伝統を絶やさないために、社内各セクションが連携して新たな試みにチャレンジしています」

「ゼブラ」は、テレビドラマを始めたばかりの尾関美有（二六歳）がプロデュースした作品で、母を亡くした四人姉妹が心に秘めたトラウマを抉る連続ドラマである。シネマチックなつくりだが、姉妹が交わすやり取りには暗鬱なおかしさが醸し出されている。

そして、これがそういった試みの人材育成の成果だろうか。その若手プロデューサー・尾崎美有が二〇二〇年の深夜ドラマ「スナイパー時村正義の働き方改革」（全3話）で、芸術祭賞優秀賞、日本民間放送連盟賞最優秀を受賞している。④

日本政府の情報機関・ＪＩＡの国際テロリスト狙撃作

戦現場に、人事部の若手職員・早川カオリ（高田夏帆）がやって来て、スナイパー・時村正義（高杉亘）の過酷な任務、残業時間などの勤務管理をする。

社会的なテーマ「働き方改革」を、プライドの高い職人スナイパーとマニュアル公務員とのどこか噛み合わないやり取りで楽しませる。そういったチャレンジーな企画とプロデュースが心をくすぐる作品である。

近年、テレビドラマのメディアは、放送からインタネットディバイスへと広がりを見せている。つまり今では、視聴率だけではドラマへのアクセスを測れない時代になっている。そのいい例が「おっさんずラブ」シリーズ（二〇一六、一八、一九年）で、ＳＮＳなどでの盛り上がりが社会現象化するほどに話題となった。

これはローカル局にとって、新たな全国ネットの構想を示唆するものでもある。ＣＢＣには、少なくとも「一度やめるとつくれなくなる」という自覚がある。今、始まった深夜の連続ドラマづくりとＩＰリニア配信サービスが、その自覚に基づく全国展開への確かな一歩となることを期待したい。

④「スナイパー時村正義の働き方改革」全3話（２０２０年）。01時29分～01時59分。企画・P＝尾関美有（ＣＢＣ）、柳川由起子（共同テレビ）、脚本＝政池洋佑、演出＝吉村慶介（共同テレビ）

《証言者プロフィール》

堀場正仁　1963年名古屋市生まれ。87年東北大学文学部卒業、中部日本放送入社。報道、ラジオ営業、ラジオ制作を経て、99年からテレビ制作部へ異動。まず、ドラマ30で「アゲイン～ラブソングをもう一度～」(99年)、「キッズ・ウォー」シリーズ（2000～03年)、「幼稚園ゲーム」シリーズ（01～03年）などを演出する。以降、スペシャルドラマで「ガラスの牙」(07年、日本民間放送連盟賞優秀)、「花祭」(09年)、「旅する夫婦」(10年、日本民間放送連盟賞優秀)、「父、ノブナガ」(17年、同優秀）などを企画・制作・演出。また、北川悦吏子作の「月」シリーズ、「月に祈るピエロ」(2013年)、「月に行く船」(14年)、「三つの月」(15年）は、国際的なフィルム・フェスティバルなどで高く評価される。現在、情報制作局専任局次長。2019年2月19日インタビュー

村上正樹　1935年岐阜市生まれ。58年名古屋大学文学部卒業、中部日本放送入社。テレビ制作部演出課に配属され、音楽番組、バラエティ番組を経て、63年から「東芝日曜劇場」(TBS系)、「近鉄金曜劇場」(同)、「昼の連続ドラマ」の企画、制作、演出に携わる。各アウォード受賞作は、日本民間放送連盟賞の「露玉の首飾り」(演出、79年、優秀)、「鼓の女」(同、82年、最優秀)、「元禄サラリーマン考　朝日文左衛門の日記」(制作・演出、86年、最優秀)。芸術祭賞の「晴れた日に」(演出、80年、優秀賞)、「時の祭り」(企画、90年、芸術作品賞)、「幽婚」(企画、98年、優秀賞）など。テレビ制作局ドラマ制作部長（85年)、取締役テレビ編成局長（97年)、常勤監査役（2001年）などを歴任し、02年に退職。2019年3月インタビュー

北川悦吏子　1961年岐阜県美濃加茂市生まれ。84年早稲田大学第一文学部卒業後、広告代理店、にっかつ撮影所を経て、89年に脚本家デビュー。世にも奇妙な物語「ズンドコベロンチョ」で注目され、以来「素顔のままで」(92年)、「あすなろ白書」(93年)、「愛していると言ってくれ」(95年)、「ロングバケーション」(96年)、「ビューティフルライフ」(2000年、向田邦子賞、橋田壽賀子賞)、「オレンジデイズ」(04年）など、数々の恋愛ドラマをヒットさせる。その間、難病と闘いながら、2013年から郷里の岐阜県を舞台とするCBCの単発ドラマ、「月に祈るピエロ」(13年)、「月に行く船」(14年)、「三つの月」を執筆。同じく岐阜を舞台とする連続テレビ小説「半分、青い」(18年）へと、精力的に新たなステージを切り拓いている。2019年3月10日インタビュー

東海テレビドラマの不変史（一九八〇〜二〇一〇年代）

意外性にこだわる人間ドラマづくり

〜昼の帯ドラから深夜の土ドラへ〜

東海テレビドラマの遺伝子を探る

東海テレビの連続ドラマ「オトナの土ドラ」（フジテレビ系、二〇一六年四月〜）は、長年続いた昼の帯ドラマ（一九六四〜）を深夜へシフトさせて始まったものである。それが二年後の「結婚相手は抽選で」（二〇一八年）でギャラクシー優秀賞を受賞する。

少子化対策として〝抽選見合い結婚法〟が施行され、未婚男女は強制的に見合いをさせられ、三回断ればテロ対策活動後方支援隊に入隊させられる。「結婚相手は抽選で」はそういった設定の下に、自分を見失った男女が自律していく姿を描くものである。①

一見、荒唐無稽な設定に見える。しかし、抽選見合い結婚法や潔癖症のシステムエンジニア（野村周平）などには、少子化や草食化といった今の社会が象徴的に映し出されている。見合いに臨む男女の葛藤と覚醒の描写も緻密で、人間ドラマとしてもよく出来ている。

東海テレビの昼ドラといえば、「華の嵐」（一九八八年）や「真珠夫人」（二〇〇二年）、「牡丹と薔薇」（〇四年）など、娯楽に徹したメロドラマがすぐに思い浮かぶ。それがオトナの土ドラにシフトして二年後の「結婚相手は抽選で」では、きわめて社会性に富む人間ドラマをつくっている。

では、そういった作品性をもって東海テレビドラマの成熟と言っていいのか。

今、オトナの土ドラを「結婚相手は抽選で」から語り始めたが、この深夜ドラマの第一作「火の粉」（一六年）は平凡な人間の内に潜む狂気を描くサスペンスで、一七年に始まる「さくらの親子丼」シリーズ（〜二〇年）は、行き場を失った者の心を癒すヒューマンドラマである。

また直近のホラーサスペンス「リカ」（一九年）は、かつての「真珠夫人」や「牡丹と薔薇」を思わせるような愛憎劇を繰り広げている。

オトナの土ドラはこのように当初から一口では括れないドラマ編成を行っている。それもどちらかといえば、いい意味での商業性を重視している。「結婚相手は抽選で」を作品性で語ることは容易い。問題は、オトナの土ドラの商業性とその拠ってきたるところの評価である。

東海テレビドラマの遺伝子とは何か？昼ドラの「華の嵐」や「真珠夫人」の伝統は途絶えたのか？オトナの土ドラへのシフトから何が生まれたのか？

①「結婚相手は抽選で」全8話（2018年）。企画＝横田誠、企画・P＝栗原美和子（共同テレビ）、P＝河角直樹（東海テレビ）ほか、原作＝垣屋美雨、脚本＝関えり香、川嶋澄乃、演出＝石川淳一、制作＝共同テレビ。

昼ドラから土ドラへの不変

市野直親「僕は、最後の昼ドラと最初の土ドラを続けてやっていますので、何も変わっていません。これをやれば絶対当たるということはない世界ですから、自分が想い描くものを、自分が正しいと思うやり方で最善を尽くす。で、おもしろければ時間はどこでも関係ないという思いだけでつくりました。昼ドラのときに教わった主婦が洗い物をしていても振り向いてしまうような台詞や音。それが深夜になれば、うとうとしている人が、はっ！って起きてしまうような……となるだけで」

横田誠「昼ドラも不調だった時代で、大きな意味で我々自身も変わるチャンスだとは思っていました。ジャンルを絞るという発想はありませんでしたが、昼にはなかったジャンルを採り入れないと駄目だなとは思っていました。それで、深夜ドラマを過去五年ぐらい遡って分析したんですが、成功したもののほぼ八割はサスペンスものだったんです。で、昼ドラにはなかったものということで、サスペンスものの「火の粉」を真っ先にやることにしたんです」

「オトナの土ドラ」の現場プロデューサー・市野直親と、当初の企画を統括していた東京制作部の部長・横田誠は、共に昼ドラの最終作「嵐の涙〜私たちに明日はある〜」（二〇一六年二月編成）と、土ドラの第一作「火の粉」（一六年四月編成）を手がけている。当然、そこには互いのポジションからくる微妙な土ドラ観の違いがある。それでも、二人にはある信念が共通して貫かれている。

市野「僕は昼ドラを引っ張ってきた出原弘之と鶴啓二郎の影響を受けていましたので、鶴に教えられたこと、〝生身の人間を見つめる〟、〝人間の意外性を描く〟〝流行は追いかけない〟、〝余分なシーンは要らない〟がずっと刷り込まれていて、それをそのまま企画・プロデュースに採り入れて実践しています」

横田「人間を描くということについては変わらないと思っていましたので、過激なサスペンスであったり、お昼でやると乗り過ぎになってしまうような家族の犯罪であったり、そういった突っ込んだ内容をどんどんやっていこうと。特に、内容については挑戦的なものをやっていこうと思っていましたね」

二人の大先輩、出原弘之と鶴啓二郎については次章で詳述するが、鶴の教えたこと〝余分なシーンは要らない〟とはこういうことである。

鶴啓二郎「意味のないシーンを感じや雰囲気で置いてどうするんだ!そんな時間を使っている暇はあるのか!たとえば、恋人同士が別れ話をしていたら雨が降ってきて、女性が泣きながら雨の中を歩いていくのを延々と押さえたりする。そうじゃなくて、そこははずして新しいものをどんどん叩き込んでいく。うちの特徴は『これでもか!っていう展開と意外性』にあるので、六〇分《土ドラ》になったとしてもそれを持ち込んだら他にないつくりになるだろうと……」

市野は「生身の人間を見つめる」と言い、横田は「人間を描くということについては変わらない」と言う。

まず、昼ドラから土ドラへのシフトで変わらないことがあるとすれば、この〝人間〟への強いこだわりではないだろうか。

では、二人が信奉する〝人間ドラマ〟とはどのようなものなのか。かつての昼ドラのヒット作、グランドロマン「華の嵐」(一九八八年)も、ドロドロ愛憎劇「真珠夫人」(二〇〇二年)も、今では遠い思い出である。しかしどうやら、土ドラの今を考えるには、そこまで遡る必要がありそうだ。

人間の尊厳と不条理を見つめて

東海テレビ制作の昼の帯ドラマは、一九六四年の「雪燃え」(原作=円地文子)に始まり、当初は「暖流」(岸田國士、六四年)、「新・自由学校」(獅子文六、六五年)など、文芸的な作品を並べていた。

そして七〇年代後半から八〇年代にかけては、「あかんたれ」(七六年)、「がしんたれ」(七九年)、「ぬかるみの女」(八〇年)など、花登筐(脚本)の浪花根性ものが関心を集める。

さらに八〇年代後半、当時グランドロマンと称された三連作、「愛の嵐」(八六年)、「華の嵐」(八八年)、「夏の嵐」(八九年)がこれに続き、「華の嵐」が名古屋地区で平均一六%超えの視聴率を記録する。(関東地区平均一〇・八%)

この「華の嵐」は、華族の誇りを胸に気高く生きた朝倉男爵の長女・柳子(高木美保)と、朝倉への復讐に燃える平民・天童一也（渡辺裕之）の波乱万丈の半生を描くグランドロマンで、当時のゼネラルプロデューサー・出原弘之の企画である。②

昼ドラといえば、まずこの大ヒットが思い出される。しかし、東海テレビドラマの先達・出原にはそういったグランドロマンへのこだわりはなかったという。

鶴啓二郎「僕は、『華の嵐』などのグランドロマン・シリーズを引っ張っていた出原弘之の薫陶を受けてスタートを切ったんですけど、グランドロマンとかドロドロ愛憎劇とか、特定のジャンルを意識したことはないですね。出原にもドラマのテイストとか区分で、これをやれ！って言われたことはないんです。もっと多様なものでいいと。ただ、出原自身は文学青年で、根底のところでは人間への関心がベースになっているところがありましたね」

一九八三入社の鶴啓二郎は、昼ドラの「ラストフレンド」（九三年）でプロデューサーデビューをし、「真珠夫人」（プロデュース、二〇〇二年）、「牡丹と薔薇」（企画、二〇〇四年）などのドロドロ愛憎劇を手がけていく。そしてその二作がヒットし話題を集めるのだが、鶴もまた自身のヒットジャンルへのこだわりはなかった。

では、出原と鶴はどんなドラマをつくろうとしていたのか。まず出原弘之の「華の嵐」だが、一九九〇年入社の東京制作部長（取材時）・横田誠は、出原から聞かされた企画動機を今でもはっきりと覚えていると言う。

横田誠「入社二年目ぐらいのときに、『華の嵐』を何でつくったかわかるか？って聞かれたんですが、もともとは全然違う話だったんですね。出原は電車に乗ってて、腰の曲がったお婆ちゃんが乗ってきても誰も席を譲ろうとしなかったのを見て、こんな世の中は駄目だ！と思って『華の嵐』をつくったって言ったんです」

「『華の嵐』を見て、席、譲りなさい！なんて思わないけど、結局、人間の尊厳なんだろうなと……いろんなサスペンスもあるけど、最終的に、生きていくときにこれだけは守らなきゃ駄目じゃないか！みたいなことが多分、ドラマのテイストとしてあるんじゃないのかなとそのとき思ったんです」

一方、出原弘之の後を受けて、昼ドラを引っ張った鶴啓二郎は、「真珠夫人」の真の狙いについてこう語る。

鶴「特定のジャンルを意識したことはないんです。ただ、あり得ないことや突拍子もないことが起こるのが好きなので。というか、そういうことをやったりするのが人間で、そこがおもしろいので、意外性があって腑に落ちるものをつくっていきたいだけです。とんでもないことを描くだけじゃなく腑に落ちるというのが肝心で、そういうものを極められたらいいなと。そのほうがわくわくするし、作っているときも楽しい。見る人もひょっとすると楽しいんじゃないかなっていう感じですね」

「真珠夫人」（原作＝菊池寛）といえば、嫉妬に狂った妻が夕食にタワシのコロッケを出すシーンが話題になる。それも「突拍子もないこと」だが、鶴啓二郎（P）と中島丈博（脚本）が描いたのは、娼館を営みながら男を手玉に取る女（横山めぐみ）の操、つまり淫のなかの純という不条理である。③

さらに、一九九四年入社の市野直親は、「真珠夫人」に続く愛憎劇「牡丹と薔薇」（〇四年）④と、自身の「花嫁のれん」（二〇一〇年）⑤をあげて、鶴から受け継いだ昼ドライズムについてこう明かす。

市野直親「実は、『花嫁のれん』をつくるときに、『牡丹と薔薇』を研究しているんですよ。東海テレビは一つのことをとことんやり切るところがあるんですが、あとはやっぱり意外性ですね。外から見ると怖がられている人が実はものすごい傷を負っていたとか、いい人だって言われていたのに闇を抱えていたとか、そういった鶴がずっと言っていた意外性が東海テレビのドラマの真髄なんだというところで、老舗旅館を舞台とするホームドラマ『花嫁のれん』が出来たんですよ」

出原弘之から鶴啓二郎へ。そして横田誠へ、市野直親へ。東海テレビドラマに受け継がれているのは、こういった証言にも明らかなように、人間の尊厳や不条理への愚直なまでのこだわりである。

② 「華の嵐」全70回（1988年）。企画＝出原弘之、P＝井村次雄、原作＝長坂秀佳、脚本＝田口耕三ほか、演出＝松生秀二ほか、制作＝泉放送制作。

③ 「真珠夫人」全65回（2002年）。P＝鶴啓二郎、制作会社P＝塚田泰浩ほか（東宝）、原作＝菊池寛、脚本＝中島丈博、演出＝西本淳一ほか。最高視聴率＝6・1％。

④ 「牡丹と薔薇」全60回（2004年）。数奇な運命に弄ばれた姉妹を、ドロドロの愛憎劇として描く。企画＝鶴啓二郎、PD＝西本淳一、制作会社P＝大久保直美（ビデオフォーカス）、脚本＝中島丈博、主演＝大河内奈々子、小沢真珠。最高視聴率8・9％。

⑤ 「花嫁のれん1」全42回（2010年）。P＝市野直親、制作会社P＝沼田通嗣、伊藤一尋（テレパック）、作＝小松江里子、演出＝藤尾隆（テレパック）、杉村六郎、主演＝羽田美智子、野際陽子。

昼ドラ多様化への模索

東海テレビの昼ドラは一九八〇年代後半から、グランドロマン「華の嵐」（八八年）から、地方旅館の仲居奮闘記「はるちゃん」シリーズ（九六〜二〇〇二年）、ホームドラマ「幸せの明日」（二〇〇〇年）、スター女優へのレクイエム「女優・杏子」（〇一年）等々へ。そしてドロドロ愛憎劇「真珠夫人」（〇二年）、「牡丹と薔薇」（〇四年）へと、鶴啓二郎の言う「もっと多様なものでいい」を裏づけるような多種多様なヒット作を残す。

しかし二〇〇〇年代後半になると、これはというヒット作も生まれず低迷が続く。

鶴啓二郎「年々、世代交代が進んで視聴率も下がってくる。同時に、CBCさんとMBSさんの『ドラマ30』《TBS系、一九九二〜二〇〇九年》も打ち切りになり、うちが民放帯ドラマの最後の砦みたいになった。そこでどう昼ドラを守るかというなかで、『ドラマ30』がやっていたホームドラマなども取り込みながら、いろんなことにチャレンジし始めたのが当時ですね」

こうして二〇一〇年代、「ドラマ30」の打ち切りを受けて、すでに出原時代から散見されたホームドラマ路線が加速し、老舗旅館を舞台とする「花嫁のれん」が看板シリーズ（二〇一〇、一一、一四、一五年）となる。

同時に、伊勢湾台風（五九年）を題材とする家族の離散劇「嵐がくれたもの」（〇九年）や、少年少女の心の傷を見つめた「明日の光をつかめ」シリーズ（二〇一〇、一一、一三年）など、社会性の強いテーマも打ち出していく。いずれも、初めは報道志望だった市野直親がプロデュースした作品で、そこには彼の元々のモチベーションと、鶴啓二郎の薫陶が色濃く働いている。

市野直親「報道へ行けなかったので、報道では表現出来ない人間の真実みたいなもの、ドラマだから嘘をつくから描けるものって何だろうと考えていた頃です。鶴から伊勢湾台風って知ってるか？って聞かれて、子どもの頃からその災害を祖母や近所のお爺ちゃんから聞かされていたので図書館で調べたら、五〇九八人の死者それぞれにドラマがあって。あゝ、報道じゃ伝わらないことを伝えよう！と『嵐がくれたもの』を企画したんです」

「『明日の光をつかめ』もそうで、幸せが画一化しているような世の中だったので、ドラマの形を借りて犯罪を犯してしまったけれどそこには誰も知らない幸せがあった！というような意外性を描いてみようと。それで、取材を重ねてつくったのが『明日の光をつかめ』で、それを今『さくらの親子丼』⑥でやっているんですけど」

東海テレビの昼ドラは二〇〇〇年代後半から、ホームドラマ「花嫁のれん」シリーズ、社会派ホームドラマ「嵐がくれたもの」、同「明日の光をつかめ」シリーズなど、硬軟織り交ぜた人間ドラマの多様化を模索し一定の支持を集める。しかし、「新・牡丹と薔薇」（一五年）でかつての愛憎劇を取り入れ、「嵐の涙」（一六年）で〇九年の「嵐がくれたもの」をリメイクすると、一九六四年以来続いた昼ドラ最後の砦も突然消滅する。

⑥オトナの土ドラ「さくらの親子丼」全8話（2017年）。古本屋のさくらが、心に傷を負った少年少女を見守る人間ドラマ。企画＝横田誠、P＝市野直親、制作会社P＝浦井孝行（オスカープロモーション）、作＝清水有生、演出＝阿部雄一ほか、主演＝真矢ミキ。

オトナの土ドラへのシフト

二〇一六年四月、東海テレビの昼の帯ドラマは、深夜の連続ドラマ「オトナの土ドラ」へとシフトされる。キー局のフジテレビが、平日デイタイムの生放送化をはかったために、昼ドラが打ち切りになったのである。

そこで、フジテレビが提示した土曜、二三時四〇分～二四時三五分の時間帯で、「オトナの土ドラ」がスタートする。そして、前々から準備していた「火の粉」をその第一弾としてぶつける。⑦

横田誠「最初の『火の粉』は、昼ドラにはほとんどなかったサスペンスを採り入れなければというシュミレーションのもとに企画したもので、オトナの土ドラを方向づけていくものとして代表的な作品だと今でも思っています。また『結婚相手は抽選で』も、内容のテイストをこうしなきゃ駄目だよ！ってしつっこく言った作品なので、その狙いは最終話まで行き届いた気はします」

「オトナの土ドラ」が始まって三年余の二〇一九年当時、企画を統括していた横田誠はその間の手応えとして、第一作「火の粉」（一六年）と、「結婚相手は抽選で」（一八年）を上げる。

「火の粉」（原作＝雫井脩介）は、元裁判官一家の隣にかつて無罪判決を言い渡した男（ユースケ・サンタマリア）が引っ越して来て、その不気味な親切によって元裁判官（伊武雅刀）の三世代家族が錯乱に陥る物語である。

プロデューサーの市野直親は、これを〝家族の本音〟

を抉り出す深夜のサスペンスにした。しかしそのいい人そうに見える男の狂気は、昼ドラの真髄〝意外性と納得〟といった人間の不条理を映すものでもある。つまり、昼の三〇分帯ドラマが深夜の六〇分連続ドラマに変わっても、人間描写の本質は何も変わらなかったのだ。

「結婚相手は抽選で」はすでに述べたように、荒唐無稽な設定のなかに人間の自律を語ったものである。企画統括の横田誠によれば、最初に上がってきた企画がコミカルなものだったのでスタッフには、「設定の社会性はいいけれど、その嘘をついた後はコミカルにしないで欲しい、リアルに描いたらおもしろい」としつこく注文をつけたと言う。結果、視聴率は低かったが、見逃し視聴ではF1、F2、M1、M2の各層で反響を呼び、ギャラクシー賞でも高く評価された。

さらに、二〇二一年の「その女、ジルバ」では、高齢ホステスばかりのバーというアクチュアルな設定で、四〇代女性の次の生き方を活写し、ギャラクシー選奨を受賞するなど高い評価を得た。⑧

「オトナの土ドラ」の企画を統括してきた横田誠はサスペンスの導入を言い、現場の市野直親は土ドラを昼ドラの地続きのところでそれをとらえる。そして、それはこのように作品的評価も得始めている。

もちろん二〇一九年の「リカ」のように、かつてのドロドロ愛憎劇をシャープにしたようなものも話題となる。古風な結婚観をもつ女（高岡早紀）の執着心、その純愛と孤独の狂気が男たちを狂わせるといった物語で、どこか「真珠夫人」を彷彿とさせた。⑧

また、こういった東海テレビドラマの遺伝子〝生身の人間を見つめる〟、〝人間の意外性を描く〟といった作劇は、直近の「顔だけ先生」（二一年）や、「おいハンサム」（二二年）などのひねりの効いた人間ドラマへと受け継がれてもいる。追記すれば、「犯罪症候群」（二〇一七年）、「ミラー・ツインズ」（一九年）など、WOWOWとの共同製作も多チャンネル下の必然として注目される。

人間の尊厳と不条理をけれん味たっぷりに見せる。そういった昼ドラの伝統が深夜にどんな花を咲かせるか。「オトナの土ドラ」の今後を引き続き期待を込めて注目していきたい。

⑦オトナの土ドラ「火の粉」全9話（2016年）。企画＝横田誠、P＝市野直親、制作会社P＝高橋史典（K Factory）、脚本＝香坂隆史ほか、演出＝森雅弘ほか。関東地区最高視聴率5・8％。（名古屋地区は7・6％）

⑧オトナの土ドラ「その女、ジルバ」全10話（2021年）。企画＝市野直親、原作＝有間しのぶ、脚本＝吉田紀子、P＝遠山圭介、黒沢淳（テレパック）ほか。演出＝村上牧人ほか、出演＝池脇千鶴、江口のり子、草笛光子ほか。

⑨オトナの土ドラ「リカ」全8話（2019年）。企画＝市野直親、企画・P＝栗原美和子（共同テレビ）、P＝河角直樹（東海テレビ）、原作＝五十嵐貴久、脚本＝牟田桂子、嶋田うれ葉、演出＝松木創ほか。主題歌♪STRIP♪倖田來未、出演＝高岡早紀、小池徹平、大谷亮平）

《証言者プロフィール》

鶴啓二郎　1959年福岡県生まれ。83年成城大学文芸学部卒業、東海テレビ放送入社。報道記者、東京営業部、東京制作部ドラマプロデューサー、東京制作部長、編成局長、制作局長を歴任。現在、制作局ドラマ・エグゼクティブプロデューサー。代表プロデュース作品＝「ラストフレンド」（93年）、「風のロンド」（95年）、「真夏の薔薇」（96年）、「砂の城」（97年）、「真珠夫人」（2002年）。企画作品＝「牡丹と薔薇」（04年）、スペシャルドラマ「光抱く友よ」（06年、日本民間放送連盟賞優秀）、開局50周年記念ドラマ「長生き競争」（08年、芸術祭優秀賞、日本民間放送連盟賞優秀）。2019年5月24日インタビュー

横田誠　1966年名古屋市生まれ。1990年立教大学社会学部卒業、東海テレビ放送入社。東京営業部、東京制作部、名古屋本社制作部、同・情報制作部長、同事業部長を経て、2013年から東京制作部長。2013年以降の昼ドラ「天国の恋」（13年）、「花嫁のれん」シリーズ（14、15）、オトナの土ドラ「火の粉」（16年）、「さくらの親子丼」シリーズ（17，18年）、「結婚相手は抽選で」（18年、ギャラクシー賞優秀賞）などの企画を統括する。現在、制作局長。2019年5月27日インタビュー

市野直親　1970年愛知県半田市生まれ。1994年早稲田大学人間科学部卒業、東海テレビ放送入社。スポーツ事業部を経て、99年東京制作部に異動。代表プロデュース作品＝「新・愛の嵐」（2002年）、「明日の光をつかめ」シリーズ（2010，11、13年）、「花嫁のれん」シリーズ（2010、11、14、15年）。スペシャルドラマ「リターンマッチ」（04年）、「光抱く友よ」（06年）。16年、最後の昼ドラ「嵐の涙」に続き、最初のオトナの土ドラ「火の粉」もプロデュース。以降、「さくらの親子丼」シリーズ（17、18年）。WOWOWとの共同制作「犯罪症候群」（17年）、「ミラーツインズ」（19年）。「リカ」（企画、2019年）、「その女、ジルバ」（企画、21年、ギャラクシー選奨）、「顔だけ先生」（企画、同年）、「おいハンサム」（企画、22年、日本民間放送連盟賞優秀）などを企画・制作する。現在、東京制作部長。2019年5月24日インタビュー

メーテレ・ドラマのニューローカリズム史（一九九〇～二〇一〇年代）

エリアドラマとネットドラマの両極

～「名古屋行最終列車」から「乱反射」へ～

メ～テレ・ドラマの二つの顔

東海地区のテレビドラマには、地域から直接に題材を選ぶといった企画は少ない。ＣＢＣのドラマ30「キッズ・ウォー」シリーズ（二〇〇〇～〇三年）がいい例で、〝名古屋〟という舞台ではなく、タイトルにあるような〝現代っ子〟がモチーフとなっている。

スペシャルドラマ「月」シリーズ（一三～一五年）にしてもそうだ。一見、北川悦吏子の故郷・岐阜県の風土が欠かせないもののように見えるが、決め手となったモチーフは〝現代アラフォー女性〟の心象である。

では近年、そのドラマづくりがビビッドに勢いづく名古屋テレビ放送、通称メ～テレの場合はどうか。二〇一二年に始まった「名古屋行き最終列車」シリーズや、一九年に始まった「ヴィレヴァン！」に、そのローカリティの特色がきわめてわかりやすく表れている。

名古屋の私鉄「名古屋鉄道」（名鉄）と、名古屋発の書店・雑貨店チェーン「ヴィレッジヴァンガード」。どちらも実在の電車や店舗を舞台とするもので、そのドラマには名古屋という土地柄と今現在ならではの人間模様が色濃く絡み合っている。

つまりメ～テレ・ドラマは、ＣＢＣドラマが感じさせる世代的な現代感覚を、より地域に密着したものとして描いているのだ。

一方、メ～テレ・ドラマにはもう一つの顔がある。地域性にとらわれない普遍的な人間ドラマがそれで、全国ネットのメ～テレ開局55周年記念ドラマ「乱反射」（テレビ朝日系、二〇一八年）では、一人の幼児を死なせた罪を市民のなかにシリアスに糾して、芸術祭優秀賞、日本民間放送連盟賞優秀などを受賞している。

名古屋テレビ放送は、中部日本放送（ＣＢＣ）、東海テレビ放送に次ぐ在名第三民放局として一九六二年に開局した。当然、ドラマの制作も先発二局に大きく立ち遅れていた。

一九五六年にテレビ放送を開始したＣＢＣは、六四年には「父と子たち」で芸術祭賞を受賞。以降、ＴＢＳ系の東芝日曜劇場で数々の秀作をつくっている。また、五八年開局の東海テレビも六四年に、フジテレビ系で昼の帯ドラマ「雪燃え」を制作。二〇一六年まで昼ドラを牽引してきた。

名古屋テレビはどうかといえば、八七年に25周年記念ドラマ「女は遊べ物語」でＡＴＰ賞優秀賞を受賞。これを機に周年ドラマを五年毎に制作し始め、九六年の「ドラマランド11」でようやく自社スタッフによる連続ドラマを始めたに過ぎない。

しかし今、その名古屋テレビが地域密着のエンタテインメントと普遍的な人間ドラマで勢いづいている。二〇一〇年代以降、メ~テレでは一体何が始まったのか。

「名古屋行き最終列車」によるメ~テレ・ドラマの活性化

名古屋市の交通手段で一番の馴染みは名鉄である。私も中学、高校は名古屋だったから、名鉄の赤い電車を見るといろんなことが思い出される。

その赤い岐阜発最終列車に、広告代理店勤務の吉川一美(松井玲奈)がしょんぼり乗り込む。そして、彼女の肩にイケメンがもたれかかって寝ている朝の通勤が回想される。で、一美はうっとりして、プレゼン用の資料を座席に置き忘れる。

二〇一二年、メ~テレの50周年特別番組「名古屋行き最終列車」は、そんな電車内での出来事をハートフルに結んで始まる。そして、この年一回の深夜・オムニバス帯ドラマが、なんと現在まで続くことになる。それればかりかこの成功で、連続ドラマと単発ドラマの両輪が勢いよく回り始める。①

メ~テレのドラマ制作は、東京制作と名古屋制作に分かれる。一九九六年入社の太田雅人は東京制作で全国ネットの周年記念ドラマをつくっていたが、メ~テレ・ドラマのターニングポイントは、名古屋制作の神道俊浩(八六年入社)が企画・監督した「名古屋行き最終列車」だったと断言する。

太田雅人「メ~テレのドラマが勢いづいたのは、やっぱり二〇一二年の『名古屋行き最終列車』が成功してからでしょうね。九六年に『ドラマランド11』《ドラマランドイレブン》を始めて、連続ドラマにも力を入れるようになったのですが、それが九八年に終わってしまって。そこからいったん連続ドラマがなくなり、『名古屋行き最終列車』でようやく復活することになったのです」

メ~テレのドラマが最初に動き始めるのは九〇年代に入ってからである。まず九四年に、それまでの周年記念ドラマに加えて、連続ドラマ枠「エリアコードドラマ052」を設ける。

「エリアコードドラマ」は、地域限定で放送されたソニーミュージック系の販促ドラマ企画（ローカル民放八社が参画）。メ～テレも「エリアコードドラマ０５２」と冠して、「やさぐれ天使」（九四年）など七作を撮っている。ちなみに、「エリアコード」末尾の「０５２」は、名古屋の市外局番である。

　そして九六年、この「エリアコードドラマ０５２」が、自社スタッフによる連続ドラマ枠「ドラマランド11」へと発展。「ヤンママ・ブギ」など九作を制作する。また同年末には、開局35周年記念の大作「劇的紀行　深夜特急」３部作の放送を始める。②

　まさに、九六年はメ～テレドラマばかりでなく、同年入社の太田雅人にとっても、八六年入社の神道俊浩にとっても、一つの節目であった。

　二人ともバラエティ志望だったが、太田は九六年末に始まった「深夜特急」を見てロードムービーが好きになり、ローカルの連続ドラマや全国ネットの単発ドラマをプロデュースするようになる。一方、神道は同年のドラマランド11でＡＤとなり、「不思議の国の17歳」（九七年）で監督デビューをする。

　しかし、「ドラマランド11」は九八年に終了。日常的にドラマのノウハウを身につける連続ドラマの場が、二〇一〇年代までなくなる。「名古屋行き最終列車」（二〇一二年～）は、その長きにわたる不在を一気に埋めたのである。

　太田「『名古屋行き最終列車』が始まって、ようやくドラマがいいんじゃないかという話になってきて。周年記念ドラマは五年に一回のチャンスしかないので、バッターボックスに立っても成功するのは難しい。毎年バットを振ってないと、なかなかノウハウが蓄積されない。それで一四年からまた連ドラが再開されたんです。クール毎にドラマをつくって、周年記念ドラマやマネタイズにつなげようと」

　太田は九八年以降、「毎年バットを振る」機会はなかった。それが一五年になると、「ミステリなふたり」など連続ドラマにも携わるようになる。③

①「名古屋行き最終列車」（２０１２年～、22年現在10シリーズ）。脚本＝菊原共基、Ｐ＝大池雅光、東京ドラマアウォード２０１３年・ローカルドラマ賞、15年度日本民間放送連盟賞優秀。

②開局35周年記念番組「劇的紀行　深夜特急」３部作（テレビ朝日系、１９９６年、97年、98年）。大沢たかおに原作者の沢木耕太郎を演じさせて、インドからイギリスまでの放浪をドキュメンタリータッチで描く。企画・構成＝源高志、脚

本＝水谷龍二、演出＝小野鉄二郎ほか、Ｐ＝松本国昭ほか。１９９７年度日本民間放送連盟賞最優秀。

③「ミステリなふたり」全11話、２０１５年。愛知県警の女性刑事（松島花）が、自宅で夫と相談しながら事件を解決する連続ドラマ。企画＝太田雅人、原作＝太田忠司、脚本＝深沢正樹ほか、演出＝小野浩司ほか。

地域の生活感をドラマチックに

神道俊浩「名鉄の赤い電車を舞台にしたらおもしろいんじゃないかと思って企画したんですが、日頃、自分が乗っている電車が舞台になっているのがおもしろかったという話をよく聞いて、あゝ、そういうことだったんだ！電車だったんだ！みたいなことがやっとわかった感じで。ずっとローカル、名古屋で制作していて、みんなが知った場所が映ると喜ぶみたいなことはあったんですが、これほど馴染みの電車への思い入れがあるとは気づきませんでした」

馴染みの赤い名鉄電車。「最終列車」の郷愁。神道は直感的に「みんなが知っている名鉄の赤い電車を舞台にしたらおもしろい」と思ったのだが、視聴者の反響はそれが地域の生活感をドラマチックな情感として準備するものであったことを裏づけていた。

さらに、シリーズ化されてからの展開である。この年に一度のオムニバスドラマは、〝馴染みの名鉄電車〟に、〝馴染みの人間関係〟を添えていく。

広告代理店の吉川一美（松井玲奈）と河村宗介（片岡信和）らのドラマがそれだが、鉄道マニアの忘れ物承り所主任・森本宗太郎（六角精児）と彼をリスペクトする小学生・菜々子（谷花音）の連ドラがおもしろい。

二人は第2シリーズ（二〇一四年）で知り合うのだが、やがて菜々子は宗太郎の結婚を案じるようになる。そして第5シリーズ（一七年）では、宗太郎と菜々子が紹介した音鉄女子（鉄道の音を収録して楽しむ女性）との恋バナを、車内アナウンスを使ってふんわり楽しませてくれたりする。

もう一つ、「名古屋行き最終列車」で見逃せないのは名鉄の全面協力である。それがあったからこそ、地域の生活感が名鉄電車という日常的な映像のなかにリアルに懐かしく醸し出される。

神道「たまたま相談に行った名鉄の部長さんが、自分のところのイメージアップにもなるということで、全面協力して下さったんです。それで、臨時電車を出して頂いて撮影をしました。撮影用の電車をダイヤに組んでもらって撮影していくんですね。だから、なるべくその本数を少なくしようとタイトな撮影にはなっているんですけど、現場ではすごいカット数を撮るんですよ」

ここで、メ～テレドラマのローカリティとして注目したいのが、こうした名鉄との連携である。以降、メ～テレは企業や自治体の全面協力を得て、地元の人の夢や関心を描いていく。

「名古屋行き最終列車」の翌年になると、まず神道俊浩が岐阜県各務原市の市制50周年事業として、単発ドラマ「各務原よ　大使を抱け！」（一三年）を撮る。これも、「名古屋行き最終列車」を見た市の担当者から、「こういうことってお金を出せばやれるんですか」との打診があって始まったものである。④

この経験はさらに、岐阜県加茂郡白川町の全面協力を得た一七年の「岐阜にイジュー！」へとつながっていく。

二人のアラサー女性がお茶の産地・白川町で移住体験をし、田舎の暮らしがどんなものかを知る。白川町の人口減少対策に応えた企画だが、広報色はそれほど気にならない。〝ドラマチックではない〟日常生活のリアリティ、それが二人の女性と地元の人たちの間に清々しく映し出されているからだ。⑤

プロデューサーの松岡達矢は「既存ではない表現に挑戦できるのはローカル局の強み」⑥と言っているが、ここにはその一端が示されている。

④「各務原よ　大使を抱け！」２０１３年。岐阜県各務原市の女子職員（原幹恵）が、地元出身の著名芸能人がいないなかで、観光大使にふさわしい人間を探そうとするコメディ。脚本＝菊原共基。

⑤「岐阜にイジュー！」２０１７年。企画＝新村裕、脚本＝アサダアツシ、監督＝森義隆ほか。

⑥松岡達矢「ドラマが提示したテレビと地方の新しい関係」『ＧＡＬＡＣ』４月号、２０１８年、PP．22～24

もう一つのローカル発ドラマ
「乱反射」が放つ普遍的人間ドラマ

神道俊浩監督の「名古屋行き最終列車」シリーズが土着的なエンタテインメントだとすれば、太田雅人プロデューサーの開局55周年記念ドラマ「乱反射」（テレビ朝日系、二〇一八年）は、極めて普遍的でシリアスな人間ドラマである。⑦

太田雅人「全国ネットでやる企画には数字が求められ

るので、メ〜テレでこれがやりたいと言ってもそれで決まるわけではなく、テレビ朝日さんとの合意が必要です。しかし、いくらテレ朝にはミステリーファンが多いからといって、わかりやすいミステリーをやっても周年記念作品としてはどうか。やはり、ある程度メッセージというか重厚というか、やる意義のあるものということで、『乱反射』の原作《貫井徳郎》に行き着きました」

強風で街路樹が倒れ、一人の母親（井上真央）が押す乳母車が下敷きとなって幼児が亡くなる。一体、誰のせいか。夫の新聞記者（妻夫木聡）が倒木の原因をつきつめていくと、街路樹メンテナンス職人や市職員、街路樹伐採反対の主婦、犬の糞の始末をしない男などの罪が浮かび上がる。

太田雅人プロデューサーの「乱反射」は、そういった市民一人一人の加害責任を、石井裕也監督の生活感の滲むタッチで暗鬱に描き上げる。

太田「大きかったのは原作のおもしろさ。石井裕也さんは企画と原作がおもしろいと言って引き受けてくれて。妻夫木聡さんや井上真央さんも、あんまりテレビドラマではやらない題材だから、役者としてやってみたいと。皆さん、テレビドラマっぽくないところが魅力だとおっしゃってましたけど、テレビドラマっぽくないものをテレビドラマでやるっていうチャレンジ精神に乗って頂けたところが非常に大きかったかなと」

映画『舟を編む』（一三年）やテレビドラマ「おかしの家」（TBS、一五年）を撮った石井裕也は、その生活感の滲む人間模様が漂わせる世界観が魅力である。また、妻夫木聡や井上真央らもどちらかといえば映画をメインとしている。その両者がこの企画に応じたのは、ここが示唆に富むところだが、「テレビドラマっぽくない」という一点にあったのだ。

「名古屋行き最終列車」の神道俊浩は、名古屋生まれで名古屋大学卒の生粋の名古屋人で、その企画はとことん地元の生活にこだわっている。

神道俊浩「僕はどっちかというと、全国の人に見てもらうより、名古屋の人に楽しんでもらいたいですね。名古屋には経済力があるので、名古屋の人が楽しんでくれるもので、商売を成立させられるような仕組みをつくって継続させたいですね。名古屋に住んでいながら、見過ごしていたり気づかないでいる風景など、街にはまだまだ発見があるんですよ」

一方、京都生まれで早稲田大学卒の太田雅人は、「ガンジス河でバタフライ」（〇七年）⑧や、「乱反射」（一八年）などの全国ネット作がいい例で、普遍的なドラマへの志向が強い。

太田「僕は社会人になってから名古屋に来たので全てのことが新鮮で、そういう名古屋の方だと気づかない視点を生かしていければいいなと。それに、地方局が全国にリーチできる時代なので、ローカル局の自由度の広さを生かして視聴率などにとらわれない、石井監督らが魅力だと言ってくれたテレビドラマっぽくない、いわゆる方程式に乗っかっていないようなドラマを、全国へ、世界へと発信していきたいですね」

インターネットによる映像配信サービスなど、多チャンネル放送時代を迎えた現在では、ローカルドラマであっても全国へと開かれている。そういった意味で、太田のような視点は必須になっている。

⑦開局55周年記念ドラマスペシャル「乱反射」（テレビ朝日系列、2018年）。CP＝新村裕、太田雅人、P＝松岡達矢、布施等（MMJ）、脚本＝成瀬活雄、石井裕也、出演＝他に萩原聖人。平成30年度芸術祭優秀賞
⑧「ガンジス河でバタフライ」（テレビ朝日系、2007年）。原作者・たかのてるこ自身のインド紀行を、コメディタッチで描いたロードムービー。P＝太田雅人、たかのてるこ（東映）、脚本＝宮藤官九郎、監督＝李闘士男、主演＝長澤まさみ。

自由闊達な制作風土

二〇〇四年の暮れ、テレビ朝日の深夜に放送された「加藤家へいらっしゃい！～名古屋嬢っ～」は、そこまでやるか！というほど尖っていた。⑨

名古屋市の上流家庭・加藤家は、毎月三〇日を味噌の日と決めている。その日は、食卓に八丁味噌が山盛りになって置かれ、味噌カツ、味噌煮込みうどんなどがずらっと並ぶ。そして、家族が「うみゃ～、うみゃ～」と食いまくる。

名古屋出身の映像作家、堤幸彦（原案・監督）が放った連続ドラマ「加藤家へいらっしゃい！」は、地元の名古屋文化を、これでもか！とばかりにからかったシチュエーションコメディである。だから同じ名古屋育ちの私も、その自虐パロディが痛快に笑えた。

こういった〝尖った企画〟を平気でやるところは、その後のメ～テレにも見て取れる。とことん名古屋の「名古屋行き最終列車」にしても、テレビドラマっぽくない「乱反射」にしても、それぞれ真逆なところで生真面目

に尖っている。

神道俊浩「僕らが幸せなのは先輩がいないことですね。これは一〇期下の太田との関係にも言えることで、先輩や師匠みたいな感じではない。つまり誰も止める人がいないので、自分の考えた企画がそのまま番組になっていたりして、未完成な企画のままつくれている。特に僕はローカル放送なので、自分のやりたいコメディを勝手に企画してつくっています」

太田雅人「ローカル局のメ~テレは、東京のキー局に比べていろんな縛りやしがらみが少なく、神道や私の企画したものが社内的に通りやすい。私は京都出身で名古屋では外国人のような立ち位置なので、名古屋で生まれ育った神道とはちょうどいいバランスで異質で。そういった良さを生かしてというか、その両輪が必要なのかなあと思っていますね」

神道俊浩も太田雅人も、メ~テレのいいところは自由闊達な制作風土にあると言う。そして、それがチャレンジーな尖った企画を生真面目に実践させている。

二〇一九年に始まった深夜ドラマ「ヴィレヴァン!」にしてもそうだ。名古屋発祥の書籍・雑貨店チェーン「ヴィレッジヴァンガード」を舞台とする青春コメディだが、プロデューサーの太田は「ヴィレッジヴァンガード自体が尖った会社なんで、そこをうまくコラボレーションしてやれば」と強調する。⑩

そして、この尖った企画が翌二〇年の続編「ヴィレヴァン!2~七人のお侍編~」(全6話)へとつながり、シリーズ化への気配を漂わせる。

この続編では、「ヴィレッジヴァンガード」のロードサイド店(路面店)でバイトを始めた大学生・杉下啓三(岡山天音)がモール店に異動となって、やりたい放題にヴィレヴァンらしさを追求する。

杉下は赴任早々、ポップ(店頭広告)や棚を通路まではみ出させたり、閉店後にやる気のない店員に酒を飲ませたりと、モールのルールなどどこ吹く風で仕事を始める。モールのテナント担当に「まともじゃない!非常識!」と罵られても、「それじゃ面白くない!」とくってかかる。

とにかくやりたい放題なのだが、それでも棚を店舗区画を区切るラインぎりぎりまで空中にせり出させる工夫で事を収める。そしてその間に、モールに棲む謎の男(平田満)がさり気ないアドバイスをくれたり、かつてのロードサイド店の店員・小松リサ(森川葵)が援軍に来て、二人ではしゃいで缶蹴りをしたりする。

こういった自由奔放な個性のえぐいまでのデフォルメは、かつての自虐的な名古屋文化批評「加藤家へいらっしゃい！」を思わせるところがある。しかし、「ヴィレヴァン！」はそれが実話に基づくものだけに、自由奔放でありながらもうまく社会との折り合いをつけるなど、どこか健やかな風を感じさせる。

⑨「加藤家へいらっしゃい！名古屋嬢っ」全12話（テレビ朝日系、2004年）。P＝太田雅人、長坂信人（オフィスクレッシェンド）、脚本＝佃典彦、出演＝重泉充香、鹿目由紀、すほうれいこ、赤座美代子ほか。

⑩「ヴィレヴァン！」（2019年、20年、毎週月曜、深夜、連続）。CP＝太田雅人、P＝高橋孝太、松岡達矢、脚本＝いながききよたか、監督・P＝後藤庸介。

《証言者プロフィール》

太田雅人　1972年京都市生まれ。96年早稲田大学政治経済学部卒業、名古屋テレビ放送入社。制作部に配属され、バラエティ、情報、ドラマを担当。主なプロデュース作品は、連続ドラマ「ダムド・ファイル」（制作、2003年）、同「加藤家へいらっしゃい！～名古屋嬢っ～」（04年）、開局45周年記念ドラマスペシャル「ガンジス河でバタフライ」（企画、07年、ギャラクシー奨励賞ほか）、50周年特別ドラマ「ゆりちかへ　ママからの伝言」（同、13年）、連続ドラマ「ミステリなふたり」（同、15年）、開局55周年記念番組「まかない荘2」（CP、17年）、同「ミューブ♪～秘密の花園～」（同、18年）、同「星屑リベンジャーズ」（同、同年）、同「乱反射」（企画・CP、同年、芸術祭優秀賞）、連続ドラマ「イジューは岐阜と」（CP、同年）、同「ヴィレヴァン！」1，2（CP、19，20年）。現在、コンテンツビジネス局映像コンテンツ部チーフプロデューサー。2019年4月25日インタビュー。

神道俊浩　1964年愛知県豊川市生まれ。86年名古屋大学法学部卒業、名古屋テレビ放送入社。制作部に配属され、バラエティ、ドラマの演出やプロデュースを担当。主な作品は、COP10のパートナーシップ事業番組「レンタルコアラ」（制作、生物多様性に関するドキュメンタリー、2010年）、「名古屋の至宝ひつまぶし」（11年、民教協会長賞）、連続ドラマ「名古屋行き最終列車」シリーズ（企画・監督、12年～、東京ドラマアウォード2013・ローカルドラマ賞、日本民間放送連盟賞優秀）。この他、「lucky ！」（1999年）、「コーリュー」（2002年）、「love17」（08年）、「各務原よ大使を抱け！」（13年）、「三人兄弟」（15年）「ボクのお年玉はどこ？」（16年）などのオリジナルドラマを企画、監督する。現在、コンテンツビジネス局映像コンテンツ部スペシャリスト。2019年4月25日インタビュー。

カンテレ・ドラマのエンタメ史（二〇〇〇〜二〇一〇年代）

生真面目な作品志向と連続ドラマ完全自社制作の実現

次を期待させるドラマのベクトル

いつ頃からだろうか。関西テレビ放送（以下、カンテレ）のドラマが気になり始めた。秀作揃いでもなければ、ヒットが続いているわけでもない。なのに、今度は何をやってくれるのか、といった期待を抱かせる。

この期待はどこからくるのか。取材（二〇一九年）に入る前の作品でいえば、「健康で文化的な最低限度の生活」（二〇一八年）が、そういった期待の拠って来るところをわかりやすく示している。①

区役所生活課の新人ケースワーカー（吉岡里帆）が、生活保護受給者の現実と向かい合う。まるで、法律の条文そのままをタイトルにしたようなドラマである。それをよくもまあプライムタイムにぶつけてきたものだ。とにかく近年のカンテレ・ドラマには、こうした企画の生真面目さが折々に感じられる。

この全国ネット・連続ドラマ（フジテレビ系火曜夜九時台）は、営業から異動してきて二年目の米田孝がプロデュースしたものである。その彼が翌年にはもう、開局60周年記念特別ドラマ「ＢＲＩＤＧＥ　はじまりは１９９５．１．17」という大作を手掛ける。②

これは電通の企画によるものだが、それでもその切り口には、関西テレビの〝生真面目さ〟が一つのこだわりとして投影されている。

阪神・淡路大震災で崩れ落ちたＪＲ西日本神戸線六甲道駅を、二か月半で復旧させたという実話に基づいて、工事に携わった技術者（井浦新）らの苦闘を描く。被災の惨状のなかに、工事関係者の苦悩と家族や街の人の葛藤を描けば、いくらでも泣かせられる。

しかし、「ＢＲＩＤＧＥ」（脚本＝一色伸幸）はそういった安きには走らない。工事関係者の苦闘を語るなかに、震災時にやさぐれていた青年（中年役＝椎名桔平）が、今、震災の慰霊碑に落書きする高校生に語りかけるというドラマを織り込むことで、大震災を知る者の〝胸のつかえ〟（言葉にできない思い）を吐き出させる。

重松圭一「プロデューサーの米田孝はずっとドラマがやりたくて、営業から制作に異動してきて二年目ぐらいの新人ですが、その彼が『健康で文化的な最低限度の生活』をやりたいと言ってきて……当時、僕は部長だったのですが、視聴率的にいうとそんなに取れるものではないんですけど、こんなことをやりたいっていう人の芽を摘むわけにはいかないという思いがあって」

「『BRIDGE』の脚本を、一色伸幸さんに書いてもらいたいと言ったのは米田孝で、その時点でそういう方向《椎名桔平のもう一つのドラマ》にシフトしていますよね。電通さんだけだったら、もっと王道の作品になったと思うんですけども、それはすごく良かったなと思って。評価も高かったし……」

カンテレ・ドラマに見るテーマや題材、語り口などへの生真面目なこだわり。それはチャレンジーな企画も厭わないことにも通じるが、取材当時の東京編成専門部長・重松圭一（一九九〇年入社）は、そういったことを許容する編成・制作風土の一端を、米田孝の作品を例にそう明かす。

そしてここが大事なところだが、この生真面目さやチャレンジ精神はその後もぶれるところがない。たとえば二〇二一年の「あと3回、君に会える」では、どこか突き抜けた表現のなかに人との出会いの大切さを描いて、芸術祭優秀賞を受賞している。（後述）

では、こういったカンテレ・ドラマらしさはどのようにして生まれたのか。この「カンテレ・ドラマのエンタメ史」では、それを重松圭一が牽引してきた二〇〇〇年代以降のドラマ史のなかに辿ってみることにしたい。

①「健康で文化的な最低限度の生活」2018年。P＝米田孝ほか、原作＝柏木ハルコ、脚本＝矢島弘一ほか、演出＝本橋圭太ほか、出演＝他に井浦新、制作＝MMJ。

②「BRIDGE　はじまりは1995.1.17神戸」。2019年。企画＝電通、P＝米田孝ほか、監督＝白木啓一郎、出演＝他に野村周平、葵わかな、制作＝共同テレビ。

代々の生真面目な作品志向

なぜ、二〇〇〇年代からカンテレ・ドラマを紐解くのか。それを説明する前に、関西テレビ放送のドラマ史を簡単に振り返っておきたい。

関西テレビは一九五八年に本放送を開始し、二年後の「青春の深き淵より」で芸術祭賞を受賞③。以降、関西テレビは60年代芸術祭賞の常連となる。

そして、この作品志向の強いドラマ制作が八〇年代に入って再び蘇る。林宏樹が演出した芸術祭大賞作「リラックス～松原克己の日常生活」（八二年）がその先駆けである④。以後、林宏樹は、「リラックス」に代表されるような単発の人間ドラマ、「父子の対話」（八九年）、「去っていく男」（九一年）、「裸の木」（九二年）等々で現在のドラマスタッフに大きな影響を与える。

たとえば、連続ドラマの「がんばっていきまっしょい」（二〇〇五年）や「結婚できない男」（〇六年）、芸術祭大賞作「レッスンズ」（二〇一一年）、映画『阪急電車』（同年）など、カンテレ・ドラマの代表作を数多く監督してきた三宅喜重（一九九〇年入社）は言う。

三宅喜重「うちの大先輩の林宏樹さんと共同テレビの星護さん、この二人の監督に大きな影響を受けました。あとは自分のもっているものとかで、僕の演出はその三分の一ずつで出来ているのかなあと思っています」

また、一九九五年入社の木村弥寿彦監督も、林宏樹監督に影響されて大阪本社で単発ドラマに専念。「その街の今は」（日本放送文化大賞準グランプリ、二〇一〇年）や、「大阪環状線」シリーズ（日本民間放送連盟賞優秀、一六～一八年）、「なめとんか」（東京ドラマアウォード・ローカルドラマ賞、一八年）といった成果を残している。

木村弥寿彦「林宏樹監督が制作局長だった頃でしょうか。脚本を書けと言われたりして面倒を見てもらいました。林さんの作品は単発ドラマで、ちょっと映画っぽくて映像的にもおもしろい。僕は元々、映画が撮りたかったので、テレビドラマでも全国ネットドラマのようなものじゃなくて、ちょっと映画チックなそういう作品もありなんだと知って……」

関西テレビのドラマを「健康で文化的な最低限度の生活」から始めたのは他でもない。林宏樹が決定づけたこういった生真面目な作品志向のＤＮＡが、この法律の条文みたいなドラマを容認していると言いたかったからだ。

重松圭一「関西テレビの諸先輩方がつくられてきたドラマは、正面から人間と向き合ってその生き方を誠実に描くものが多く、奇をてらった企画というものにはなりにくい。制作会社のプロデューサーなど外部の方にもいろんなご意見を頂けるんですが、そのなかでうちの枠にフィットするものは何かと考えていくと、どうしてもそういった生真面目さに寄っていくところがありますね」

③「青春の深き淵より」。１９６０年。企画＝小泉裕二、脚本＝大島渚、演出＝堀泰男、出演＝入川保則、楠年明ほか。60年安保闘争での連帯を、社会の入り口（就職）で問うシリアスな実験作。

④「リラックス」１９８２年。P＝栢原幹、脚本＝田向正健、出演＝江守徹、大谷直子ほか。職場の人間関係で心を病んだエリートサラリーマンの苦悩と再生を、ドキュメンタリータッチで描いた作品。

二〇〇〇年代、人材育成から始める連ドラ改革

関西テレビには、こういった代々の作品性の強い単発ドラマの他に、一九六五年から始めた火曜二二時台の全国ネット・連続ドラマ（フジテレビ系、現在は月曜二二時台）がある。しかしこちらは、七〇年代、八〇年代、九〇年代へと試行錯誤を重ねていた。

この間のドラマ編成は、大阪ド根性ドラマなどから、時代劇、サスペンス等々へと路線が定まらず、「どてらい男」（七三〜七七年）や、「柳生一族の陰謀」（七八〜七九年）、「服部半蔵　影の軍団」（八〇年）、「大奥」（八三〜八四年）等々の時代劇がヒットしても、習慣的に親しまれることはなかった。

そして九〇年代後半、フジテレビが「ロングバケーション」（九六年）、「ラブジェネレーション」（九七年）などを大ヒットさせるなか、系列の関西テレビには「GTO」（P＝安藤和久《現制作局長》、主演＝反町隆史、九八年）といったヒット作はあっても、視聴率的な危機感は日に日に強まっていた。

そこで、当時の編成部長・福井澄郎（後に代表取締役社長）の打った手が、部下の重松圭一をフジテレビでドラマ研修させるという人材育成である。

重松圭一「林宏樹監督が重厚な単発ドラマをつくっていても、全国ネットドラマのほうはなかなか視聴率が取れない。そこで福井編成部長が、新しい人材を育てるために、今までドラマをつくったことのない人間を、当時絶好調だった大多亮さんや石原隆さんのところへ派遣して、フジテレビ流のつくり方というものをゼロから勉強してもらおうと。それで、私がその役回りとして制作部へ異動になったんです」

二〇〇二年、重松はこうしてフジテレビに一年間の研修に出る。師となった大多亮は「君の瞳をタイホする！」（一九八八年）でトレンディドラマを創出したプロデューサー。石原隆は「世にも奇妙な物語」（九〇年〜）、「警部補・古畑任三郎」（九四年）等々を放った編成の企画マンである。

重松は、この二人の下で最先端のドラマづくりを学ぶ間、関西テレビの全国ネット・連続ドラマの完全自社制作という目標を立てる。そして、そのための布石を一つ一つ打っていく。

なぜ、完全自社制作が目標なのかといえば、関西テレ

ビの全国ネット・連続ドラマは、全て共同テレビやMMJといった制作会社がつくっていたからだ。重松はそこに完全自社制作という一滴を注いで、ドラマ制作へのモチベーションを高めようとしたのである。

まず、完全自社制作を実現するには、監督が自社の人間でないといけない。そこで、「僕の生きる道」（〇三年）をプロデュースしたとき、共同テレビに頼み込んで、当時プロデューサーだった同期の三宅喜重をサード監督に押し込む。そして翌〇四年の「僕と彼女と彼女の生きる道」でセカンドに上げる。

そういったステップアップを経て、二〇〇五年、待望の全国ネット・連続ドラマ「がんばっていきまっしょい」（脚本＝金子ありさ）が、重松圭一プロデュース、三宅喜重監督で実現する。

当時、私は東京新聞のドラマ月評でこれを取り上げ、この女子ボート部主将（鈴木杏）をヒロインとする青春ドラマには、どこか晴れ晴れとした熱さを感じさせるところがある、といったようなことを書いたことがある。

それが当時のスタッフの思いの丈を映すものかどうかはわからない。しかしこの完全自社制作が、カンテレ・ドラマの大きな転機であったことは事実だ。

三宅喜重「『がんばっていきまっしょい』で、それまでうちが引き継いできたメッセージ性やテーマ性のあるものが、日常的な人間ドラマ《連続ドラマ》という形で表に出てきて、それが二〇〇〇年代以降のカンテレ・ドラマになったというところはあるでしょうね。多分、これが成功するか失敗するかで、うちのドラマの歴史がすごく変わっていたと思いますね」

また、後に「あしたの、喜多善男」（二〇〇八年）、「ゴーイングマイホーム」（一二年）、「僕らは奇跡でできている」（一八年）「あと3回、君に会える」（二〇年）など、きわめて個性的な企画にチャレンジしたプロデューサー・豊福陽子（一九九四年入社）も、その意識改革の効果をこう認める。

豊福陽子「それまで、全国ネットでカンテレがやっているといっても、企画の多くは持ち込みで、プロデューサーは立っているけれど、じゃあ、本当に誰がつくっているのか、誰がつくりたいものなのか、みたいなところが実はちょっと……そういう意味での存在感というか、そういう主体性的な意識が、完全自社制作を始めたぐらいから変わったんじゃないかと思います」

連続ドラマ監督の誕生

一九九〇年代、三宅喜重は、林宏樹監督が牽引する芸術作品志向の強い風土に育った。しかし九七年、東京制作部に異動し、共同テレビの星護監督の下で連続ドラマの勉強を始める（『いいひと。』《九七年》の助監督）。そして、星監督のエンタテインメントにカルチャーショックを受ける。

三宅はこうして、「僕の生きる道」（脚本＝橋部敦子、二〇〇三年）のサード監督となるのだが、星監督はこの連続ドラマでも、主人公の心象をシンボリックな映像でシャープに演出し、そこにピュアな緊張感を漂わせる。

スキルス性胃癌で余命一年と宣告された高校教師（草彅剛）が、残りの人生を悔いなく生きようとする。星監督は、この物語の始まりを説明的ではないカットで歯切れよく刻み、高校教師の心象を、病院の待合室で少女が踊る、断崖の上で教師が両手を広げ十字架のシルエットをつくる、といった映像で浮かび上がらせる。

こういった星護の演出と三宅のそれとは同じではない。ただ、人間の心象表現へのこだわりには通じるところがある。たとえば「レッスンズ」（二〇一一年）である。⑤

母の愛を求め続けても思うようには返ってこない。この作品はそんな苦悩を、家庭教師の女子大生（鈴木杏）と、生徒の女子中学生（田崎アヤカ）の気持を重ねながら描いていく。

ここで心に沁みるのは、女子大生の気持を見つめるクローズアップである。三宅はそれを通常より一拍引っ張って微妙な表情の変化をとらえる。

三宅喜重「作品によるとは思うんですけど、表情が変わるところとかは好きなので、心情を表現する上でそこまでやったほうがいいだろうと思って、そこまでカットを使っているということだと思います。ドラマでは心情描写が出来たらいいと思っていますから、俳優さんにもリアルに心情を表現してもらうことをお願いしているところはありますね」

後先になったが、三宅はこうして「結婚できない男」（制作＝ＭＭＪ、〇六年）、「あしたの、喜多喜男」（制作＝同、〇八年）等々、制作会社と組んだ連続ドラマでもチーフ監督を務めるようになる。

三宅の心情表現へのこだわりについて補足すれば、「結婚できない男」（脚本＝尾崎将也）の偏屈な建築デザイナーの孤独、それをおもしろおかしく見せているのは演じる阿部寛のほんの微かな口元の動きにある。

⑤「レッスンズ」2011年。P＝木村淳、原作＝谷村志穂、脚本＝永田優子、出演＝他に斎藤由貴、大杉漣)

次世代のチャレンジーな企画

二〇〇〇年代後半から二〇一〇年代にかけて、関西テレビの連続ドラマには、「あしたの、喜多善男」(〇八年)、「ゴーイングマイホーム」(一二年)、「素敵な選TAXI」(一四年)、「僕らは奇跡でできている」(一八年)といった挑戦的な作品がいくつか並んでいる。

「あしたの、喜多善男」(原作＝島田雅彦、脚本＝飯田譲治)は、死を間近にした男の奇想天外な再生物語で、小日向文世の初主演作。「ゴーイングマイホーム」(脚本・監督＝是枝裕和)は、3・11を遠くに問うホーム・ファンタジー。「素敵な選TAXI」は、エスプリの効いた人生選択SFで、お笑いタレント・バカリズムの初脚本。そして、「僕らは奇跡でできている」(脚本＝橋部敦子)は、人間や自然へのリスペクト・メルヘンである。

いずれも、豊福陽子がプロデュースした連続ドラマで、どれを取っても他局ではなかなか通りそうもない。しかし、豊福は「小学生の頃に見た『きりぎりす』⑥が、自分のなかにずっと残っている」と言うように、幼少時代から人間というものを深く問う物語への思い入れが強く、関西テレビにもそれを良しとする風土があった。

重松圭一「豊福陽子は、木村弥寿彦と一緒になって大阪ローカルのドラマをつくっていたんですが、彼女のストーリーテリングのおもしろさにびっくりして。それで、『がんばっていきまっしょい』のとき大阪にいたんですがAPをやってもらい、二年後に東京のドラマ班に来てもらいました」

「彼女のストーリーづくりは、私が研修のときに石原隆さんに教えてもらったものに近くて、現場とかキャスティングとかにあんまり興味がなくて、ストーリーをつくるのが本当に好きなんですね。だから、本打ちが非常に長いんですよ」

ものづくりは人間関係に培われるものでもある。重松圭一が、豊福陽子を連続ドラマに引っ張ってきたのも、かつての師匠・石原隆の物語へのこだわりを彼女の作劇にも感じたからだ。九〇年代後半に石原を取材したとき、彼は「映像がどうこうとかにはあまり興味がなくて、お話の筋立てだけを口立てでしゃべっても、おもしろそうだっていうようなものに憧れる」と言い切っていた。⑦

ここで豊福プロデュースの全てを述べる余裕はないが、その企画はどれも含蓄に富んでいる。二〇一八年の「僕らは奇跡でできている」でいえばこうだ。

豊福陽子「橋部敦子さんとはいつかご一緒してみたいという思いがずっとあって。お会いして大人の発達障害の話になったとき、誰が発達障害で誰が発達障害じゃないかみたいな境界線が本当にあるのか？で意気投合したんですね。それで、黄金比率のように自然のなかに数学や物理が入っている不思議というのが好きだったので、そんなことがおもしろいっていうドラマがやれたらいいなという話をしたら、橋部さんもそういうのが好きなんですとおっしゃって……」

橋部敦子のドラマには、自然の営みや不思議を視野に入れた人間ドラマが幾つかある。

「僕の生きる道」（関西テレビ、〇三年）で余命一年を宣告された青年が生物教師であったこと。「遅咲きのひまわり～ボクの人生、リニューアル～」（フジテレビ、一二年）が道端に咲くひまわりにメッセージを託したこと。「モコミ～彼女ちょっと変だけど～」（テレビ朝日、二一年）のヒロインが植物や物と話が出来る少女であったことなどがそれで、その自然へのまなざしが人の気持をリフレッシュするお話や台詞に結びついている。

「僕らは奇跡でできている」は、そういった橋部ワールドが全開の連続ドラマである。⑧

動物行動学者の専任講師・相河一輝（高橋一生）は動物には全神経を注ぐが、就業規則など社会の常識には無頓着でいわゆる変わり者と見られている。このあたりが企画段階の発達障害云々といった人物設定につながるのだが、ここではその変わり者が動植物の営みを通して人に何かを気づかせる。

ごく当たり前に見えることがどれほどすごいことなのか。気づきの多くはそういったことだが、それをここまで徹底して自然のなかで語ろうとする企画はやはりカンテレならではのものである。

そしてこのカンテレの突き抜けた企画特性は、二〇二〇年の重松圭一＆豊福陽子プロデュース「あと3回、君に会える」に至ってもぶれるところがない⑨。

「あなたが人生でその人に会えるのは、あと3回」。ドラマはそういったナレーションで始まり、ヒロインが出会った人とあと何回会えるかを、その背中に③、②、①と数字で浮かび上がらせて語っていく。そして、ヒロインに一期一会の尊さを感じ取らせる。

まず、出会う日の背中に浮かぶ数字に不意を突かれる。いかにもスマホ時代らしい人間関係の描写である。しかし、映像制作会社で働く玉木楓（山本美月）の丁寧でビビッドな日常描写や、疎遠な家族との関係のなかでこみあげてくる異性（眞栄田郷敦）への想いの描写に触れていると、それがじわっと一期一会の感動へと誘われる。

このじわっというテイストは言い方を変えれば、何度も見直したくなるドラマということになるだろう。

ちなみに、「あと3回、君に会える」は配信サービスとの連動企画で、カンテレの地上波放送では女性（山本美月）の視点から、放送後の映像配信サービス・U-NEXTの「君と会えた10＋3回」では相手の男性（眞栄田郷敦）の視点から語られた。

⑥「きりぎりす」1981年。P＝野添泰男、原作＝渡辺淳一、脚本＝山田信夫、演出＝内海佑治。少女の命を救うために狂ったように心臓マッサージを続ける医師（緒形拳）を描く作品で、その極限の人間描写が評価され芸術祭賞を受賞。ちなみにこの作品のAPが林宏樹。

⑦拙著「90年代を生きる映像作家たち　石原隆　ストーリーテリングに徹した企画のプロ」『GALAC』10月号、1999年、P．43

⑧「僕らは奇跡でできている」2018年。演出＝河野圭太（共同テレビ）ほか、出演＝他に榮倉奈々、要潤、戸田恵子、小林薫、田中泯、制作協力＝ケイファクトリー。

⑨「あと3回、君に会える」二〇二〇年。脚本＝大島里美、監督＝萩原健太郎、楽曲＝Official髭男dism、出演＝他に工藤阿須加、塚本高史、光石研、吉行和子。

自分らの言葉で大阪のドラマを！
～エンタテインメントの地産地消～

大阪本社の制作部がつくる単発ドラマも忘れてはならない。一九八〇年代から九〇年代にかけての林宏樹の影響力についてはすでに触れた。そこで、彼の薫陶を受けた木村弥寿彦（九五年入社）の諸作品を通して、その現在を見てみたい。

木村弥寿彦「関西にずっといるんで、関西で何かつくれたらそれが一番いいかなと思っています。関西弁でドラマをつくったりすることが多いんですが、やっぱり自分らの言葉でドラマをつくれるほうがいいじゃないですか。それが出来るのに、なんでわざわざ東京で標準語のドラマをつくらなきゃいけないのかって思っていて。その反発でもないんですが、ここでつくるのが一番自然でしっくりくるかなと」

木村は入社以来、ずっと大阪に腰を据えて、制作部でドラマをつくるようになっても大阪を動かない。だから木村の単発ドラマ（そのほとんどをプロデュース・監督）は、自身の言う「自分らの言葉」、「自然」、つまり身近さへの関心と描写に溢れている。

二〇一八年の「なめとんか　やしきたかじん誕生物語」（脚本＝藤田智信）にしてもそうだ。大阪で断トツ人気の歌手がモデルだが、企画の発端は、バラエティ番組を担当していた頃に楽屋で聞いていたたかじんの下積み時代の話である。

これはその京都での下積み時代を描くものだが、ここではたかじん（駿河太郎）のいかにも関西といった奔放なイメージは強調せず、一人の人間としての苦悩を見つめ続ける。こうした描写にも、身近で親しくしてきた人への敬愛が見て取れる。

「大阪環状線　ひと駅ごとの愛物語」シリーズ（一六〜一八年）の場合は、〝大阪の街が好きや〟というまなざしが、それぞれの街と人とに行き届いている。

たとえば、第1シリーズ・第10話「Ｓｔａｔｉｏｎ 10　京橋駅」（脚本＝関秀人）では、大阪環状線の京橋駅で降りたカメラ女子・日向子（鎮西寿々歌）が、一人の爺ちゃん（佐藤蛾次郎）と知り合い、終戦前日の大阪爆撃の悲劇を聞く。そして、「明るい明日を撮れ！」と励まされ、京橋のごく普通の街並みを愛おしそうに見つめる。このあたりの行間にそういった気持が滲んでいる。

木村弥寿彦は、二〇一〇年の「その街の今は」（原作＝柴崎友香）でも、古い街の写真を使って、「この街が好きや」、「この街の知らん顔を知りたい」という想いを描いていた⑩。カンテレ・大阪ドラマの魅力は、これらの作品に共通する身近な人と街への「好きや」の一言だろう。

木村「昔から古い街が好きで……柴崎友香さんの『この街の今は』は完全に大阪弁の小説で、映像化は大変だろうなと思っていたんですけど、チャレンジし甲斐があるものなので、大阪弁ちゅうのも東京のテレビで見るのとはちゃう！といった大阪の違う一面を切り取れたらというところから始まって、それが『大阪環状線』につながっていくんです」

大阪の単発ドラマは、取材時にはまだそれほどの広がりを見せていなかった。しかし、重松圭一は大阪で頑張っている木村弥寿彦のドラマづくりを評価し、大阪ローカルでドラマ文化をつくっていくことの重要性を強調する。実際、「大阪環状線」は今では、ＢＳフジやＢＳ12での放送、ＦＯＤ、ｈｕｌｕでの配信などがあって、そのケバくない大阪らしさが全国へと広がっている。

重松「関西はエンタテインメントの地産地消が出来るぎりぎりの人口がいたり、経済が回ったりしているので、大阪でドラマをつくって、そこで得た利益がまた次のドラマにつながっていく循環を推進していきたい。そういう意味で、テレビドラマではないですけど、『阪急電車』で映画に参入して、関西での先行上映が興行成績のベストテンに入ったことは大きいですね」

『阪急電車　片道15分の奇跡』（一一年）は、重松圭一が有川浩の原作を見つけ、その脚本を岡田惠和に頼み、三宅喜重監督が撮ったカンテレ初の映画である⑪。

阪急今津線を舞台に、乗客の人生の一コマをほんの少し重ねていく。岡田と三宅のそういった世界は、いい意味でのテレビテイストが心地良い余韻を残す。そして、そうであることが地上波、映画、配信系へと大きく膨らんでいくドラマの可能性を予感させる。

実際、それから一〇年後、これは大阪ドラマではないが、「あと3回、君に会える」（二〇年）では映像配信系サービスＵ－ＮＥＸＴと表裏のドラマをつくるなど、カンテレは引き続き地上波ドラマの可能性を広げる映像戦略を展開している。

⑩「その街の今」２０１０年。脚本＝小林弘利、出演＝中村ゆり、鈴木亮平、村川絵梨、ほっしゃん。

⑪『阪急電車　片道15分の奇跡』２０１１年。出演＝中谷美紀、戸田恵梨香、宮本信子、南果歩、配給＝東宝。

《証言者プロフィール》

重松圭一　1966年生まれ、奈良県出身。90年慶応義塾大学文学部卒業、関西テレビ放送入社、営業部配属。97年編成部に異動。2002年に東京制作部に異動し、ドラマをプロデュースする。主たるプロデュース作品は、連続ドラマの「僕の生きる道」(2003年)、「僕と彼女と彼女の生きる道」(04年)、「みんな昔は子供だった」(同年)、「がんばっていきまっしょい」(05年)、「牛に願いを」(07年)、「リアル・クローズ」(09年)、「その街の今」(企画、10年)、映画『阪急電車　片道15分の奇跡』(2011年)、「あと3回、君に会える」(2020年 芸術祭優秀賞)。現在、コンテンツビジネス局東京コンテンツセンター制作部長。2019年11月7日インタビュー。

三宅喜重　1966年生まれ、大阪府出身。90年京都大学卒業、関西テレビ放送入社、総務部配属。91年大阪本社制作部。97年東京制作部。主たる監督作品は、連続ドラマの「僕の生きる道」(2003年)、「僕と彼女と彼女の生きる道」(04年)、「がんばっていきまっしょい」(05年)、「結婚できない男」(06年)、「牛に願いを」(07年)、「あしたの、喜多善男」(08年)、「まだ結婚できない男」(19年)。単発ドラマ「レッスンズ」(2011年、芸術祭大賞)。映画『阪急電車　片道15分の奇跡』(2011年)。現在、制作局東京制作部専門部長。2019年11月8日インタビュー。

豊福陽子　1970年生まれ、大阪府出身。94年東京大学教育学部卒業、関西テレビ放送入社、制作部に配属。2006年東京制作部に異動。主たるプロデュース作品は、連続ドラマの「あしたの、喜多善男」(2008年)、「チーム・バチスタの栄光」(同年)、「ゴーイングマイホーム」(12年)、「素敵な選TAXI」(14年)、「僕らは奇跡でできている」(18年)、「あと3回、君に会える」(2020年)。現在、コンテンツビジネス局東京コンテンツ事業部兼映画事業部専門部長。2019年11月7日インタビュー。

木村弥寿彦　1972年生まれ、滋賀県出身。95年同志社大学法学部卒業、関西テレビ放送入社、報道局報道映像部配属。98年制作部に異動。主たるプロデュース・監督作品は、単発ドラマの「日は陽のそばで」(2002年)、関西テレビ開局45周年記念・関西芸人ドラマスペシャル「航跡〜横山やすしフルスロットル」(04年)、「その街の今は」(10年 日本放送文化大賞準グランプリ)、「大阪環状線」シリーズ(16〜18年)、「なめとんか　やしきたかじん誕生物語」(18年)。連続ドラマ「後妻業　GOSAIGYO」(19年)。現在、大阪本社制作局制作部専任部次長。2019年11月9日インタビュー。

大阪発連続テレビ小説と福岡発地域ドラマの覚醒

NHK・地域発ドラマの拡充史（二〇〇〇〜二〇一〇年代）

ＮＨＫ地域発ドラマの台頭

かつて、東芝日曜劇場（一九五六年〜）のドラマは、ＴＢＳ（五九年まではラジオ東京テレビジョン・略称ＫＲＴ）とＪＮＮ基幹局四社、北海道放送（ＨＢＣ）、中部日本放送（ＣＢＣ）、朝日放送（ＡＢＣ）、ＲＫＢ毎日放送のもち回りで制作されていた。①

つまり、東芝日曜劇場は、前記四社のローカルドラマ枠でもあったのだ。しかも、それは「制作委託ではなく、地方局が発局《制作局》となって、営業権をもつ」というものだった。②

この地方局の自律性に基づく東芝日曜劇場のローカルドラマは、草創期には「雨」（ＡＢＣ、五九年）、「父と子たち」（ＣＢＣ、六四年）、「わかれ」（ＨＢＣ、六七年）、「子守唄由来」（ＲＫＢ、六七年）などが、芸術祭賞でその風土と人間の描写を高く評価される。

そしてその後も、ＨＢＣの倉本聰作品「ばんえい」（七三年）や「りんりんと」（七四年）などに代表されるような秀作が数多く制作される。が、そういったローカルドラマも東芝日曜劇場が連続ドラマ枠（第一作は九三年の『丘の上の向日葵』）になると同時に打ち切られる。

それでも二〇〇〇年代には、東芝日曜劇場ほどの規模ではないが、北海道テレビ放送（ＨＴＢ）制作のローカルドラマが、テレビ朝日系列で全国ネット（年一回）されるようになり、「ひかりのまち」（二〇〇〇年）、「六月のさくら」（〇四年）などが注目を集めるようになる。が、それも〇五年の「うみのほたる」で打ち切られる。

ＨＴＢはその後、ドラマの灯を消すな！と、番組販売で全国発信を継続。「大麦畑でつかまえて」（〇六年）、「歓喜の歌」（〇八年）、「ミエルヒ」（〇九年）などの秀作を残す。しかし、そういった志と努力にも限界がある。二〇一四年の「ＵＢＡＳＵＴＥ」を最後にＨＴＢドラマの灯は消える。

一方、ＮＨＫのローカルドラマは、民放とは逆の歴史を辿っている。民放・地方局のネットドラマが消えていくなかで、ＮＨＫのローカルドラマはどんどん元気になっているのだ。

たとえば、ＮＨＫ大阪放送局（ＪＯＢＫ）制作の連続テレビ小説である。テレビ放送の草創期には、ＢＫ制作の「日本の日蝕」（五九年）、「現代人間模様シリーズ」（五九〜六一年）などの前衛的な作品が注目された。その気風が二〇一〇年代になると、「カーネーション」（一一年度下期）等々の大阪発連続テレビ小説のなかに表われ始める。

　また、現在の地域発ドラマへとつながる地方局制作ドラマも、七〇年代後半から徐々にその地域を、仙台、広島、札幌、松山などへと広げて今日に至っている。そして直近でいえば、東日本大震災一〇年後の心の再生を描く宮城発地域ドラマ「ペペロンチーノ」（仙台放送局、二一年）といった成果も上げている。③

　テレビドラマの多様性を考えるとき、地域の自然と暮らしのなかに人間の喜びや哀しみを語ることは、欠かせない文化発信である。今、民放のドラマ編成にローカルドラマの全国発信が失われているとき、このNHKの二つのドラマ文化は極めて貴重である。

①東芝の一社提供は2002年まで。以降は、日曜劇場の呼称となる。大阪地区の系列局は、1975年のネットチェンジに伴って、朝日放送（ABC）から毎日放送（MBS）に代わる。
②北海道放送編「HBCドラマの作家史」、P．115参照
③宮城発地域ドラマ「ペペロンチーノ」2021年。女川町のイタリアンレストラン・オーナーシェフ（草彅剛）が、東日本大震災の衝撃を多くの人の励ましで乗り越えてきた心の軌跡を描く。（脚本＝一色伸幸、演出＝丸山拓也（仙台放送局）、制作統括＝廣瀬正雄（仙台放送局）、4K制作。

大阪発連続テレビ小説の始まり

　若泉久朗「BK《大阪放送局》はAKに較べて前衛なんですよ。それが最近うまくいっているかなと思うのは、『カーネーション』あたりからBKルネッサンスみたいになってきて、なんかこう攻めてるなあ！と思うことが多くて。『マッサン』なんかもヒロインが外国人だったり、『あさが来た』なんかも幕末から始めたりとか。そういう東京とはちょっと違う前衛というか、少し過激なことをやるのはBKの昔からの伝統ですね」

　若泉久朗は、一九八四年に入局し、沖縄放送局を経て、八八年に東京の放送センター（JOAK、以下AK）ドラマ番組部に着任。二〇〇〇年に大阪放送局（JOBK、以下BK）に異動し、連続テレビ小説の「ほんまもん」（〇一年度下期）と「てるてる家族」（〇三年年度下期）を制作統括している。

　その若泉が「BKルネッサンス」というほど、近年、二〇一〇年代に入ってからの大阪発連続テレビ小説は勢いづいている。そしてそれは、「カーネーション」（一一年度下期）から、「ごちそうさん」（一三年度下期）、「マッサン」（一四年度下期）、「あさが来た」（一五年度下期）な

どへと続く作品群がつくり出したものでもある。

では、そこにはどんなドラマづくりがあったのか。早速そこに入っていきたいが、その前に押さえておきたいことがある。大阪発連続テレビ小説が始まった経緯と、BKの制作風土である。

NHKの連続テレビ小説は、一九六一年度の「娘と私」に始まる帯ドラマの老舗である。六〇年代から七〇年代前半にかけては、「おはなはん」(六六年度)、「旅路」(六七年度)、「繭子ひとり」(七一年度)、「藍より青く」(七二年度)等々が、平均視聴率四〇%台後半を記録するほどの人気を得ていた。

そして、この全盛期の連続テレビ小説は六四年度の「うず潮」を除いて、全てがAK制作の一年間の帯ドラマだった。ところが、こういった制作体制が七四年度の「鳩子の海」を最後に、AKとBKの交互制作となり放送期間も半年となった。

当時、川口幹夫ドラマ番組部長の下で数々の改革を行った遠藤利男(七七年にドラマ番組班・担当部長)は、その渦中《現場》にはいなかったと前置きして、交互制作となった事由を俯瞰的に三つあげる。〝作家と若いスタッフの意識のずれ〟、〝脚本家の構想力と気力の限界〟、〝東京一極集中からの脱却〟の三要因である。

遠藤利男「当時、大河ドラマの『勝海舟』《七四年》もそうでしたが、『鳩子の海』も作家とスタッフが対立したんです。ちょうどその頃、映画会社などから転籍してきたディレクターじゃなくて、NHK《テレビ》育ちの若いPDが出てきて世代交代の時期でした。彼らは、先輩たちが大御所作家を『先生!先生!』と奉って、その指示通りにやるといった風潮に反発したんです。俺たちはカット割り屋じゃない!と。で、作家との間に軋轢が生まれ始めたんです」

NHKドラマの草創期には、劇作家の大先生が本読みをして演出もする。ディレクターはそれを見ながらカット割りをする、といったことがめずらしくなかった。もちろん、遠藤もそうだったが、和田勉、吉田直哉らのようにそれに甘んじないPDもいた。一方、若いスタッフのなかには自立心のあまり、作家とのコミュニケーションに齟齬が生じることもあった。

遠藤「それからもう一つ。作家が一年間のストーリーを構想するということは大変なわけなんですね。みなさん半年ぐらいになるとだいたい行き詰まり、体力がなくなって質的にもダウンしてくる。そしてそのへんで、作家が『お前たちの言うことをいちいち聞いて直してられるか！』などと言って揉め始める。そこで、一年間で書いていたものを半年間に圧縮して、書き抜けてもらったはうがいいんじゃないかということになったんです」

橋田壽賀子という例外はあるが、一年間のドラマを書き続けられる構想力と筆力をもつ脚本家は、昔も今も限られている。連続テレビ小説で「おはなはん」（六六年度）や「あしたこそ」（六八年度）を演出した斎藤暁も、草創期の脚本家状況を振り返って、「『朝ドラ』のスタート当初は、オリジナルで1年分書くことが出来る脚本家がほとんどいなかった」と言っている。④

で、半年ずつの制作体制だが、そこにどうしてＢＫが登場することになったのか。

遠藤「《六四年東京オリンピックによって》東京一極集中がどんどん進んでいくなかで、やっぱり大阪の役割をどう考えるか、あるいは地方の役割をどう考えるかということを考えたときに、大阪にもちゃんとＮＨＫの看板の一翼を担ってもらいましょうということになり、半年、半年を東京《ＡＫ》ということよりは、半年は大阪《ＢＫ》を入れていこうと……」

もちろん、このＡＫ、ＢＫの交互制作案には現実的な裏付けもあった。ＡＫ一年間制作時代の唯一のＢＫ制作・連続テレビ小説「うず潮」の実績である。この林芙美子の自伝的作品は、それまでの小説を朗読するといった〝テレビ小説〟形式を脱するもので、連続テレビ小説史的にも質的にも最初のエポックとなるものであった。

遠藤の言う「地方の役割」について追記すれば、大阪発連続テレビ小説の誕生後、七〇年代後半あたりから、ＮＨＫは仙台放送局、広島放送局、札幌放送局、松山放送局等々と、日本各地の地方局制作ドラマを徐々に拡充させている。

④斎藤暁「連続テレビ小説・制作者座談会」『ＮＨＫテレビドラマカタログ』ＮＨＫ制作局ドラマ番組部、２０１１年、Ｐ.70

ＢＫの制作風土と制作条件

連続テレビ小説はこうして、一九七五年度から当該年度の上期をＡＫ（『水色の時』）、下期をＢＫ（『おはようさん』）という交互制作になって現在へと続く。では、大阪発連続テレビ小説は、どのような風土・体制の下に、誰（ＰＤ）によって、どのようにつくられるのか。

若泉久朗「東京も大阪も、予算やつくり方は一緒なんですけど、大阪の場合は僕なんか一回も住んだことのない所へいきなり行って、関西の文化圏とかもほとんどわからない。だから、そこに飛び込んでつくるからには勉強しなければいけない。それに、技術さんや美術さん、外の業者さんも圧倒的に地元の方が多いわけですよ。つまり日常会話も関西弁がベースになるわけで、そうするとやっぱり地元感を嫌でも感じるわけですね」

若泉はすでに紹介したように、二〇〇〇年にBKに異動し、「ほんまもん」と「てるてる家族」を制作統括し、〇四年にAKに戻っている。BKには、「ふたりっ子」（九六年）を演出した長沖渉のような、ミスターBKと呼ばれるベテランもいた。しかし多くのPDは、若泉のように短期間の異動か、AKからの派遣という形でその制作に携わっている。だからそういったPDにとっては、地元スタッフとのコミュニケーションが制作要件の一つといっていいほど大事になってくる。加えて、BKならではのコミュニケーション風土である。

若泉「BKの部屋のレイアウトは、AKのように階によって違うとかそういうのではなくて、制作部は全部一緒なんです。だだっ広い部屋に、ドラマもドキュメンタリーも、技術も美術も、みんな一緒にいるんです。だから、何かあればちょっと隣りに行って話すみたいな、そういう密度っていうのはある意味で地方局ならではの人間関係の濃さだと思うんですよね。AKとBKの能力の違いではなくて、そういった風土の違いがその番組に影響しているのかもしれません」

この人間関係やコミュニケーションの密度については、後に「カーネーション」を制作統括する城谷厚司（二〇〇八〜一二年、BK在籍）も、そういったところから生まれる一体感が励みになったと言っている。

城谷厚司「みんなで応援してくれる雰囲気があるんですね。朝ドラを半年間大阪から出していると、BKの看板というか、自分たちの朝ドラだという雰囲気があって……朝ドラ委員会、『カーネーション』委員会みたいなものがあって、編成から営業からいろんな部署の人が集まって、どうやって朝ドラを盛り上げるかといった会議をやるんです。そこでいろんな意見を出し合うんですが、そういう雰囲気があってモチベーションも上がっていくんですね」

かつてフジテレビは、大部屋制度（編成・制作）を復活させて七〇年代の低迷を脱した（『フジテレビドラマの再生史』参照)。BKもそれに似た環境で番組をつくっているのだ。さらに、BKならではの出演者とのコミュニケーションである。

若泉「一番違うのは、役者さんを東京から呼ばなきゃいけないということですね。藤山直美さんとか、昔なら ミヤコ蝶々さんとか、大阪で活躍されている方もいますけど、基本的に役者さんは東京から来て、その間ずっとホテルで一緒……だから役者さんやスタッフの密度がすごく濃くなるんです。撮影が終われば当然のように飲みに行ったりして、みんな家族みたいになりますね」

城谷「役者さんはこのドラマのためだけにいらっしゃる。衣装合わせにしても、みなさん泊まっていかれる。そうすると、夜は一緒に食事をする。僕ら『カーネーション』のチームでは、小林薫さんなんかが気を遣ってくれたんですけど、そうやって毎週同じ釜の飯を食っていると、どんどん仲良くなっていくわけですね」

この一体感に加えて、現場とドラマの関西弁である。NHKは民放と違って、律義に方言指導を行う。やがて、その関西弁のあり様が「カーネーション」の成功にも関わってくる。が、それは次章で触れるので、ここではBKの前衛的な風土について顧みておきたい。

NHKがテレビ放送を始めた頃(一九五三年~六〇年)、BKでは岡本愛彦の「ひょう六とそばの花」(五六年)や、和田勉の「日本の日蝕」(五九年)といった前衛的なドラマがつくられていた。

「ひょう六とそばの花」(作=土井行夫)は狂言様式で紡ぐファンタジーで、貧しいきこりの夫婦愛が権力や現実のおぞましさを哄笑している。「日本の日蝕」(作=安部公房)は日本人の加害責任を、脱走兵を拒否する村人の顔(クローズアップ)に象徴させた反戦ドラマで、演出の和田は以降、「茶の間の日常性を破壊する」クローズアップを駆使して数々の名作を残している。

遠藤利男「《しかし六〇年代以降になると》和田勉ら、草創期の人たちはほとんどが東京に移って、そういった前衛的なPDやBKらしさはあんまり残ってなかったですね。だからその後は、東京から若手で育ちざかりのプロデューサーを送り込んで、彼らが大阪のスタッフと一緒になってつくるようになりました」

遠藤は草創期の前衛的な気風は薄まったと言うが、それでも大部屋に象徴されるような自由さは残っていた。

城谷「自由な風土というのはやっぱりありますね。上がいないんですよ。制作部のなかにドラマ班とかエンタテインメント系とかがあって、上司の部長もドラマの方ではないことが多い。だからドラマの人たちがいいと思うものを、信じているからやってくれ！ということに。それに、AKだと編成から数字がどうこうというプレッシャーがかかるんですけど、BKで数字がどうこうということはあんまり言われなかったですね」

大阪発連続テレビ小説の低迷期

〝攻めるBK〟、〝自由なBK〟といっても、大阪制作の連続テレビ小説が初めから弾けていたわけではない。一九七〇年代から九〇年代にかけては、「ふたりっ子」など一部の作品を除いて、それほど記憶に残るものはない。これはBKがどうこうというより、連続テレビ小説自体が低迷期を迎えていたからである。特に、八三年度の「おしん」（作＝橋田壽賀子、AK、一年間）を境に、一代記ものが戦後の半生記ものへと変わっていって、時代描写のマンネリ感がつきまとうようになった。

やっぱり、連続テレビ小説のおもしろさは一代記にある。ただ、戦前の貧しさや戦争、戦後の混乱に感情移入できる視聴層も段々減ってくる。そこで、戦後の半生記へ、現在形へと舵を切ったのだろうが、今、一代記はまた新たな魅力をもち始めている。近年の「カーネーション」がいい例で、戦前、戦後の激動がヒロインの青春や家族模様をドラマチックにしているからだ。

ただ、二〇〇〇年代に入ると、大阪発連続テレビ小説は、「てるてる家族」（〇三年度下期）、「ちりとてちん」（〇七年度下期）等々、〝攻めてる〟感を徐々に発揮し始める。

たとえば、若泉久朗（制作統括）の「てるてる家族」（原作＝なかにし礼、脚本＝大森寿美男、演出＝榎戸崇泰ほか）である。大阪府池田市の商店街を舞台に、パン職人夫婦（岸谷五朗・浅野ゆう子）と四人姉妹（石原さとみほか）の夢を描くコメディだが、そこには歌と踊りがふんだんに盛り込まれている。

若泉久朗「初めてのミュージカル朝ドラなんて言われたんですけど、最初からミュージカルを狙ったわけじゃなくて、もともとなかにし先生の原作には歌がたくさん出てきてたんです。それに当時は、CGなどはまだ簡単には使えなかったし、そんなにセットも建てられない。『三丁目の夕日』みたいなことは映像的に出来なかった。では、どうやったら時代色を出せるか？低予算でやるには歌しかないんじゃないかということで、歌う朝ドラみたいになったんです」

歌で時代を伝える。ＢＫ制作ではないが、二〇一〇年代に入っての「あまちゃん」（一三年度上期）も、「ひよっこ」（一七年度上期）も、そういった演出を目一杯に働かせている。それがここで始まっているのだ。

「ちりとてちん」（作＝藤本有紀、制作統括＝遠藤理史、演出＝伊勢田雅也ほか）の場合は、それまでの〝明るく健気〟といったヒロイン像を見事に覆している。福井県小浜市の塗箸職人の娘、和田喜代美（貫地谷しおり）のどんくささがそれである。コンプレックスも強ければ、あてのない衝動も人一倍強い。それがそのキャラクターのまま、大阪に出て落語家になる。

「『ちりとてちん』では、ヒロインの性格をこれまでと違って『心配性でマイナス思考』に設定してみたんです。今の時代、ダメな女の子が懸命に頑張る姿に共感してもらえると思ったわけです」⑤

制作統括の遠藤理史はその狙いをそう語っているが、それが後に「ゲゲゲの女房」（一〇年度上半期）の長身コンプレックス妻や、「ひよっこ」の上昇志向がまるでない農家の娘など、ごく普通のあえていえば時代遅れのヒロイン像へと結びついていく。

⑤遠藤理史「連続テレビ小説・制作者座談会」『ＮＨＫテレビドラマカタログ』ＮＨＫ制作局ドラマ番組部、２０１１年、P.73

「カーネーション」の覚醒

大阪発連続テレビ小説は、二〇〇〇年代のこうしたＢＫらしいチャレンジの兆しを得て、「カーネーション」（一一年度下期）で一気にブレイクする。当時、ドラマ番組部長だった若泉久朗も、「僕たちの頃は、まだあがいていた感じがするんだけど、『カーネーション』あたりからＢＫ朝ドラとして完全に定着したというか、ブランド化しましたね」とその覚醒のインパクトを強調する。

「カーネーション」（脚本＝渡辺あや、制作統括＝城谷厚司、プロデューサー＝内田ゆき、演出＝田中健二ほか）は、ファッションデザイナー・コシノ三姉妹の母、小篠綾子をモデルとする一代記だが、そのヒロイン像が実に魅力的でおもしろい。

すべては、企画、制作、脚本、演出、演技、技術、美術など、スタッフ・キャストのぶれるところのない一体感がもたらしたものと言っていいだろう。

城谷厚司「大阪らしいものをやろうと思って、いろんな本を読んだり話を聞いたりしているうちにコシノ三姉妹の話にいきついて。それと、僕としては仕事ものをやりたかったので、小篠綾子さんがエッセイで、《あれだけの三姉妹を育てながら》自分は何もやっていない。自分が一生懸命に仕事をしている背中を見て、娘たちは育っていっただけなんだ！ということ書いてらっしゃって、それにすごく共感したんですね。自分も父親の仕事を見ながら育ったので、……」

「ドラマ化にあたっては、三姉妹の方の大らかさに救われましたね。最初にお話をもっていったとき、ドラマなので実際と違うことがあるかもしれませんがという話をしても、みなさん、三姉妹とも『おもしろいお婆ちゃんだったので、おもしろいものにしてくれればいいですよ。おもしろければ私は何も文句は言いません』と、そうおっしゃるんですよ。肝が据わっているというか、懐が深いというか」

もうすでに、企画と関係者折衝の段階から、そのおもしろさが始まっている。そして渡辺あやの脚本である。

城谷は八九年に入局し、鹿児島放送局を経て、九四年からAKでドラマをつくり始める。そして二〇〇八年に大阪に異動して、「大仏開眼」（脚本＝池端俊策、演出＝田中健二、一〇年）、「カーネーション」を制作統括する。

で、渡辺への脚本依頼だが、これにはその前に広島放送局で制作統括した広島発特集ドラマ「帽子」（作＝池端俊策、演出＝黒崎博、主演＝緒形拳、二〇〇八年）が大きく関係している。というのも、この「帽子」を演出した黒崎博の次作「火の魚」（主演＝尾野真千子）の脚本が、渡辺あやだったのである。

その「火の魚」の本づくりのとき、黒崎が渡辺の脚本を送ってきて、城谷はそのすごさに衝撃を受け「カーネーション」の脚本を頼み込む。つまり、大阪発連続テレビ小説「カーネーション」は、広島放送局の「帽子」と「火の魚」に発するドラマでもあったのだ。

大阪・岸和田の呉服屋の娘、小原糸子（尾野真千子）は生来の負けん気の強さで、当時めずらしかった洋裁店を開き、結婚し、三姉妹を育てて、洋裁一筋の生涯を全うする。

渡辺あやの脚本はこのヒロインの魅力を、ざっくばらんな岸和田弁でからっと際立たせる。たとえば戦時下で、大日本國防婦人會にモンペを着用しないことを責められたときである。糸子は連中が去った後、モンペを差し出す弟子に、「洋装店には洋装店の意地ちゅうもんがあるやろ！戦争やからいうて、なんでこんな不ッ細工なもんはかなあかんのや！」と当たり散らす。

この糸子の戦争への本音。「カーネーション」後の大阪発連続テレビ小説、特に女性脚本家のそれはこうした庶民的な女性の本音として反戦を語っている。これは従来の反戦ドラマにはあまり見られなかった目線である。

そして先の台詞のように、糸子らの岸和田弁を誰にもわかるものにする方言指導の労苦である。

若泉久朗「最近はずい分巧くなってきましたけど、関西弁は本当に難しい。一生懸命やろうとすればするほど、こんなコテコテな大阪弁は使わないって言われたりして。意外と、薄口の『カーネーション』なんかのほうが評判が良かったりとか、そのほうが地元の方に喜ばれたりとか、いろいろ難しいところが……」

城谷「岸和田出身の方言指導の方を立てて、どこまでわかりやすくするかを研究したんです。岸和田らしさも残しつつ、岸和田弁を知らない人にもわかる範囲というものを、最初のほうでつくったんですね。それはとても細かな作業で、一つ一つセリフを見ながら、これは本当はこういう言い方だけど、こうやっても通じるかみたいなことを、一個、一個やっていって道筋をつけていきました」

尾野真千子の瞬発力の漲る演技もヒロインの魅力を際立させている。糸子は、目の前の仕事がうまくいかないとふて寝して、また気を取り直して仕事に向かう。戦争で精神を病んだ幼なじみの母に、「あんたのずぶとさは毒や！」と怒鳴られてもめげない。 そんな傍若無人な女性が朝の時間帯にふさわしいヒロインとなったのも、尾野のメリハリのある感情表現に負うところが大きい。

窓から差し込む光が糸子の前向きさを照らし、毎夕の食卓や近隣の商いが時代の変化を映す。照明、撮影、美術などの仕事が、そういった日々を包んでいたことも言っておきたい。

こうして、大阪発連続テレビ小説は「カーネーション」を機に、BKならではの挑戦的な企画と、人目など気にしないヒロイン像で、「ごちそうさん」（作＝森下佳子、主演＝杏、一三年度）、「マッサン」（作＝羽原大介、主演＝玉山鉄二、シャーロット・ケイト・フォックス、一四年度）、「あさが来た」（作＝大森美香、主演＝波瑠、一五年度）などを次々に誕生させていく。

ＮＨＫ地域発ドラマ前史

大阪発連続テレビ小説「カーネーション」は広島放送局から始まったドラマでもある。とすればその広島発ドラマを含めて、ＮＨＫの地域発ドラマの軌跡も顧みておく必要があるだろう。

というより、ＮＨＫの地方局制作ドラマに、〝制作地（県名）〟と〝地域ドラマ〟の名が冠されたのは、福岡発地域ドラマ「うきは─少年たちの夏─」（福岡放送局制作、二〇〇二年）からだったことを考えると、ＮＨＫ地域発ドラマの本筋はこの福岡発地域ドラマにあると言ってもいい。

ＮＨＫの地方局制作ドラマは、一九七七年の仙台放送局制作「塚本次郎の夏」（作＝服部佳、演出＝加藤郁雄、出演＝赤塚真人、賀原夏子）に始まり、以降、札幌放送局、松山放送局、広島放送局、福岡放送局といった拠点局を中心にして九〇年代まで続いていく。

「大阪発連続テレビ小説の始まり」のところで、証言者の遠藤利男は、連続テレビ小説が東京放送局（ＪＯＡＫ）と大阪放送局（ＪＯＢＫ）の交互制作になった件には、「六四年東京オリンピック後の東京一極集中下で大阪の役割をどう考えるか、地方の役割をどう考えるか」という問題意識も働いていたと述べた。

その遠藤利男は奇しくも、というかまさに地方局制作ドラマが始まった七七年にドラマ番組班担当部長に就任している。そういったことを考え合わせると、七七年に始まる地方局ドラマは「地方の役割」具現化の大きな一歩だったと言っていい。

ただそうではあっても、当初の地方局ドラマは初めから全国放送を前提として企画されていた。七七年入局の木田幸紀（取材時・二〇一七年現在、専務理事・放送総局長）はその実態をこう概括する。

木田幸紀「この頃の地方局制作ドラマは、今の地域ドラマとは違いまして、地域を舞台にはしているけど、普通の単発ドラマを全国向けの特集ドラマやスペシャルドラマとしてつくっているといった感じでした。地域への貢献を一つのミッションとして、単発ドラマだったら、拠点局にいるドラマ出身のディレクターやプロデューサー、技術スタッフでつくれるんじゃないか、という発想ですね」

木田の言う「普通の単発ドラマ」は、やがて現在の地域発ドラマにも問われてくることだが、それでもそこには地域ならではのテーマや、地方局ならではの方法論も見られる。いい例が、広島放送局の8・6ドラマである。言うまでもなく、8・6は広島に原爆が投下された日のことで、広島局はこの日に向けて被爆を語り継ぐことに総力を上げている。

8・6ドラマはその一環で、最初のドラマスペシャル「夏の光に・・・」（脚本＝杉山義法、演出＝山中朝雄、出演＝倍賞千恵子、小林桂樹、八〇年）や、NHKスペシャル「失われし時を求めて～ヒロシマの夢～」（作＝早坂暁、演出＝松橋隆、主演＝小林稔持、八九年）などの秀作を残している。また二〇〇〇年代に入ると、東京のドラマを凌駕する「帽子」（〇八年）、「火の魚」（〇九年）で、国際的にも高く評価されている。（後述）

といっても、広島放送局にドラマの制作体制が特別に整っていたわけではない。8・6ドラマの伝統はあっても、他の地方局と変わるところはない。ここが地方局ならではの方法論につながってくるのだが、基本的にはドラマのディレクターが一人いる程度で、あとは現地の技術、美術スタッフでつくっている。しかも現地スタッフは、情報番組やドキュメンタリーが専門で、ドラマ経験者はほとんどいない。

七九年入局の阿部康彦も、広島局（九〇～九三年）でドラマを演出した一人だが、そのドラマづくりをこう語っている。

阿部康彦「広島に行ったときにはドラマ経験者は私一人しかいなかった。でもドラマのディレクターが一人いれば、その人がプロデューサー役も、アシスタント役もこなして頑張るんです。ドラマをやったことがないスタッフがつくと、こうやって欲しいって言えばやってくれるわけですよ。大事なのは美術、技術がどれくらいいるかです。それにそんなに大きなセットをつくることはなく、地域ドラマは基本的にロケが主体なので」

「私が二本撮ったときのカメラマンも、ドキュメンタリーのカメラマンなんです。山陰出身のテクニカルディレクターとか、みんな地元の人で、親子代々その土地のことがわかっている。だから、彼らのもっている風景なり風土に対する感覚を大事にして、東京制作ではとらえられないその土地の空気をどうやったら撮れるかと」

阿部は、広島で8・6ドラマのNHKスペシャル「空白の絵本」（作＝司修、出演＝樹木希林、深津絵里、九一年）に続いて、同じNHKスペシャルの列島ドラマシリーズ「牛の目ン玉」（九三年）を演出している。この「牛の目ン玉」（原作＝野坂喜実、脚本＝冨川元文）が、阿部が述べたような地方局ならではのドラマづくりをよく表している。⑥

鳥取県大山町。年老いた牛飼い・大吉（中条静夫）が突然、精魂込めて育てた繁殖用の育成牛を、牛肉の食べ比べ大会に出すと言い出す。妻の留乃（中村玉緒）が止めても頑としてきかない。

これはそういった老いの不条理を描くものだが、そこには東京のスタジオドラマのような文法はない。老夫婦のやり取りが多いドラマだが、バストショットの切り返しといった葛藤描写は皆無である。ドキュメンタリーのように、互いの行動を引きの画で撮ってそのセリフを追っている。

そして、脚本のト書きをはるかに超える田園風景の挿入である。遠くに大山を望む田畑や風に揺れるススキ野、青々とした竹林、赤く熟した柿。カメラはそういった遠景のなかに、大吉が牛を引き、留乃がミニトラクターで帰って来る姿をとらえる。その間、田んぼの案山子にふっとカメラを振ったりもする。

阿部「この土地の空気をどうやって撮影するかみたいなことでいえば、東京から来たクルーが何日か泊まってぱっと撮る撮り方じゃなくて、『すいません、泊まらせてもらえますか』といったことのなかで撮影をしました。ロケハンでも、何日も現地に入ってスタッフといろんなとこを見てまわる。老夫婦の家となるところを探しまわって、『しばらく、ホテルに泊まってもらえませんか』とお願いして、家をまるごと借りたりして」

NHKスペシャルで放送されるといっても予算は限られている。スタジオドラマのようには美術費にお金はかけられない。スタッフも、ディレクターを除けば、ほとんどがドラマ未経験である。となれば、必然的にオールロケとなり、そのつくりもドキュメンタリーのようになる。そしてロケ地に泊まり込んで、時間をかけて地元の人と触れ合い、現地の風景を見てまわって、なんとかその地の空気を撮ろうとする。

こうしたつくりは他の地方局にも大なり小なり共通するもので、それが地方局ドラマを根底で特徴づけている。NHKの地域発ドラマが注目されるようになったのは、二〇〇二年の福岡発地域ドラマ「うきは―少年たちの夏―」からだが、その瑞々しい田園の空気もこういったオールロケ、ドキュメンタリータッチといったドラマづくりによって醸し出されたものに他ならない。

⑥1990年代初頭、NHKは若手育成を目的として、NHKスペシャルでニューウェーブドラマ（東京放送局制作、90～92年）を制作。国際テレビ祭グランプリを受賞した「音、静かな海に眠れ」（演出＝笠浦友愛、91年）など、冠に恥じない若い感性で計10作を放送する。列島ドラマシリーズ（地方局制作）はそれに続く地方版で、93年に「魚のように」（松山、原作＝中脇初枝、脚本＝中島丈博、演出＝越智篤志）、「ラストパーティー」（福岡、脚本＝関根俊夫、演出＝横大路淳一）、「牛の目ン玉」（広島）の3作がつくられる。

福岡発地域ドラマの志

福岡発地域ドラマが、それまでの地方局ドラマと違うのは、最初の作品「うきは―少年たちの夏―」（制作統括＝遠藤正雄、脚本＝森下直、二〇〇二年）が、県域放送として企画されていたことである。

結果としてそれは、衛星放送局にいたことのある制作統括・遠藤正雄の尽力もあって、九州管中放送、ＢＳ・全国放送、地上波・全国放送へと広がっていく。が、そうなったのも、企画・演出の東山充裕が言う「福岡の、福岡による、福岡のためのドラマ」という明確な意志が、新鮮な風土と人間のドラマを生んでいたからである。

では、「うきは」の企画はどのようにして生まれたのか。九〇年に入局し、二〇〇〇年に福岡放送局に赴任した東山充裕は、その原点をこう明かす。

東山充裕「福岡局に着任して、最初に感激したのは生中継を初めてやったことなんです。学生時代は自主映画をつくり、入局後はハイビジョン部、ドラマ部と、生中継をやらずに過ごしたので一年ぐらいはおもしろくてしょうがなくて……実はその頃、浮羽町からの中継も二、三回出していましたし、ドキュメント的なものもその近くで撮ったりしていました」

「そうやって浮羽町へ行って、中継で葡萄畑に行ったり、山に登ったり、その家族のところへうかがったりすると、その土地ならではの考え方や生き方、文化などをひしひしと感じるんです。で、その豊かさを多くの人に見てもらって残していくためには、ドラマにしたほうがいいと思って。それで、棚田農家の人たちや町役場の人たちと一緒になってつくろうと」

遠くの山並みへと続く青々とした棚田が風に揺れる。「うきは」は、そのファーストシーンで一気に棚田の世界へともっていかれる。それほど、福岡県浮羽町の棚田は美しく涼しい。

生徒の少ない小学校の男の子二人（池松壮亮、菅原祐介）が、衛星回線授業で知った福岡市の女の子・うきは（牧野有紗）を招待して、棚田の美しさを見せようとする。このドラマは、そんな少年たちの棚田（故郷）への純な想いが、周りの大人たちと見る人たちの心を揺さぶる。すべては、生中継の取材で知った棚田の美しさと、そこに生きる人たちへのリスペクトから始まったと言っていいだろう。そして、地方局の制作条件を逆手にとって、それを地域独自の表現へともっていくつくりである。

オールロケ&ドキュメンタリータッチ、ロケ地の人たちとの触れ合い、棚田の空気へのこだわり。「うきは」では、そういったドラづくりの徹底が少年たちの夏をより瑞々しいものにしている。

東山「東京からの応援は一切要らない、ドラマ部の応援は一切要らないということでやるわけですから、カメラマンも中継番組やドキュメンタリーのカメラマンになるわけです。二作目の『玄海』はドキュメンタリーのプロなんですが、ドキュメンタリーのカメラマンは、芝居がおもしろくないと、心を動かされないとちゃんと撮ってくれなくて、他のものを撮っちゃうんですよ」

「そこで暮らしている人を主人公にしなくちゃいけないので、月一万円で浮羽町の家を借りて週末に通って。『玄海』のときも月三万円で借りたんです。そうやって地元の人と組んでやるわけですから、こういうネタがある、こういうネタがある、と地元の人の話を紹介しながら、森下さんとストーリーをつくっていきました」

二作目の「玄海〜私の海へ〜」（制作統括＝遠藤正雄、作＝久松真一、二〇〇三年）もまた、舞台となる福岡県・鐘崎漁港の青い海原と漁船の群れが、大きくドラマを包んでいる。

鐘崎漁港で生まれ育った高校二年生の海生（大東友紀）が、巻き網漁師の父（原田大二郎）やその漁師仲間の反対を押し切って漁師になろうとする。これはそんな海生の決意を、母を海で亡くした過去や漁師の掟と絆のなかに語っていく。

だからそこには、父の漁師仲間がしょっちゅう集まって、漁師になりたい海生を問い詰めたり、「《海生は》この港のみんなで育てたようなもんやけんねえ」などと慈しむシーンが数々ある。が、それはそのまま鐘崎・漁師の想いと言葉であったと言う。

東山「週末には泊まり込んで半年ぐらい鐘崎に行って

たんですが、ある宴会の席で、みなさんの娘さんが漁師になりたいと言ったらどうしますかって聞いたんです。そうすると、あそこは女の子が絶対に海に行ってはいけないところなので、大変な議論になったわけですよ。そんなこと許されるわけがなかろうが！コンピュータが操舵技術に関わる時代、女の子だって出来るはずだ！……と。そういう議論をそのまま台本で使って」

福岡放送局に赴任した一人のディレクターと現地スタッフでの手作りドラマ、それが一つの必然とするドキュメンタリータッチの風土と人間の描写、県域↓管中↓BS↓地上波全中の先駆けとなる成果。福岡発地域ドラマは、いろんな意味で地方局制作ドラマ史のエポックである。しかし、ここでもう一つ注目したいのは、たまたま赴任したディレクターが、これほどフレッシュな風土と人間のドラマを撮ったということである。

東山は北海道静内町の出身だが、それが浮羽町の棚田とそこに生きる人に感動して、「うきは」を撮ろうとした。土地者はともすれば、あまりに慣れ過ぎてその地の良さが見えなくなっていることが多い。余所者だからこそ見えてくる土地、土地の素晴らしさというものもある、東山の作品が教えてくれるのはそういった現実である。

「××発地域ドラマ」の組織推進

こうして、「うきは」、「玄海」に始まる風土と人間のドラマは、「我こそサムライ！」（福岡市、〇四年）、「博多はたおと」（福岡市、〇八年）、「母《かか》さんへ」（八女市、〇九年）、「見知らぬわが町」（大牟田市、一〇年）等々へと福岡発地域ドラマを定着させる。

同時に、「××発地域ドラマ」を冠したドラマが各地でつくられていく。といっても、それは地方局の主体性において広がっていったわけではない。そこには、NHK中枢の地域ドラマ推進策が働いていた。

東山ディレクターは、「東京からの応援は一切要らない」とその心意気を述べていたが、東京ドラマ部のエグゼクティブプロデューサー・木田幸紀には、台本の相談をしていたと言う。その木田は当時、ドラマ番組部長（〇六年）になる少し前だったが、こんな考えの下に地方局に地域ドラマの制作を働きかけていた。

木田幸紀「ドラマは地域の活性化に非常に役に立つんです。『のど自慢』なんかだと放送は一日限りで、盛り上がっても二、三週間前からの観覧希望ぐらい。それに較べると、ドラマは地元の人に企画の説明をしたり、ロケーションをしたり、出演者に来てもらったりする。出来上がった後も、何回か上映会をしたり、イベントをやったりするので一年間ずっと楽しめる。そういったインパクトが地域活性化につながり、営業対策の推進にも非常に役に立つんです」

「当初は福岡しかやっていなかったので、僕は札幌に行って管理職のみなさんに、ドラマをつくったことがないからというのであれば、東京から何人か応援に行かせますからといった話をしたんです。制作部の人たちは是非やりたいと言っていましたが、他の人たちは出来上がりや予算を気にして懐疑的でした。そこで、お金のかからない単発ドラマも出来ますからと説得してつくってもらったのが、『雪あかりの街』《〇七年》なんです」⑦

言ってみれば、NHKの地域ドラマ推進は政策的な側面をもつものでもあった。しかし民放ローカルドラマの全国ネットが消えた今、それが東京発とは違うドラマ文化を提供してきた事実は揺るがない。現に、二〇〇〇年代後半になると、広島放送局の「帽子」（〇八年）が呉市を、「火の魚」（〇九年）が瀬戸内の島を舞台に、東京制作のレベルを超える成果を上げている。

⑦札幌放送局「雪あかりの街」。制作統括＝竹内克也、脚本＝清水友陽、演出＝藤並英樹、出演＝木村愛里、塩見三省。

広島局「帽子」「火の魚」の豊穣

広島県呉市の帽子職人の老いと誇り。広島発特集ドラマ「帽子」（出演＝緒形拳、玉山鉄二、田中裕子）は地域の暮らしのなかに、生きることの意味と人の絆のぬくもりを静かに伝える作品である。

「人物の原型は子どもの頃にあるんです。運よく面白い人たちが周囲にたくさんいたんですね。私は広島の呉の出身ですが、職人の町でしてね。海軍の軍人たちの家族も戦後、そこに残って暮らしていた。職人さんで人情味のある人たちと、侍的な佇まいの人たち両方を見て育った影響は大きいですね」。⑧

脚本の池端俊策は「帽子」の人間像についてそう言っているが、これは彼の原風景が最も生かされた作品と言っていいだろう。しかも、帽子職人・高山春平を演じるのは、今村昌平監督の『復讐するは我にあり』でシナリオを担当して以来、数々の作品を共にした緒形拳である。その老いの演技は、池端の職人像をより深く滋味溢れるものにしている。

加えて、美術が素晴らしい。隅々にまで目配りの効いた老舗帽子店の仕事場は、もうそれだけで職人の誇りと暮らしを裏づけて余りある（美術＝土手内賢一、山内浩幹）。

それにしても、芸術祭賞優秀賞など数々の受賞に輝いた作品が、どうして広島放送局でつくれたのか？それはこれまでに見てきたような、つまり広島局にいたディレクターがつくった地域ドラマだったのか？当時、東京のドラマ番組部長だった木田幸紀は、その問いに対してこう答えてくれた。

木田幸紀「広島放送局が開局80周年を迎えるときでした。局長の金子恒彦さんが、原爆関係のＮＨＫスペシャル以外にも、全国放送の記念ドラマを広島に根づいたテーマでつくりたいと言われたんです。それでは脚本は呉出身の池端さんにお願いしますかということで、池端さんと広島へ行き、金子局長と四方山話をしながら始めました」

「そのとき金子局長が言うには、広島放送局制作を打ち出したいが、広島放送局にはドラマの演出が出来る人間が誰もいないので、誰か東京から異動させてくれないかと。それで、一本だけつくるのに異動させるのはあれだから二年ぐらいで返して下さいね！という条件で黒崎博ディレクターに行ってもらったんです」

ＮＨＫの地域ドラマ制作には、各地の放送局が自前でつくるケースと、東京からの応援を得てつくるケースがある。福岡発地域ドラマの東山充裕は「東京からの応援は要らない」と言ったが、これはもう一つのケースで、応援どころか異動までさせてつくっている。

黒崎博にしてみれば唐突な異動だったに違いない。しかし結果として、彼は広島でこれに続く秀作、「火の魚」（〇九年）でモンテカルロ・テレビ祭ゴールデンニンフ賞を受賞している。

広島発ドラマ「火の魚」（原作＝室生犀星、脚本＝渡辺あや）は瀬戸内の島を舞台に、老作家（原田芳雄）と若い編集者（尾野真千子）の生と死を物語るものである。

島の自然と家並にその風土の空気を醸し出し、そこに死に怯える者の孤独とそれを知る者の心の結びつきを、温もりをもって滲ませる。これもまた、脚本、演出、演技、美術（土手内賢一）などのすべてが、そこに凝縮されている。

ドラマは、人と人との結びつきで生まれるものでもある。やがてこの「火の魚」の黒崎が、大阪放送局にいた城谷厚司に渡辺あやの脚本を読んでもらい、城谷が渡辺脚本で連続テレビ小説「カーネーション」（主演＝尾野真千子、二〇一一年度下期）を始めることとなる。

城谷厚司「黒崎博が、『火の魚』の本打ちをやり過ぎて客観的に見れなくなってきたので、一回読んでくれないかと渡辺あやさんの脚本を送ってきたんです。それを読んで、こんな脚本を書く人がいるんだ！ってものすごく感動したんですね。こんな脚本を地方の局がやるようになったら、東京で何をつくたって駄目なんじゃじゃないか！と。それくらいすごい脚本で衝撃を受けたんですね。それで黒崎を通して紹介してもらって説得して」

福岡発地域ドラマが地方局制作ドラマ史のエポックだとすれば、広島の「帽子」と「火の魚」はその豊かな実りと言える。ではその後、地方局は、「東京で何をつくったって駄目」と感じさせるような作品をつくれているのか。

⑦「脚本家・池端俊策さんインタビュー　日常を生きる人へのまなざし」『民放』7月号、2017年、P．40

恵まれた編成・制作環境の功罪

二〇一七年に札幌放送局長となった若泉久朗も、木田幸紀と同じように、地域ドラマがいかに地域社会を活性化させるかを強調する。そしてその上で、「まずBSで全国放送をやって、その次にローカル放送をやって、地上波で全国放送をやる。つまり、一年間ぐらいキャンペーンが張れるようになって、地域ドラマはNHKのキラーコンテンツになった」と、その編成・制作システムがもたらした成果を述べる。

福岡発地域ドラマ以降、NHKの地域発ドラマは、奈良放送局が「万葉ラブストーリー」（〇八年、〇九年）を二度にわったてシリーズ化したり、広島放送局が「帽子」、「火の魚」を誕生させたりして、地域ドラマは各年度平均五作ほどのペースで拡充する。

そして二〇一二年度からは、BSプレミアムが予算を出して提案を募る。つまり、BSをベースとして、ローカル放送、地上波全国放送を続ける、というスキームが正式に定着する。

かつて、各地でぽつぽつとつくられていた地方局ドラマが、こうしてキラーコンテンツにまでに上り詰めたわけである。そして二〇一〇年代後半になると、足立区発ドラマ「千住クレージーボーイズ」(首都圏放送センター、一七年)といったものまでつくられるようになる。またその間には、以下のような秀作や佳作が続いてもいる。

大分発「無垢の島」(一一年)、千葉発「菜の花ラインに乗りかえて」(一三年)、広島発「かたりべさん」(一四年)、岡山発「インディゴの恋人」(一六年)、山口発「朗読屋」(一七年)、京都発「ワンダーウォール」(一八年)、長崎発「かんざらしに恋して」(一九年)、宮城発「ペペロンチーノ」(二一年)などがそれで、いずれも地域の人間模様が誠実なタッチで描かれている。

しかしこうした作品を除くと、その風土と人間のなかに、はっ!と思わせるテーマを見つけてつくる、といったところが薄まってもいる。極論すれば、ごく普通のドラマになっている側面もある。

木田幸紀「『うきは』、『玄海』の頃は、最初から地域放送と考えていたので、非常に地味なテーマに取り組んでいた。だから、新鮮な感じがしたんじゃないですかね。これが最初から全国放送だということになると、そういったところが失われて結局テーマが偏ってしまう。故郷を捨てて都会に行った子が帰ってくるといった地方と都会みたいなものや、父親の職業、たとえば農家を継ぐか継がないかみたいなものになってくるんですね」

地域ドラマの感動は、私たちが都市生活で見失ったものを見せてくれるところにある。四〇年余の歴史を経た今、求められるのはその原点を次世代の感性でリフレッシュしていくことではないだろうか。

《証言者プロフィール》

若泉久朗　1961年東京生まれ。84年東京大学法学部卒業、NHK入局。沖縄放送局を経て、88年に東京放送センター・ドラマ番組部に異動。2000～04年、大阪放送局。11年ドラマ番組部長。14年制作局第2制作センター長、15年制作局長、17年札幌放送局長、20年～NHK理事。2022年にNHK退局、KADOKAAWA執行役員に就任。代表作品は、連続テレビ小説「ひらり」（演出、1992年）、「百年の男」（同、95年）、「青い花火」（同、98年）、「深く潜れ～八犬伝2001」（制作統括、2000年）、連続テレビ小説「ほんまもん」（同、01年）、「てるてる家族」同、03年）、「ルームシェアの女」（同、05年）、「クライマーズ・ハイ」（同、05年）、大河ドラマ「風林火山」（同、07年）など。2017年3月15日インタビュー

遠藤利男　1931年東京生まれ。54年東京大学文学部卒業、NHK入局。JOBKやJOCKで実験的な作品を企画・演出。77年ドラマ番組班担当部長。85年番組制作局長。88年理事。91年に退任し、NHKエンタープライズ21・代表取締役などを歴任。代表作品は、ラジオ詩劇「放送詩集」（企画・演出、JOAK、59年）、「汽車は夜9時に着く」（同、JOCK、62年）、「長者町」（同、同局、63年）、「写楽はどこへ行った」（同、JOAK、68年）、「三十六人の乗客」（同、同局、69年）。69年にプロデューサーとなり、佐々木昭一郎・初監督作品「マザー」（70年）などをプロデュース。2017年5月15日インタビュー

城谷厚司　1964年長崎市生まれ。89年早稲田大学社会学部業、NHK入局。鹿児島放送局を経て、94年東京放送局・ドラマ番組部に異動。2008～12年大阪放送局。13年NHKエンタープライズ、17年大阪放送局・制作部専任部長を経て、NHKエンタープライズ。代表作品は、大河ドラマ「北条時宗」（演出、2001年）、土曜ドラマ「新マチベン～大人の出番」（制作、07年）、広島発特集ドラマ「帽子」（制作統括、08年）、「大仏開眼」（同、10年）、連続テレビ小説「カーネーション」（同、11年）、BS時代劇「猿飛三世」（同、12年）、土曜ドラマ「ロンググッドバイ」（同、14年）、「みをつくし料理帖」（同、17年）、「心の傷を癒すということ」（同、20年）など。2017年4月14日インタビュー。

木田幸紀　1954年京都市生まれ。77年東京大学文学部卒業、NHK入局。旭川放送局に配属され、82年に東京放送センター制作局ドラマ部に異動。ディレクター、チーフプロデューサーを経て、2006年第2制作センタードラマ番組部長、09年名古屋放送局長、15年NHK交響楽団理事長、16年専務理事・放送総局長を経て、2020年退任。代表作品は、ドラマ人間模様「羽田浦地図」（84年）、同「花へんろ」（85年）、連続テレビ小説「はね駒」（86年）、大河ドラマ「独眼竜政宗」（87年）、同「翔ぶが如く」（90年）等の演出。「照柿」（BS2, 95年）、大河ドラマ「毛利元就」（97年）、「終のすみか」（99年）、「ネットバイオレンス」（2000年）、「聖徳太子」（01年）等の制作統括。2017年7月12日インタビュー。

阿部康彦　1955年千葉県船橋市生まれ。79年慶応義塾大学法学部卒業、NHK入局。盛岡放送局に配属され、83年に東京放送センター制作局ドラマ部に異動、06年まで演出、制作に携わる。以後、放送文化研究所を経て、ライツアーカイブスセンターアーカイブ部で、アーカイブス学術利用などのプロジェクトを担当。代表作品は、大河ドラマ「いのち」(86年)、連続テレビ小説「チョッちゃん」(87年)、「NHKスペシャル「空白の絵本」(91年)、NHKスペシャル・列島ドラマシリーズ「牛の目ン玉」(93年) 等の演出。土曜ドラマ「暴力教師」(96年)、「青い花火」((99年)、大河ドラマ「北条時宗」(2001年)、土曜ドラマ「抱きしめたい」(02年)、放送80周年ドラマ「ハルとナツ」(05年)、土曜ドラマ「ハゲタカ」(07年) 等の制作統括。2017年7月25日インタビュー。
東山充裕　1965年北海道静内町生まれ。90年横浜国立大学経済学部卒業、NHK入局。衛星放送局に配属され、93年に東京放送センタードラマ部に異動。その後、福岡、東京、名古屋、札幌、大阪放送局を経て、放送センタードラマ番組部・チーフディレクターに。主たる演出作品は、連続テレビ小説「ふたりっ子」(96年)、福岡発地域ドラマ「うきは—少年たちの夏—」(2002年)、同「玄海〜私の海へ〜」(03年)、大河ドラマ「風林火山」(07年)、「心の糸」(10年)、三重発地域ドラマ「ヤアになる日〜鳥羽・答志島パラダイス」(12年)、北海道発地域ドラマ「農業女子〜はらぺ娘」(15年)、連続テレビ小説「わろてんか」(16年)、「不惑のスクラム」(18年)、宮崎発地域ドラマ「ひなたの佐和ちゃん、波に乗る!」(19年) など。2017年8月19日インタビュー。

WOWOWドラマの挑戦史（二〇〇〇～二〇一〇年代）

「パンドラ」がもたらした衝撃

作品性でドラマファンを獲得

ＷＯＷＯＷのドラマといえば、〝ドラマＷ〟時代の第一作「センセイの鞄」（二〇〇三年）や、〝連続ドラマＷ〟の「パンドラ」（〇八年）、「空飛ぶタイヤ」（〇九年）などがすぐに思い出される。特に、「パンドラ」は衝撃的な作品で、当時、私はその驚きを「同局連続ドラマの性格を方向づけるにふさわしい骨太な作品。科学の倫理という大きなテーマを見すえて、時代の諸相の中に人間の欲望を濃密に焙り出して始まる」と書き記している（東京新聞、２００８年4月28日朝刊）。

こうした挑戦や作品性は二〇〇〇年代に止まるものではない。二〇一〇年代に入っても「贖罪」（二〇一二年）や「チキンレース」（二〇一三年）、「十月十日の進化論」（二〇一五年）などへと受け継がれている。しかもこうした作品を通して、ＷＯＷＯＷは各賞の常連局ともいえる地位を確立している。

二〇一〇年代の半ば、二〇一五年のことだが、このブランド力についてあらためて気づかされたことがある。日本のドラマの海外発信を目的とする事業、「国際ドラマフェスティバル」が開催したシンポジウム「国際化時代におけるドラマ交流」でのことだ。ここでは、韓国、タイ、日本のプロデューサー、脚本家がその前提として、それぞれの国が抱える問題をまず指摘した。

詳細は『月刊民放』２０１６年2月号に掲載されているが、そこで共通して指摘されたのは「新たな素材を発掘して身近な共感を得る」ドラマへの挑戦である。当時、韓国のケーブルテレビ「ｔｖＮ」はそれを実践して、地上波ドラマの低迷にインパクトを与えていた。

ここでＷＯＷＯＷとの関連で、はっ！と思わされたのが、それを受けての瀬戸口克陽プロデューサー（ＴＢＳ）の現状認識である。

「韓国のテレビ事情は非常に日本と近いと思いました。日本もここ一〇年くらいの間にＷＯＷＯＷが作品性の高さでドラマファンを獲得していますし、地上波のドラマはテーマが偏ってきたことで低調だという点も、一緒だと思います」①

そうなのだ。「作品性の高さでドラマファンを獲得する」ことこそが、今のテレビドラマに求められる課題なのである。ＷＯＷＯＷドラマを牽引してきたプロデューサー・青木泰憲もこの取材で、「視聴者《加入者》のニーズに応えることにすべてを注いできた」と繰り返し強調している。

では、専門家ばかりでなく、WOWOWの加入者にも支持されるドラマは、どのようにしてそういった作品性を培ってきたのだろうか。

①「国際化時代におけるドラマ交流」『月刊民放』2月号、2016年、P．32

WOWOWドラマの黎明　～「ドラマW」の誕生～

日本初の有料・民放衛星放送局「WOWOW」は一九九一年四月一日に開局し、当初は「5つのS」、Screen（映画）、Stage（舞台）、Sound（音楽）、Sports（スポーツ）、Shopping（通販）を専門とする編成を行っていた。（後年、通販番組は縮小）

それがテレビドラマの制作に乗り出したのは、「メガヒット劇場」の編成に四苦八苦していたからである。「メガヒット劇場」（日曜夜八時～一〇時）は、劇場公開された大作や話題作を目玉としていた。しかし、劇場公開映画は入手できる時期が決まっている。強力な映画を毎月並べることは難しい。大作や話題作を放送した翌月には、目玉が何もないことにもなる。

こうしたばらつきは、月毎の加入契約を条件とするWOWOWにとっては死活問題である。そこで採られた対策が、「メガヒット劇場」枠にテレビドラマの大型企画をはめ込む編成である。WOWOWのドラマが大きく動き出した頃のドラマ制作部長・峯崎順朗はその間の事情をこう顧みる。

峯崎順朗「当初の看板番組『メガヒット劇場』は、誰もが知ってるハリウッド映画でしばらくはやっていけたんですが、映画の力がちょっと弱くなってきて、年間を通して、日曜夜八時からの二時間枠を映画で埋めることが難しくなって。そのとき、やっぱりこちらでコントロール出来る大型企画を立ち上げて、『メガヒット劇場』に入れなければということで、そういった条件にかなう二時間ドラマをつくることになったのです」

といっても当初の編成からもわかるように、当時のWOWOWにはドラマ制作部はない。また、編成・制作のスッタフも中途採用者ばかりで、テレビ編成の経験者もドラマ制作の経験者もいなかった。峯崎は、一九九〇年に中途入社し編成部に配属されたのだが、編成のノウハウは「アメリカのペイテレビ・HBOの番組表を手書きで全部写して」勉強したと言う。

だから、当初からオリジナルドラマに取り組んではいたが、それはまだ一つの試みといったものだった。そこで、「メガヒット劇場」をきっちり埋めていくために、二〇〇二年に「ドラマWプロジェクト」が社内横断的に組織される。編成部、映画部、制作部、宣伝部のスタッフからなる六、七人の混成チームである。

そしてこのプロジェクトチームによって、WOWOW初のオリジナルドラマ編成「ドラマW」の第一弾、「センセイの鞄」（原作＝川上弘美、脚本＝筒井ともみ、二〇〇三年）が、WOWOWと「カノックス」の久世光彦（監督）によって制作される。これは久世の持ち込み企画なのだが、WOWOWサイド（プロデューサー＝大村英治）は「メガヒット劇場」枠での放送ということで、フィルムテイストを強く求めたという。

峯崎「久世さんが直接当社まで持ってこられた企画ですが、そのときはもうプロジェクトを立ち上げていますから、うちのこだわりはしっかりと発揮させて頂きました。テレビトーンでやられていた久世さんですけど、ＣｉｎｅＡｌｔａ《シネアラタ》というカメラを使ってフィルムトーンで！というのはうちのオーダーです」

三〇代後半の独身ＯＬ・月子（小泉今日子）が、馴染みの居酒屋で高校時代の先生（柄本明）と再会する。そして、「センセイ」、「ツキコさん」と呼び合って飲んでいるうちに恋に陥る。「センセイの鞄」は、そんな月子のなんとなく手持ち無沙汰な日々に、いつの間にかセンセイへの想いが忍びこむ情感を、淡々と流れる時間のなかにはかなく美しく滲ませる。

そしてこのWOWOW初のオリジナルドラマが、日本民間放送連盟賞最優秀、文化庁芸術祭優秀賞を受賞する。また、主演の小泉今日子も文化庁芸術選奨の新人賞に輝く。一見、これ以上はない船出に見えるが現実はそう甘くない。いきなりの高評価で始まった「ドラマW」も四、五年の間は低迷を続ける。

「ドラマW」の限界〜フィルム感覚へのこだわり〜

「ドラマW」の初期作品は、「センセイの鞄」以外にも、「4TEEN」（二〇〇四年）や「対岸の彼女」（二〇〇六年）など五、六本は見ている。その印象を思い返すと、映画的な暗いつくりに馴染めなかったというか、抵抗感を覚えていたような気がする。

峯崎順朗「映画を見る方を意識したというか、放送枠も『メガヒット劇場』でしたので、映画監督を指名して相談しながらやっていました。ところが、そういった方式でつくるアート系のものがちょっと……うちでは一九九七年から独自の加入者調査をやっていて、『メガヒット劇場』にも目標の数字があったのですが、アート系のものはなかなかその数字にいかなかったんですね」

WOWOWは有料放送の開始以来、映画を大きな柱としてきた。テレビドラマづくりを始めても、加入者が映画ファンであることは意識せざるを得ない。しかし、映画監督ありきのドラマづくりはそれだけが理由ではなかった。そのキャスティングにおいてシビアな現実に直面していたからだ。

ドラマには俳優の魅力が欠かせない。ところが俳優の間では、WOWOWがドラマをやり始めたことはまだ知られていなかった。そこで、俳優の映画監督へのリスペクトを頼りに出演交渉をしようとしたのである。

峯崎「WOWOWがドラマをやるっていっても、WOWOWはドラマなんかやってるの?みたいな感じで。出演交渉をしても、何、それ?といった感じで、全然相手にしてもらえなかったんです。ところが、何々監督が撮ってくれますよと言うと、へぇー、あの監督の作品に出られるんですか!みたいになって」

しかし、「ドラマWプロジェクト」のスタッフだった青木泰憲プロデューサーは、暗いつくりとか、映画監督指名とかといったことよりも、「ドラマW」の内容がおもしろくなかったことに問題があると言う。

青木泰憲「WOWOWは地上波と違って、自由度も高く映像にも凝るっていうのがあるんですが、結局おもしろくないと、視聴者の好みに合わないと意味がないんですよ。ところが、最初の単発《プロジェクト》の頃って部署もなく、部長が明確にこういうものを出せとかというのがなかったので、単純に地上波とは違うものをやろうとか、映画監督でこういうフィルムを使ってやろうとか、個人個人の嗜好でつくられていた気がしますね」

青木は一九九九年に中途入社し、編成部に配属されてそのまま「ドラマWプロジェクト」に参加した。そして、二〇〇五年にドラマ制作が「制作部」に移管されると、制作部に異動してプロデューサーとしての道を歩き始める。山田洋次脚本、堀川とんこう監督の「祖国」(二〇〇五年)がその第一歩である。

この「祖国」は戦後60年特別企画で、文化庁芸術祭優秀賞を受賞するなど高い評価を得る。しかしこの頃から、青木はそういった専門家の評価だけでなく、加入者がそれを楽しんでくれたかどうかを気にするようになっていた。そして、数字に表れる結果を重視して企画を考えるようになった。

青木「『センセイの鞄』から始まって、『祖国』もいっぱい賞を頂いたんだけど、それは専門家の評価であって、やっぱり加入者に評価してもらわないと意味がない。視聴者にものすごく見られているという《リサーチ》結果があってはじめて存在意義があると思うので……制作部ができて結果を出すのが目標になってからは、加入者に支持されるっていうことだけを考えていました」

単発ドラマ・三週連続編成の英断

やがて青木泰憲プロデューサーは、この加入者（視聴者）ニーズの鉱脈を探り当てるのだが、その間には低迷する「ドラマW」のエポックともいえる決断が下される。月編成を基本とするWOWOWの単発ドラマは、二か月に一本くらいのペースで放送をしてきた（一年に五、六本）。それを二〇〇七年八月から、三週続けて単発ドラマを編成するようにしたのである（二〇〇七年は一〇本）。

峯崎順朗「二時間ドラマは高額なので、集中して放送せずにぽつんぽつんとやっていました。しかし、それではドラマをやっていることがお客さんには伝わらなかった。それで二〇〇七年に、和崎信哉さんが代表取締役社長になったとき、これでは一つ一つが埋もれてしまうからまとめてやったらどうかと……それで三週続けて単発ドラマを放送したら数字もしっかり出たんですよ」

この単発ドラマの三週連続放送と、後の「連続ドラマW」の立ち上げには、当時の社長・和崎信哉（取材時、WOWOW相談役）と編成局長・田代秀樹（取材時、TBSスポーツ局長）の決断とバックアップが大きくものをいっている。

和崎は、NHKの生活情報番組部部長、同衛星放送局デジタル放送推進局長、社団法人「地上デジタル放送推進協会」専務理事などを歴任し、二〇〇六年にWOWOWの代表取締役会長、翌二〇〇七年に代表取締社長に就いている。一方、田代はTBSで「HOTEL」シリーズ（一九九〇～九八年）などを手がけたプロデューサーで、二〇〇七年にWOWOWに出向し、二〇〇八年年まで編成局長を務めていた。田代はその後ＴＢＳに戻ったのだが、二〇一二年にはＴＢＳとＷＯＷＯＷの共同制作「ダブルフェイス」（脚本＝羽原大介、監督＝羽住英一郎）を実現させ大きな反響を呼んだ。

三週連続放送はドラマに理解のあるトップがいたから出来たことで、その編成に至るまでには反対も多かった。編成を一からやり直さなければならないことや、高額なドラマを一カ月で使い切ってしまうことなどへの危惧が取り沙汰されたのだ。しかし、三週、四週と続けて数字がよければ文句は言えない。

峯崎「この三週連続編成が成功したので、下期にもしっかり予算がついて、一一月には四週連続をやってそれも結果が良かった。この成功体験によってずっと月間連続放送になったんです。そこで、こうやったらちゃんとお客さんに伝わるという手応えを得て、じゃあ、この流れで連続ドラマへいけるんじゃないかと」

一方、青木もこの編成で、かねてからの宿題「視聴者ニーズ」の鉱脈を探り当てる。

二〇〇七年の三週連続編成は、「イブの贈り物」（統括Ｐ《プロデューサー》＝山本均、脚本＝佐伯俊道、監督＝佐藤純彌）、「震度０」（Ｐ＝青木泰憲、原作＝横山秀夫、脚本＝渡邊睦月、監督＝水谷俊之）、「恋せども、愛せども」（Ｐ＝青木泰憲、脚本＝大石静、監督＝堀川とんこう）の三本だが、このうちの「震度０」がそれである。

青木「横山秀夫原作の『震度０』が、うちの客層に似合うと思ってやったら飛びぬけて数字がよかったんです。それで、こういうものを求めているんだなっていうのがわかって、サスペンス性と社会性のある骨太で重厚なものを、巧い人たちだけをキャスティングしてつくろうと。通好みかもしれませんが、男の人が見ても『へぇー、こんなのを』と思うもの。地上波にはあまりそういうものはないんで、それを楽しめるようなものをと」

ＷＯＷＯＷらしさというと、ともすれば地上波では扱えない題材といったことに目がいく。しかし、青木のプロデュース作品や、次世代プロデューサーの作品を顧みると、この「サスペンス、社会性、骨太、重厚」がＷＯＷＯＷドラマの大きな柱であることがわかる。

もちろんこれは題材に関してのことであって、そのつくりについてはテレビドラマであることへの細かな目配りがある。が、それについては後に触れることとして、ここでは連続ドラマをつくることがＷＯＷＯＷの悲願だったことだけを言っておきたい。

峯崎「連続ドラマはずっと前からの念願だったんですが、それがこの頃になると、加入契約の解約防止のためには、単発、単発でばらばらやっていても駄目だろうということになって、翌月にまたぐような連続ドラマをやって解約防止につなげようと……それで、三週、四週連続の成功で予算も増え、二〇〇八年に『連続ドラマW』が立ち上げられたんです」

WOWOWの創作風土〜編成・制作の密な関係〜

WOWOWのドラマ制作は、最初は編成部のスタッフが映画監督を指名する形で始まり、二〇〇二年に社内の混成プロジェクトチームが「ドラマW」を立ち上げる。そして、二〇〇五年にドラマ制作が制作部に移管され、二〇一〇年にようやく「ドラマ制作部」が創設される。

この間、というよりそれ以降も、ドラマ制作のスッタフは四人から七人に増えているに過ぎない。編成にしても同様で一〇名ほどの小所帯である。なのにWOWOWは「ドラマW」を立ち上げ、「連続ドラマW」の創設までもっていく。しかも、その作品が外部にまる投げの凡庸なものならまだしも、これから取り上げていく「連続ドラマW」の多くは秀作揃いである。

もう少し踏み込んでいえば、どの作品にもプロデューサーの思いが込められている。これは個々の企画への編成の理解がなければ実現されるものではない。「フジテレビドラマの再生史」編では、八〇年代のフジテレビドラマの活性化が、大部屋制度（編成、制作の同居）の復活にあったと述べた。その話を峯崎や青木にすると、WOWOWにも同じような編成・制作風土があるという。

峯崎順朗「うちの編成と制作は、途中で編成制作局になったようにすごく密な関係をつくっています。月編成できっちりお客さんに届くものをつくるとなると、制作と編成が密にやってないとやれない。だから、最初から大部屋だったということですね。組織は分かれていても、人と人とがみんな中途採用で来た者同士。それに、編成にドラマ経験者がいたわけでもないので……そういう壁がなかったから、今があると思いますね」

青木泰憲「《地上波的なショーアップをしないで済むのは》前任者がいないからなんです。たとえば僕が歳をとったら、なんで視聴者ニーズを考えないでやるんだ！って言うと思いますよ。僕らが始めたときには、前任者がいないから言われない。だから、青木は勝手にやっているって思われている。そこまで視聴者のことを考えなくてもという人もいるけど、僕は基本的には視聴者のニーズに応えるっていうことだけを考えています」

まだ、若くて小さな組織だったことと、スタッフがドラマ経験のない中途採用者ばかりだったことが、前例に縛られない企画や制作を育んできたと言えるだろう。峯崎はその具体例として、後述の「贖罪」（二〇一二年）についてこう語る。

「プロデューサーの高嶋知美はドラマをやっていたんですが、ドラマ制作部ができたとき《二〇一〇年》に、制作部に残ったんですよ。だけど、彼女が長年温めていた企画なので、制作部にいてやってもいいよと会社が認めて、『贖罪』が生まれたんです。もし、『お前は制作部だからやるんじゃないよ』となっていたら、あれは生まれていなかった。社内に『創る』ことへの理解があるから出来たことだと思いますね」

「連続ドラマW」の誕生　～制作会社との出会い～

WOWOWのドラマは、同局のプロデューサーが制作プロダクションと組んでつくるものがすべてである。それだけに、制作会社との関係が何よりも大事になってくる。これから、「連続ドラマW」の誕生について述べていこうと思うのだが、その前にWOWOWと制作会社との関係に少し触れておきたい。なぜなら、「連続ドラマW」の順調なスタートは、制作会社の理解と協力あってのものだったからである。

すでに述べたように、WOWOW念願の「連続ドラマW」は、単発ドラマ枠「ドラマW」の創設と、その間の単発ドラマ三週連続編成の成功があって始まった。特に、三週連続編成の一つ「震度0」（二〇〇七年）では、スタッフがどんなドラマをつくればいいのかの手応えを得ている。

「連続ドラマW」はこうして立ち上がっていくのだが、当時のドラマ制作部長・峯崎順朗は、その成功には制作会社との出会いが大きかったと強調する。

峯崎順朗「《連続ドラマWは》最初の『パンドラ』、『プリズナー』、『空飛ぶタイヤ』をやった制作会社、共同テレビジョン、国際放映、東阪企画、この三社との出会いがあって初めて出来たんだと思います。普通、地上波でCMが入ると本編は四三分ぐらいですが、うちはCMがないので一時間尺だったんですよ。これは後で、共同テレビの山田良明さん《当時、社長》に言われたんだけど、一時間ドラマだと思って見積もったら、WOWOWはフルにやるから尺数が多くて赤字だったって」

四三分の画をつくるのと、六〇分の画をつくるのとでは、スタッフの拘束時間が違うから費用もその分かかる。また、国際放映も膨大な費用がかかる海外ロケを、限られた予算のなかで知恵を絞ってやってくれたという。「連続ドラマW」スタート時の作品は、「そういったことを全部飲み込んで頂いたから出来た」ものなのだ。

では制作会社側は、「連続ドラマW」の立ち上げについてどう思っていたのだろうか。当時の共同テレビジョン社長・山田良明（取締役相談役を経て二〇一七年退任）は、峯崎の感謝にこう応える。

山田良明「うちは今もフジテレビの仕事が多いのですが、新しい出口を求めてNHKや他の民放局と仕事をしていくなかで、WOWOWが連続ドラマをやるということは、新しいチャレンジとマーケットが出来るという意味でとてもうれしいことでした。地上波民放だと五〇分弱の尺が一時間になることもありますが、これだけの作品が共同テレビには出来るということをお示しして、さらに新しい仕事につなげていく。そういった意味で、通常の利益とかを考えるより、まずはいい作品をつくるんだということが一番だと、私たちは思っていました」

ＷＯＷＯＷのチャレンジ、「連続ドラマＷ」はこうして業界にも広く注目されて、二〇〇八年四月六日にその幕を切って落とす。

「パンドラ」の衝撃　～全てはここから始まった～

「連続ドラマＷ」の成功は、その第一弾「パンドラ」（全8話）を抜きにしては語れない。プロデューサー・青木泰憲、小椋久雄（共同テレビジョン）、脚本・井上由美子、演出・河毛俊作ほか、主演・三上博史らのスタッフ、キャストでつくられたこの作品は、地上波ドラマにはない衝撃をもたらし大きな反響を呼んだ。

大学病院の研究医・鈴木（三上博史）が癌の特効薬を発見し、功を焦って極秘裏に臨床試験を行う。やがて、この危険な賭けをめぐって、鈴木自身と薬を投与された末期癌の少女（谷村美月）の苦悩が始まる。と同時に、大学病院、製薬業界、厚労行政、メディアなどに、さまざまな思惑や欲望が蠢き出す。

「医学の発展は、われわれを本当に幸せにしているのだろうか」。「パンドラ」は、科学の発展と倫理という大きなテーマをこう語りかけて、その葛藤を時代の諸相のなかに狂おしく見せていく。そして、地上波では扱えない題材のインパクトと、それを人間ドラマとして濃密に描いた作品力が、東京ドラマアウォード２００８（グランプリ）などで高く評価される。

そればかりか、というよりここが肝心なところだが、その反響はＷＯＷＯＷの加入者自体にはっきりと表れていた。当時の制作部長・峯崎順朗はこう証言する。

峯崎順朗「『連続ドラマＷ』がこれだけ波に乗って順調にこれて、土曜のライン『土曜オリジナルドラマ』までつくれたのは、『パンドラ』が放送時の加入動機調査で一位になり、営業面でも月間加入貢献№１になったからです。やっぱりそこが会社の生命線なので、このインパクトで一時は消えかけていたドラマが完全に生き残りました」

「パンドラ」の反響は、加入者（視聴者）や批評家ばかりでなく、こんなところにも表れている。次世代プロデューサーの一人、岡野真紀子（後述）の入社動機である。かつてテレビドラマの草創期、ＴＢＳドラマを変革した今野勉らは、「私は貝になりたい」（五八年）を見てＴＢＳに入社したという。単純な比較は乱暴に過ぎるが、「パンドラ」もそれに似たインパクトをもたらしている。

岡野真紀子「《前の制作会社で》代理店やスポンサーとのやり取りをすることが多く、ドラマづくりにいろいろ違和感を感じていて、ちょうどその頃ＷＯＷＯＷの『パンドラ』を見たんです。地上波でタブーとされたものがごろごろ入っていて、こういう環境でドラマがつくれたらおもしろいんだろうなと思って。で、ＷＯＷＯＷに幾つか企画を持ち込んだのですがうまくいかなくて、だったら中途入社の面接を受けた方が早いと思って」

では、ＷＯＷＯＷドラマのブランド力を高めた『パンドラ』はどのようにして誕生したのだろうか。前身の「ドラマＷ」のラインナップを見る限り、ＷＯＷＯＷドラマの伝統は原作ものである。それがどうしてオリジナル脚本に挑戦したのか。そこには、トップの決断もそうだが、人と人との出会いが大きくものをいっている。

『パンドラ』の企画はまず、峯崎制作部長と青木プロデューサーが文化庁芸術祭賞のパーティーで、井上由美子に挨拶をしたところから始まっている。この２００５年度芸術祭賞で、いずれも戦後60年企画だが、ＷＯＷＯＷが「祖国」で優秀賞、井上由美子が「火垂るの墓」

（日本テレビ）で個人賞を受賞し、それを機に新たな人間関係と創作関係が生まれる。

峯崎「二人で『WOWOWでドラマをやってもらえませんか』とご挨拶したら、井上さんはWOWOWのことをご存じで、『いつかおつき合いができたら……』という話になったんですよ。ちょうど、『白い巨塔』《フジテレビ《〇三年》が終わった頃で、次は思いっ切りオリジナルをやりたいとおっしゃられて。うちとしては大歓迎ですので、やたらテンション高くご挨拶して」

こうして、青木プロデューサーが話を詰めていくわけだが、実際には初めから井上由美子脚本でいくと決まっていたわけではない。

青木泰憲「連続ドラマを立ち上げるときは五つぐらいの企画をもっていましたが、オリジナル脚本は井上由美子さんだけで、他は原作ものでもう少し手堅いものだったんです。ただ、八話ぐらいになると原作ものだと長い上下巻ぐらいになることと、編成局長の田代秀樹さんの『一発目は地上波には出来ないことをオリジナルで挑戦するんだ！』という強い思いがあって、井上さんの脚本でやることになったんです」

峯崎が「ここがすべて、井上由美子さんと河毛俊作さんのおかげです」と感謝するように、この企画は井上が温めていたものに、『きらきらひかる』（フジテレビ、九八年）や『タブロイド』（同）などでコンビを組んだ河毛が、いろんなアイディアを出して出来上がっている。

井上由美子「最初の構想はアウトブレイクみたいな話で、ウイルスが攻めてきてパンデミックになって、それを人間がどういうふうに乗り越えていくかという話を考えていて。で、あるとき河毛さんと話をしていて、逆のほうが、悪いものが押し寄せるんじゃなくて、いいものが出来ちゃったから人が困るみたいなほうがおもしろいよね！ってことになって……でも、スポンサーがあるから癌の特効薬とかは無理だよねって言っていたら、WOWOWの話を思い出して、青木さんに電話をしたら、すぐにやりましょう！ということになったんです」

「連続ドラマW」は、こういった決断と作家との出会いがあって、地上波では出来ない構想の下、加入者にも業界にも注目される作品を仕上げ一気にその名を高める。また、プロデュースした青木にも鮮烈な刺激を残し、そこで得たノウハウを「連続ドラマW」の第三弾「空飛ぶタイヤ」に生かしていく。

揺らぐことのない信念　～ドラマに込める思い～

青木泰憲「連ドラもオリジナルも初めてだったので、井上由美子さんと河毛俊作さんのおかげで、脚本づくりのノウハウが身についたんですね。それまでは、横山秀夫さんとか宮部みゆきさんとか、大きな教科書があったので迷ったら原作に戻ればいいんだけども、『パンドラ』はそうじゃないので、自分でいろいろと考える癖がついて。困ったときはこうしたほうがいいとか、いろんなアドバイスをしてくれる二人のベテランの意見を聞いて勉強したっていう気がしましたね」

「やっぱり本ですよね。時間がないなかでやっていたので、読んですぐアイディアを出せるように鍛えられました。それに、河毛さんはものすごくアイディアを出す人で、『パンドラ』ではAさんとBさんはずっと会わないんだけど、二人が会うシーンをつくろう！と言われて……そういう発想はなかったので、翌〇九年の『空飛ぶタイヤ』でもそういったアイディアをいかしました」

「連続ドラマW」の成功は、『パンドラ』（二〇〇八年）の衝撃あってのものである。しかし、その一発だけでは長続きしないし、WOWOWドラマへの信頼も得られない。「空飛ぶタイヤ」（〇九年）、「マークスの山」（一〇年）、「下町ロケット」（一一年）、「贖罪」（一二年）、「震える牛」（一三年）、「私という運命について」（一四年）など、秀作、佳作が続いたことも忘れてはならない。

なかでも、三作目の「空飛ぶタイヤ」が、地上波では出来ない連続ドラマということも含めて見逃せない作品である。青木泰憲プロデューサー自身、「パンドラ」より「空飛ぶタイヤ」のほうが好きだし、満足度も高いと言う。なぜなら「パンドラ」は、井上由美子と河毛俊作に引っ張ってもらったものだが、「空飛ぶタイヤ」は青木が主導して制作した作品だからである。

「空飛ぶタイヤ」全5話（原作＝池井戸潤、脚本＝前川洋一、監督＝麻生学ほか、制作＝東阪企画）は、自動車メーカーのリコール隠しを題材とするもので、実際に起きた大型トラックの脱輪・死傷事故（〇二年）がすぐに思い浮かぶ。自動車メーカーを大手スポンサーとする地上波には到底できない企画である。

WOWOWでも、『パンドラ』のときよりも社内がざわつき、現場の企画をバックアップしてきた田代編成局長も、一晩考えさせてくれ！と言ったという。しかし、青木は「自動車メーカー側の人をものすごく悪く描いてはいないし、そのなかで隠蔽してはいけないと闘っている人たちもしっかり描いている」と、そういった危惧を一蹴する。

青木プロデューサーは、「ドラマW」時代の『震度0』(〇七年)で視聴者ニーズの手応えを得て、「社会性」、「サスペンス性」、「骨太・重厚」、「大人の巧い俳優」、「群像劇」といった要素を重視して、大人の鑑賞に堪える作品を一貫して制作してきた。

青木「『震度0』の頃から、プロデューサーシステムというか、自分の意向をはっきり反映させようと。それが視聴者のニーズに応えることなので。実際、そうしてから視聴者の反応もいいのでそれをずっと続けている。社会性ということでいえば、地上波の情報番組でも中国の餃子に問題があったといった話題に長い尺を取っているじゃないですか。やっぱり、大人の人たちは身近な社会問題に関心があるんじゃないですかね。だから、ただ犯人を捕まえるとかじゃなくて、そういった題材のドラマがいいと思ってやってきたんです」

青木はそういった信念でWOWOWのドラマを引っ張ってきたわけだが、これはドラマセクション自体の方針にも明確に見て取れる。

峯崎順朗「これは僕がドラマ制作部長のときに現場に投げた方針なんですが、やっぱり『話題性』、『しっかりと人間が描かれている』、『ドラマ性《葛藤》がある』、『大人向けであること』が一番大事なんですね。初期の頃は、若手の人気タレントを使って加入キャンペーンをやり、ファンクラブとタイアップしてドラマをやろうとか、そういった話もあったんですが、まずはちゃんとつくろうと。ちゃんとつくったものが売れるし、お金も取れる。これを見失ったら終わりだと」

WOWOWのドラマを見ていてつくづく思うのは、大人の鑑賞に堪える作品をつくり続けているということである。しかも、それは青木プロデューサーばかりでなく、次世代の若いプロデューサーにもしっかりと受け継がれている。そしてそれは、ドラマ業界の人たちも等しく認めるところだ。

山田良明「青木泰憲さんとか、岡野真紀子さんは、ちゃんとものをつくりたいと思っているプロデューサーですよね。自分がつくりたいと思う核をもっている。制作会社はそういう人と話をしていいものがつくれるんだけど、『何かいい企画ありませんか、これ当たりますか』みたいなプロデューサーが最近は多い気がして。その点、WOWOWは一人一人の視聴者をしっかりと意識してつくっているから、今でも歯ごたえのあるドラマが出来ているんだと思いますね」

次世代の挑戦　〜もう一つのWOWOWドラマ〜

これは「ドラマW」で放送された単発ドラマだが、『チキンレース』（4K作品、脚本＝岡田惠和、監督＝若松節朗、二〇一三年）を見たときは、そのメルヘンチックな明るさが無性にうれしかった。確かに、社会問題を題材とする重厚なシリアスドラマは見応えがある。しかし、そればっかり見ていると重苦しくなってくる。たまには、明るく笑えるものも見たくなる。この作品はそんな気持に応えてくれるドラマだった。

南房総の綜合病院。植物人間状態だった飛田（寺尾聰）が四五年間の眠りから目覚め、新米介護師の神谷（岡田将生）と珍道中を続ける。飛田はチキンレースで女を奪い合った頃のまんまで、神谷は彼のガキのような言動に辟易しながらも、いつの間にか心を通わせるようになる。そんな老若を問わない純な気持の描写が、大人になって忘れていたものをはっと気づかせてくれる。

この岡田惠和のオリジナル脚本をプロデュースしたのが、二〇〇九年に中途入社した岡野真紀子である。制作会社「テレパック」でドラマ制作を始めた彼女が、WOWOWに入った経緯は「パンドラ」のところで紹介したが、その動機は一言でいえばチャレンジである。

岡野真紀子「テレパックにいた頃は、なるべく等身大のドラマ、自分の経験や気になること、興味のあることをドラマに出来たらいいなと思っていました。だから、初めてプロデュースした昼ドラ『スイート10〜最後の恋人〜』《〇八年》で、『花王　愛の劇場』《TBS》があまり描かなかった不倫ドラマを企画したのも、自分が結婚を意識する歳だったことと、なんとなくタブーとされていたテーマをやりたかったというのがあったんですね。多分、そこが自分のモチベーションだったのかなと思っています」

もちろん岡野プロデューサーは、『チキンレース』のような挑戦もするが、同時にWOWOW王道の社会ドラマにも果敢にチャレンジをしている。入社した翌年にいきなり取り組んだ大作「なぜ君は絶望と闘えたのか」（原作＝門田隆将、二〇一〇年）や、『尾根のかなたに』（脚本＝岡田惠和、一一年）、『しんがり〜山一證券　最後の聖戦～』（原作＝清武英利、一五年）などがそれである。

とりわけ、『なぜ君は絶望と闘えたのか』（脚本＝長谷川康夫、吉本昌弘、監督＝石橋冠、制作＝テレパック）は、光市母子殺害事件を題材としていることからもわかるように、人権問題や司法問題、メディアスクラムなどが絡む非常に難しいドラマである。しかし、この作品は絶望のなんたるかを深々と凝視することで、それを痛切な人間ドラマとして語り切った。（週刊誌記者＝江口洋介、家族の命を奪われた男＝眞島秀和）

岡野「『なぜ君は絶望と闘えたのか』の企画を出したのは入社直後だと思います。私があの事件に興味があって、テレパック時代にノンフイクションをやっている上司と、これをドラマでやったらおもしろいんじゃないかとディスカッションしたままテレパックを出てきたので、どうしてもWOWOWでこれをやりたいなと」

「このノンフイクションは。事件に携わった人もそうでない人も誰も傷つけない『生きるっていいね！』っていう人間讃歌にしたかったんですね。で、そういうのを演出できる人って誰だろうと思ったとき、石橋冠さんしかいないいんじゃないかなと思って。『なぜ君』って人間讃歌にならないと、誰かを傷つける可能性のある企画だったので、いつも人間讃歌をやりたいとおっしゃっていた石橋冠さんに最初からアタックしました」

共同テレビジョンの山田良明は、WOWOWのプロデューサーは「自分がつくりたいものの核をもっている」と言う。まさに、この自分が抱いていた企画をどうしても実現させようとする意志の強さや、それをどんなドラマにしたいかという思いひとつとっても、あるべきプロデューサーの姿がひしひしと伝わってくる。

岡野プロデューサーだけではない。「WOWOWの創作風土」のところでも少し触れた『贖罪』全5話（原作＝湊かなえ、脚本・監督＝黒沢清、一二年）の高嶋知美にしても、長年温めていた企画をドラマセクションの外にいても実現させている。そして、田舎町で起きた少女殺害事件を題材に、人間の生理の裂け目から吹き出す情念を暗鬱に描いて、WOWOWドラマ史にひときわ異彩を放つ作品を残している。

この他、『十月十日の進化論』（WOWOWシナリオ大賞受賞作＝栄弥生、監督＝市井昌秀、主演＝尾野真千子、一五年）の植田春菜や、開局25周年記念『沈まぬ太陽』全20話（CP＝青木泰憲、原作＝山崎豊子、脚本＝前川洋一、監督＝水谷俊之、鈴木浩介、主演＝上川隆也、一六年）

の徳田雄久ら、若手のプロデューサーも育ってきている。そして、岡野真紀子や彼らがＷＯＷＯＷのもう一つのドラマへの期待を抱かせる。

峯崎順朗「『チキンレース』もそうですが、岡野が新しいドラマを切り拓いているんですよね。あれは４Ｋで初めて撮った作品でもあるんです。それに続く植田も『十月十日の進化論』で、ＣＧを使った胎児の成長描写など、二〇代ならではの感覚で新しいドラマをつくってくれました。また全二〇話の大作『沈まぬ太陽』も、若い徳田が青木の下で中心になって動いています」

青木泰憲「まったくタイプが違うのは、今、映画部にいる高嶋ですね。『パンとスープとネコ日和』《一三年》とか、『グーグーだって猫である』（一四年）みたいなものは、自分にはないというか、出来ない作風ですね。でも、女性には一定の支持を受けている。彼女は『贖罪』で新しいジャンルを開拓しましたね。岡野は好き嫌いがないから幅広いですね」

今は、テレビドラマの多様性が失われて、地上波にはＷＯＷＯＷのようなシリアスな社会ドラマや文芸ドラマが見られなくなっている。一方、ＷＯＷＯＷはそういったドラマを充実させてきたが、それとは違うテイストの人間ドラマやオリジナル脚本は少ない。次世代の岡野真紀子らが予感させるのは、そういった「もう一つのドラマ」へのチャレンジであり充実である。

岡野「私は今まで、巨匠と言われる人たち、倉本聰さん《『學』一二年》や、石橋冠さん、岡田惠和さん、若松節朗さんたちと何がやれるかっていうふうにやってきたんだけど、これからはＷＯＷＯＷも変わっていかなければならない……だから、私自身も新しい人材と出会って、若手の監督や脚本家を含めて、フジテレビさんが坂元裕二さんを育てたみたいに、何か局として一緒に育っていけるような人材と、新しいものに挑戦していくべきなのかなと思っています」

次の新たなステージ〜ＷＯＷＯＷドラマの課題〜

二〇〇〇年代後半のＷＯＷＯＷには、視聴者の求めるものを考えながら、質の高い作品をつくろうとするプロデューサーが台頭していた。そしてそれを自由で柔軟なものづくりの風土が支えていた。当時、地上波にはそういった気配があまり感じられないので、これはやはりすごいことだと思った。しかし、そんなＷＯＷＯＷにも悩みはあった。

青木泰憲「ドラマが少なかった頃にはそれほど問題ではなかったのですが、放送枠が増えると優秀な人材がもっと必要になりますよね。人、金、物で言ったら、ものづくりは人ですから、僕らが人材を育成しないといけないし、外から必要な人材を採る必要もある。ただ、ドラマをつくりたいと言う人が今は少ないんですよ」

二〇〇三年に「ドラマW」、〇八年に「連続ドラマW」、一四年に「連続ドラマW」枠の増設（『土曜オリジナルドラマ』、『日曜オリジナルドラマ』の二枠で放送）と、WOWOWのドラマ枠は段々と増えている（この他、不定期のスペシャルドラマもある）。ドラマ形態や作品数にしても、「ドラマW」が始まった〇三年には単発ドラマが年間七本にすぎなかったのが、「連続ドラマW」が始まった翌年（一五年）には連続ドラマが一七本も放送されるようになった。

青木が言うように、こういったドラマの活性化が始まると必然的に人材の有無が問われてくる。

もちろん当時のWOWOWプロデューサー陣には、これまでに紹介した人以外にも「ダブルフェイス」（一二年）や「MOZU」（一四年）の井上衛、「人質の朗読会」（一四年）の松永綾といった人材が揃っていた。

しかし、二〇〇〇年代から二〇一〇年代にかけてのWOWOWドラマの勢いが、その作品の質量において継続されていけるかはどうかはさらなる人材の確保にかかっている。二〇二〇年代以降、WOWOWドラマはどのようなステージを整えるのかを、人材の拡充も含めて見続けていきたい。

《証言者プロフィール》

峯崎順朗　1981年青山学院大学卒業。AHC（アサヒホームキャスト）勤務を経て、90年WOWOWに入社。業務局編成実施部に配属され、90年代は主に編成業務に携わる。2005年制作局制作部長、10年ドラマ制作部長として、「ドラマW」、「連続ドラマW」の現場を指揮する。2012年編成局編成部長、14年技術局長を経て、15年WOWOWエンタテインメント取締役副社長、21年同社代表取締役社長。2016年1月15日インタビュー

青木泰憲　1969年神奈川県生まれ。立教大学卒業後、ラジオ局などを経て、99年WOWOW入社。編成部に配属され、音楽番組等を担当。その後、ドラマ制作部に異動し、プロデューサー業務に専念（現在、エグゼクティブ・プロデューサー）。主な作品は、井上由美子脚本の「パンドラ」シリーズ（2008～11年）、池井戸潤原作の「空飛ぶタイヤ」（09年）、高村薫原作の「マークスの山」（10年）、横山秀夫原作の「震度0」（07年）、相場英雄原作の「震える牛」（13年）、開局20周年記念ドラマ「沈まぬ太陽」（WOWOW初の全20話ドラマ、16年）など。2016年1月18日、27日インタビュー

岡野真紀子　1982年神奈川県生まれ。学習院大学卒業後、テレビドラマ制作会社「テレパック」入社。2009年にWOWOWに中途入社し、ドラマWスペシャル『なぜ君は絶望と闘えたのか』（10年度文化庁芸術祭大賞）、同『學』（12年度アジアテレビジョンアワード単発ドラマ部門グランプリ）、岡田惠和脚本のドラマW「チキンレース」（13年）、連続ドラマW「私という運命について」（14年）、若松節朗監督の「しんがり～山一證券　最後の聖戦～」（15年）、「石つぶて」（17年）、「坂の途中の家」（19年）などをプロデュースする。2021年3月退社、同年4月Netflix入社。2016年2月17日インタビュー

山田良明　プロフィールは、「フジテレビドラマの再生史」編を参照。インタビュー、2016年2月22日

井上由美子　1961年神戸市生まれ。立命館大学文学部卒業。テレビ東京勤務を経て、1991年「過ぎし日の殺人」で脚本家デビュー。代表作は、「虫の居どころ」（92年）、「きらきらひかる」（98年）、「白い巨塔」（03年）、「火垂るの墓」（05年）、「マチベン」、「14才の母」（05年、両作で芸術選奨文部科学大臣賞）、「パンドラ」（08年）、「緊急取調室」（14年）、「昼顔」（同年）、「ハラスメントゲーム」（18年）など。インタビュー、2016年2月22日

《初出原稿》

＊ＮＨＫドラマの刷新史（1960～1970年代）

「土曜ドラマ」脚本家シリーズと「ドラマ人間模様」の誕生

「テレビドラマ変革の証言史　ＮＨＫドラマの停滞と刷新（上）（下）」

『月刊民放』1月号、2月号、2015年

（註）以下、連載タイトル「テレビドラマ変革の証言史」は省略

＊日テレ・青春ドラマ史（1960～1970年代）

「青春とはなんだ」から「太陽にほえろ！」への芯棒

「日本テレビ青春ドラマ史（上）（下）」

『月刊民放』7月号，8月号、2015年

＊TBSドラマの個人史（1960～1980年代）

それぞれのドラマ変革～今野勉と堀川とんこう～

「ドラマのTBS（上）（中）（下）～それぞれの変革への歩み」

『月刊民放』11月号、12月号、2015年、

同1月号、2016年

＊フジテレビドラマの再生史（1960～1980年代）

創作風土の刷新と「北の国から」の志

「フジテレビドラマの復活史（上）（下）」

『月刊民放』4月号、5月号、2015年

＊HBCドラマの作家史（1960～1990年代）

作家が自由に発想する「北の風土と人間のドラマ」

「北海道発ドラマの豊穣（上）（下）」

『月刊民放』6月号、7月号、2016年

＊HTBドラマの光芒史（1990～2010年代）

「ひかりのまち」が吹かせた新たな風

「北海道発ドラマの豊穣（下）」『月刊民放』7月号、2016年

＊テレ朝ドラマの多様化史（1970～2010年代）

作家性を生かしたドラマへの決断

「時はたちどまらない」と「ドクターＸ」への軌跡

「テレ朝ドラマ多様化への軌跡（上）（下）」

『月刊民放』2月号、3月号、2017年

＊テレ東ドラマの番外地史（1970～2010年代）
テレビ東京ドラマの反骨精神
～「ハレンチ学園」から「ドラマ24」へ～
「テレビ東京ドラマの反骨精神（上）（下）」
『月刊民放』11月号、12月号、2016年

＊CBCドラマの作家発掘史（1970～2010年代）
作家の新たなステージをつくる
北川悦吏子「月」シリーズへの継承
「CBCドラマの遺伝子」『民放』5月号、2019年

＊東海テレビドラマの不変史（1980～2010年代）
意外性にこだわる人間ドラマづくり～昼の帯ドラから深夜の土ドラへ～
「愚直なまでの人間ドラマの継承」『民放』7月号、2019年

＊メーテレ・ドラマのニューローカリズム史（1990～2010年代）
エリアドラマとネットドラマの両極～「名古屋行最終列車」から「乱反射」へ～
「メ～テレ▼ニューローカリズム」『民放』7月号、2019年

＊カンテレ・ドラマのエンタメ史（2000～2010年代）
生真面目な作品指向と連続ドラマ完全自社制作の実現
「生真面目なドラマづくりの系譜」『民放』1月号、2020年

＊ＮＨＫ・地域発ドラマの拡充史（2000～2010年代）
大阪発連続テレビ小説と福岡発地域ドラマの覚醒
「ＮＨＫ、地域発ドラマの拡充（上）（下）」『民放』7月号、9月号、2017年

＊ＷＯＷＯＷドラマの挑戦史（2000～2010年代）
「パンドラ」がもたらした衝撃
「ＷＯＷＯＷドラマの挑戦史（上）（下）」
『月刊民放』3月号、4月号、2016年

あとがきにかえて

これはドラマ制作者の志の記録である！などと大げさなことを言って始めはしたものの、正直にいえば、私自身のそれは志半ばに終わっている。特に、関西の民放ドラマが関西テレビだけしかないことが悔やまれる。二〇二〇年からのコロナ禍で取材を断念してしまったためだが、今となっては自分の臆病ぶりを噛みしめるばかりだ。

たとえば、読売テレビの「木曜ゴールデンドラマ」（一九八〇年〜九二年）。この放送枠における一連の鶴橋康夫作品、「仮の宿なるを」（八三年）などがどれほどテレビドラマ史に芸術的な陰影を刻んだことか。

あるいは、朝日放送の澤田隆治（二一年逝去）さんと山内久司（一四年逝去）さん。澤田さんの「てなもんや三度笠」（六二〜六八年）等々の公開コメディ演出、山内さんの「お荷物小荷物」（七〇年）や必殺シリーズ（七二〜九一年）のプロデュースは、どちらもテレビドラマに求められるアクチュアリティの力強い実践であった。

つまりこの証言記録は、そういったドラマ制作者への取材を幾つも積み残して発信している。これから始めればいいのではないか！と言われそうだが、それでは二〇一四年に始めた調査、取材の、それこそアクチュアリティが薄まってしまう。そこで無謀にも、ドラマ史に欠かせない証言の数々を残したまま上梓しようとしたわけである。なのでご購入された方々には、まずはそのことを深くお詫びしたい！

正直にいえば、そういう事情もあって一度は出版化を断念した。しかし、映人社の辻萬里さんの一方ならぬご尽力でなんとか上梓する運びとなった。

そういったことも含めて、本著は多くの方々のご支援なしでは果たされなかった記録で、最初の雑誌企画を強く推進して頂いた日本民間放送連盟の西野輝彦さん、同じく事実関係を精査して頂いた矢後政典さんにもここで、あらためて感謝いたします。

そしてなによりも、一人一人のお名前は省かせて頂きますが、取材に応じて頂いた作家や制作者の皆さんです！皆さんには本当に多くのことを教えられ、次世代ドラマ制作者の心の灯となる言葉を幾つも記録に残すことができました。

皆さん、本当に、ありがとうございます。

［著者プロフィール］

こうたき　てつや（上滝徹也）

1942年生まれ。評論家、日本大学名誉教授（テレビ文化史専攻）。著書『昭和ドラマ史』（映人社）、監著『テレビ史ハンドブック』（自由国民社）、監著『マスコミとくらし百科』（日本図書センター）、共著『テレビ作家たちの50年』（日本放送出版協会）ほか。ギャラクシー賞選奨事業委員長、文化庁芸術祭賞審査委員、日本民間放送連盟賞審査員、ＢＰＯ放送倫理委員会委員などを歴任。現在、放送批評懇談会監事、日本脚本アーカイブズ推進コンソーシアム理事、放送番組収集諮問委員会委員、日本放送作家協会監事ほかを務める。

ドラマ制作者はこうやって
昭和と平成を切り拓いてきた
～証言で紐解くテレビドラマ変革史～

初　版　2023年6月10日
著　者　こうたきてつや
カバー・デザイン　塚本友書
発行者　辻 萬里
発　行　株式会社 映人社
〒103-0013
東京都中央区日本橋人形町 2-34-5
シナリオ会館３階
TEL：03-6810-7605
FAX：03-6810-7608

ISBN978-4-87100-241-7
落丁・乱丁はお取替えします。
定価はカバーに表示してあります
